dtv

Holm Friebe und Philipp Albers gehen unserem nicht selten irrationalen Umgang mit Zahlen auf den Grund. Anhand von Erkenntnissen aus Verhaltensökonomie, Evolutionsbiologie und Psychologie zeigen sie, wo und wie Zahlen unseren Alltag bestimmen. Nach der Lektüre werden Sie wissen, wie viele Freunde Sie zum Essen einladen müssen, damit es ein gelungener Abend wird, und welche Anker und Lockvogelpreise Ihnen in Supermarkt und Restaurant das Geld aus der Tasche ziehen.

»Man lernt viel Wissenswertes und auch einiges Bedenkliche, etwa, dass in Experimenten nachgewiesen wurde, dass wir uns bewusst gar nicht gegen die unbewussten Effekte der Preispsychologie wehren können.«
Catherine Newmark, Deutschlandradio Kultur

Holm Friebe (geb. 1972) ist Volkswirt, Geschäftsführer der Berliner Zentralen Intelligenz Agentur in Berlin und Dozent an der Zürcher Hochschule der Künste. Er ist Autor mehrerer Sachbücher, unter anderem von ›Wir nennen es Arbeit‹.
Philipp Albers (geb. 1974) ist Kulturwissenschaftler und Amerikanist. Gemeinsam mit Holm Friebe betreibt er die Zentrale Intelligenz Agentur und arbeitet als freier Journalist.

Holm Friebe | Philipp Albers

Was Sie schon immer über 6 wissen wollten

Wie
Zahlen
wirken

Deutscher Taschenbuch Verlag

Ausführliche Informationen über
unsere Autoren und Bücher
finden Sie auf unserer Website
www.dtv.de

2013
Deutscher Taschenbuch Verlag GmbH & Co. KG,
München
Lizenzausgabe mit freundlicher Genehmigung des Carl Hanser Verlag
© Carl Hanser Verlag München 2011
Das Werk ist urheberrechtlich geschützt.
Sämtliche, auch auszugsweise Verwertungen bleiben vorbehalten.
Umschlagkonzept: Balk & Brumshagen
Umschlaggestaltung: Claus Lehmann
Illustrationen: Martin Baaske
Satz: Druckerei C. H. Beck, Nördlingen nach einer Vorlage
von le-tex publishing services GmbH, Leipzig
Druck und Bindung: Druckerei C. H. Beck, Nördlingen
Gedruckt auf säurefreiem, chlorfrei gebleichtem Papier
Printed in Germany · ISBN 978-3-423-34777-8

Inhalt

V. Gerade oder Ungerade?

VI. Vokabular der Zahlen

Was Sie schon immer ...

VII. Numerologie, Pop und Internet

VIII. Fokale Punkte

Wie Zahlen wirken

Man sollte misstrauisch werden, wenn Menschen einem weismachen wollen, man könne mit Zahlen Spaß haben. Oft sind es dieselben, die behaupten, man könne auch ohne Alkohol fröhlich sein: Pädagogen und selbst ernannte Pädagogen. „Kein Schulfach ist so am Ende wie die Mathematik", schreibt das *SZ-Magazin* im Juni 2011. Nie waren Mathestunden unbeliebter. Und im richtigen Leben pflanzt sich das fort: Das Klischee vom Zahlenfresser, neudeutsch „number cruncher", als anämischem Nerd ohne eigenes Sozialleben kommt ja nicht von ungefähr. Excel-Tabellenkalkulationen sind die Hölle und Sudokus, seien wir ehrlich, eine der ödesten Freizeitbeschäftigungen, die man sich vorstellen kann. Es gibt genügend andere Dinge auf der Welt, die Spaß machen. Und das Leben ist zu kurz, um sich mit mathematischen Spitzfindigkeiten herumzuschlagen.

Wenn auch Sie bei Zahlen rotsehen und abschalten, sobald sie in Kolonnen auf dem Papier auftauchen: Willkommen im Club – und in diesem Buch! Wir behaupten gar nicht erst, dass Zahlen per se gute Laune verbreiten würden. Wir wollen vielmehr den Beweis antreten, dass Zahlen nützlich sind. Und dass man ein paar nützliche Dinge über Zahlen wissen kann, die rein gar nichts oder nur entfernt mit Mathematik zu tun haben. Gleichzeitig ist Zahlenwissen exzellentes Partywissen. Kleine Geschichten und urbane Legenden, die sich um Zahlen und Zufälle ranken, üben eine faszinierende Sogwirkung aus, und die Grenzen zum numerologischen Aberglauben sind fließend. Fast jeder hegt seine private Metaphysik der Zahlen. So legen wir uns die Welt zurecht.

Im Alltag gehen normale Menschen anders mit Zahlen um als Mathematiker. Und menschliche Gehirne verarbeiten Zahlen nicht wie ein Computer. Für beide – Mathematiker wie Computer – sind alle Zahlen mehr oder weniger gleich. Auf unserem Zahlenstrahl im Kopf aber sind manche Zahlen gleicher als andere. Bestimmte Punkte bilden Gravitationszentren und haben eine besondere Bedeutung. Wir glauben zu wissen, dass aller guten Dinge drei sind, dass Ehen im verflixten siebten Jahr auseinanderbrechen und dass 13 keine gute Größe für eine Tischgesellschaft ist.

Aber wieso verschenkt man große Blumen nur in ungerader Anzahl? Weshalb sind die 7 und die 19 beim Lotto besonders beliebt? Warum kaufen wir eher Marmelade, wenn wir die Wahl aus sechs Sorten statt aus 15 haben? Wieso sind 2.200 Euro ein besserer Preis für ein Kunstwerk als 1.800 Euro? Weshalb machen sieben Mitglieder ein ideales Projekt-Team aus? Warum entspricht ein DIN-A4-Blatt nicht dem Verhältnis des Goldenen Schnitts? Und wieso können wir nie mehr als 150 „echte" Freunde haben, selbst wenn auf Facebook eine größere Zahl angezeigt wird? Anders gefragt: Welche Mechanismen liegen unserem eigenwilligen und scheinbar irrationalen Umgang mit Zahlen, Mengen, Größen, Proportionen und Preisen zugrunde?

Zahlen und Zahlenverhältnisse haben eine psychologische Wirkung, ähnlich wie Farben, Formen und Töne. Wie der jeweilige Kulturkreis das Gefühl bestimmt, welche Tonleitern und Klangfolgen als harmonisch empfunden werden, so ist er auch dafür verantwortlich, dass wir bestimmten Zahlen gegenüber alles andere als indifferent sind. Diesseits der abstrakten Ebene der Mathematik liegt das Reich der psychologischen und anthropologischen Zahlen, in dem ganz eigene Gesetze gelten. Gesetze, die sich im Laufe der Evolutions- und Kulturgeschichte herausgebildet haben und die auch heute noch Entscheidungen beeinflussen, Orientierung stiften und unsere Ideen von Harmonie und Schönheit prägen.

Die Quellen für diese symbolische Aufladung sind mannigfach. Einiges lässt sich am menschlichen Körper und den darauf basierenden archaischen Zählsystemen festmachen. Vieles speist sich aus religiösen Vorstellungen, die wiederum nicht selten ihren Ursprung in der frühen Astrologie und Kosmologie haben. All diese Zutaten, kulturellen Assoziationen und Aufladungen sind noch als Spurenelemente vorhanden. Sie finden sich im Rechtssystem, in der Wirtschaft, in Kunst und Kommunikation. Um zu verstehen, wie Zahlen wirken, gilt es zu begreifen, dass unser alltäglicher Umgang mit ihnen auf einer Ursuppe aus religiöser Symbolik, numerologischer Mystik und Bruchstücken sedimentierten Wissens vergangener Jahrhunderte treibt.

Wenn wir der Symbolkraft der Zahlen auf den Grund gehen wollen, müssen wir zurückgehen zu den Anfängen der abendländischen Philosophie im antiken Griechenland um 500 vor Christus – und zu

Pythagoras. Vielen Menschen ist er als Mathematiker und Philosoph namentlich bekannt, weil er in einem denkwürdigen Satz sinngemäß festgestellt hat, dass in einem rechtwinkligen Dreieck die beiden Kathetenquadrate zusammengenommen die gleiche Fläche haben wie das Quadrat über der Hypotenuse – oder so ähnlich. Was man im Mathematik-Unterricht dagegen nicht gelernt hat: Pythagoras war auch ein früher Hippie, der einen Haufen Freaks um sich geschart hatte. Später versuchten die sogenannten Pythagoräer sogar, mit ihrer geheimbundartigen Kommune die Lokalpolitik Oberitaliens zu unterwandern.

Hauptsächlich aber waren Pythagoras und sein Gefolge auf der spirituellen Suche nach dem geistigen Urgrund aller Dinge. Sie glaubten, dass die Bewegung der Sterne Töne verursachte, die wir mit unserem dürftigen Gehör nur nicht wahrnehmen könnten, und kamen zu der Erleuchtung: Nicht die Materie bestimmt das Wesen der Welt im Kern, auch nicht das Reich der Ideen, wie Platon später meinte, sondern die Zahlen und Zahlenverhältnisse. „Alles ist Zahl", war das Credo der Pythagoras-Jünger. Die Zahlen existierten vor den Dingen und flüchtigen Erscheinungen der Welt und bildeten deren eigentliche Realität.

Aus Sicht der Pythagoräer, einer Sichtweise, die auch wir uns in diesem Buch zu eigen machen, sind Zahlen nicht nur zum Zählen und Rechnen da. Über ihre mathematische Funktion hinaus besitzen sie qualitative Eigenschaften, die man als ihren „Charakter" bezeichnen könnte: Sie senden geheimnisvolle Signale aus, die es zu ergründen gilt. So war für die Anhänger des Pythagoras die 10 vollkommen, weil sie die Summe aus 1, 2, 3 und 4 bildet. Die geraden Zahlen galten in ihren Augen als weiblich, die ungeraden als männlich. Die 4 war für sie die Zahl der Gerechtigkeit, weil sie sich aus zwei gleichen Paaren zusammensetzt und damit das Prinzip der Gleichheit verkörpert. Auch wenn dieses gefühlte Wissen der Pythagoräer über 2.000 Jahre alt ist, wirken Reste davon als schwaches Echo noch immer in die Gegenwart hinein.

Diesen und vielen weiteren verstreuten Hinweisen werden wir nachgehen, nicht als Selbstzweck oder Zeitvertreib, sondern um daraus handfeste Hinweise und Empfehlungen zu destillieren. Dazu haben wir mit Theoretikern verschiedener Disziplinen und mit zahlreichen Praktikern gesprochen, von der Gastronomin über den Gestalter bis zum Galeristen. Bei den gewonnenen Erkenntnissen handelt es sich oft um „tacit knowledge", um unbewusstes Wissen und implizite Heuristiken also, die, wenn überhaupt, nur mündlich weitergegeben werden. In der Zusammenschau bilden diese Einblicke einen gut abgehangenen, oft auf jahrzehntelanger Erprobung basierenden Erfahrungsschatz.

Dieses Buch versteht sich als eine praxistaugliche Gebrauchsanleitung für das Gestalten mit Zahlen. Mit Gestaltung ist dabei nicht nur der Entwurf eines Logos, das Layout einer Website und das Bauen von Häusern gemeint, sondern auch die Preisbildung oder die Zusammenstellung einer Reisegruppe für den gemeinsamen Urlaub. Viele Gestaltungsentscheidungen in Beruf und Alltag würden anders gefällt, wenn größere Klarheit über die Mechanismen der Zahlenpsychologie und die Signale bestünde, die mit der Auswahl bestimmter Ziffern oder Mengen ausgesandt werden.

Überraschenderweise liegen zwar zahlreiche Bücher und Ratgeber zur psychologischen Wirkung von Farben vor, aber noch kein populäres und praxisbezogenes Sachbuch über Zahlenpsychologie und Zahlensymbolik. Warum ist das Thema bislang nur gestreift worden? Vielleicht weil die Bedeutung von Zahlen, Mengen und Größen für die Gestaltung in allen Lebensbereichen, so elementar sie ist, nicht auf Anhieb offensichtlich wird. „Unter der Laterne ist es am dunkelsten", sagt ein altes polnisches Sprichwort. „Zahlen sind keine natürlichen Tatsachen, auf die Organismen sinnlich reagieren können, wie sie es zum Beispiel auf Formen und Farben tun", schreibt die Psychologin Anita Riess in *Psychologie der Zahl*, einem der wenigen Bücher, die es überhaupt zum Thema gibt.

Trotzdem sind wir nicht die Ersten, die dieses Terrain erkunden. Wissenschaftliche Spähtrupps waren schon da, und in der akademischen Literatur gibt es einen umfangreichen Korpus zur Kulturgeschichte der Zahlen. Daneben gibt es vereinzelte Sachbücher zu Teilaspekten unseres Themas und diverse Fachbücher zu den unterschiedlichen Anwendungsfeldern Design, Preisgestaltung und soziale Gruppengröße.

Zu den Riesen, auf deren Schultern wir stehen, um ins Land der psychologischen Wirkung von Zahlen zu blicken, und die wir entsprechend ausführlich zitieren, zählt der Schriftsteller, Historiker und Orient-Kenner Franz Carl Endres. Sein zuerst 1935 erschienenes

Buch *Mystik und Magie der Zahlen* – später von der Orientalistin und Islamwissenschaftlerin Annemarie Schimmel ergänzt, überarbeitet und als *Das Mysterium der Zahl* wiederveröffentlicht – ist ein reichhaltiges Kompendium, das die weit verstreuten Befunde zu den symbolischen, rituellen und magischen Bedeutungen von Zahlen in den unterschiedlichen Weltreligionen und im Volksglauben übersichtlich versammelt. Dazu liefern Harald Haarmanns *Weltgeschichte der Zahlen* und Georges Ifrahs *Universalgeschichte der Zahlen* weiteres Basis-Rüstzeug, um Schneisen durch das kulturhistorische Dickicht der Zahlen zu schlagen.

Der französische Neuropsychologe Stanislas Dehaene erforscht seit Jahren experimentell, wie das menschliche Gehirn mit Mengen, Größen und Zahlen umgeht. Er hat gezeigt, dass wir von Geburt an mit einem *Zahlensinn* ausgestattet sind, der dem mathematischen Zahlenverständnis zwar manchmal im Weg steht, uns aber gleichzeitig ermöglicht, Mengen zu erfassen und zu unterscheiden. Der Jurist Bernhard Großfeld liefert mit seinen Büchern *Zeichen und Zahlen im Recht* und *Zauber des Rechts* wichtige Erkenntnisse, die weit über das juristische Feld hinausgehen. Nicht zuletzt hat Robert Kaplan uns mit seiner *Geschichte der Null* die Augen dafür geöffnet, wie dünn der Firnis des Dezimalsystems ist, das unseren heutigen Zahlengebrauch prägt.

Jedes der folgenden Kapitel ist in sich abgeschlossen, sodass man nach Lust und Lieblingszahl zwischen ihnen herumspringen kann. Dennoch unterliegt die Kapitelfolge einer dramaturgischen Logik: Zunächst nehmen wir das Verhältnis von Mensch und Zahl, Gesellschaft und Natur in den Blick (Kapitel I). Dann streifen wir die kulturhistorischen Hintergründe und die psychologischen Grundlagen des Umgangs mit Zahlen (Kapitel II). Nachdem wir den Erscheinungsformen und Wirkungsweisen von Zahlen und Ziffern in der Kunst und im Marketing nachgegangen sind (Kapitel III), widmen wir uns den bisweilen kuriosen und kurzweiligen Affekten, Idiosynkrasien und Sonderbegabungen im Zahlenkontext (Kapitel IV). Wir verweilen kurz bei den unterschiedlichen Qualitäten gerader und ungerader Zahlen, die sich auf den Konflikt zwischen der 3 und der 4 zuspitzen lassen (Kapitel V), um uns anschließend das Grundvokabular der Symbolik der Zahlen von 1 bis 12 anzueignen (Kapitel VI). Auf einen Exkurs in Aberglaube, Numerologie und Nerdismus (Kapitel

VII) folgen die Anwendungsfelder Spieltheorie und Preispsychologie (Kapitel VIII und IX), Gestaltung und Proportionen (Kapitel X und XI). Zum Abschluss wenden wir uns der sozialen Frage zu, wie Zahlen unser Zusammenleben und -arbeiten beeinflussen (Kapitel XII).

Am Ende des Buches werden Sie verstanden haben, warum es zwölf Kapitel hat (diese Einleitung wohlweislich nicht mitgezählt), warum es 17,90 Euro kostet (statt 18 Euro) und warum es 12,5 mal 20,5 Zentimeter misst (was einem Seitenverhältnis von etwa 1,6 entspricht). Idealerweise werden Sie nach der Lektüre die Welt mit anderen Augen sehen. Sie werden Zahlen, die Ihnen im Alltag begegnen, anders beurteilen als zuvor. Und Sie werden Zahlen bewusster und souveräner benutzen, wenn Sie mit ihnen umgehen.

Wieso werden Zahlen, die Zahlenpsychologie und das Wissen darum wichtiger? Vielleicht ja, weil immer mehr Lebensbereiche von der neuen Leitdisziplin Design eingemeindet und „durchdesignt" werden, wie der Designtheoretiker Mateo Kries in seinem Buch *Total Design* überzeugend darlegt. Und weil wir, wie der Zukunftsforscher Jeremy Rifkin in seiner jüngsten Großerzählung *Die empathische Zivilisation* behauptet, auf ein neues Zeitalter des „dramaturgischen Bewusstseins" zusteuern. Nach dem Ende der großen ideologischen Erzählungen wie Kommunismus und Kapitalismus, zu denen auch der technisch-rationale Fortschrittsgedanke zählt, bewegen wir uns laut Rifkin auf eine Ära zu, in der wieder stärker theatralische, mythologische und narrative Qualitäten zum Tragen kommen.

Dramaturgische Gestaltung außerhalb der engen Grenzen des Produktdesigns, das Wissen um die psychologische Wirkung bei der Anordnung von Elementen, wird zu einem entscheidenden *soft skill* der Zukunft. Empathie, die Fähigkeit, uns in andere hineinzuversetzen, ist der Schlüssel dazu. Es geht, kurz gesagt, um eine Wiederverzauberung der Welt mit rationalen Mitteln und wissenschaftlichen Argumenten. In unserem Fall geht es darum, die Zahlen nicht den Buchhaltern und Technokraten auf der einen, den Esoterikern und Numerologen auf der anderen Seite zu überlassen. Denn keine Zahlen sind auch keine Lösung. Es geht also darum, sich die Zahlen in einem empathischen – und emphatischen – Sinn wieder anzueignen, als etwas Nützliches und Lebendiges, Menschliches und Zwischenmenschliches.

I.
Von Menschen und Zahlen

Der Mensch besteht nicht nur aus Natur, im Gegenteil: „Die Natur des Menschen ist die Künstlichkeit" – mit diesem Paradoxon will uns der Kulturanthropologe Helmuth Plessner darauf hinweisen, dass die viel beschworene menschliche Natur auf nichts als Einbildung und Ideologie basiert. Vielmehr besteht die Einzigartigkeit des Menschen gerade darin, dass er aus der Naturgeschichte ausschert und mit seinem Gehirn einmalige Dinge anstellt, die sich nicht allein aus der Evolutionsbiologie heraus erklären lassen. Die Erfindung der Mathematik und das abstrakte Denken gehören eindeutig dazu.

Heute haben die Zahlen ihre mythisch-symbolische Bedeutung, die sie über Jahrhunderte mit sich trugen, weitgehend eingebüßt. Das naturwissenschaftlich-technische Weltbild des Westens hat dem Regime der Quantifizierung zum Durchbruch verholfen und die Zahlen in den Rang einer ganz profanen Durchsetzungsmacht erhoben oder – je nach Perspektive – degradiert: Machbar ist, was beziffert und berechnet werden kann. Während der wissenschaftlichen Revolution im 17. Jahrhundert wurden in der Astronomie und Physik, aber auch in der entstehenden Chemie und der Biologie erstmals Zahlen und Messergebnisse zur systematischen Grundlage wissenschaftlicher Beobachtung und Forschung. Von da aus

.::.:

griff die Quantifizierung immer weiter um sich, bis die Statistik im 19. Jahrhundert zu einer gesellschaftspolitischen Leitwissenschaft aufstieg: Alles ist Zahl – nur eben in einem ganz anderen Sinne, als es der Mythomathematiker Pythagoras und seine Freunde gemeint hatten. Spätestens seit dem 19. Jahrhundert werden wir als Staatsbürger systematisch durch und mittels Zahlen erfasst, verwaltet und regiert. Der Zensus 2011 ist nur das jüngste Beispiel für eine umfassende statistische Erhebung. Statistisches Bundesamt, Umfrageinstitute und sozialwissenschaftliche Instrumente wie das SOEP, das Sozio-oekonomische Panel, vermessen, zählen und analysieren alle Lebensbereiche – von den Geburtsraten bis zu Kriminalstatistiken, vom durchschnittlichen jährlichen Bierkonsum bis zum Steueraufkommen. Bereits in der Bibel erfüllte die Volkszählung des Königs Herodes eine wichtige Funktion für den Handlungsfortgang, und schon die Babylonier erfassten Steuern und Getreidevorräte auf Tontafeln. „Jede organisierte Gesellschaft, jede Form politischer Macht hat sich in irgendeiner Form immer auch auf Zahlen gestützt", schreibt der amerikanische Wissenschaftshistoriker I. Bernard Cohen in seinem Buch *The Triumph of Numbers. How Counting Shaped Modern Life.* Seit jeher gilt also: Wer die Zahlen kontrolliert, hat die Macht.

In der Wirtschaft dreht sich alles ganz selbstverständlich um Unternehmenskennzahlen, Bilanzen und den Shareholder Value. Politik und Medien argumentieren mit Zahlen. Täglich werden wir überschüttet mit Statistiken, harten Daten, Prozentzahlen und Wahrscheinlichkeiten. „Die Welt in Zahlen", wie sie das Wirtschaftsmagazin *brandeins* monatlich präsentiert, erscheint klar, eindeutig und unhinterfragbar. Dabei sind im statistischen Diskurs Aufklärung und Vernebelung unauflöslich miteinander verbunden. Denn Statistiken können bekanntlich trügerisch sein, weshalb man nur denen glauben sollte, die man selbst gefälscht oder manipuliert hat. Etliche Sachbuchautoren der jüngeren Zeit sind angetreten, uns von unserem statistischen Analphabetentum und dem blinden Vertrauen in die Macht der Statistik zu erlösen. *Das Einmaleins der Skepsis* des Bildungsforschers Gerd Gigerenzer, um nur einen Titel davon zu nennen, will uns den „richtigen Umgang mit Zahlen und Risiken" lehren. Eine solche mathematische Aufklärung würde hier den Rahmen sprengen. Uns geht es zunächst einmal darum, für die psychologischen Fallstricke zu sensibilisieren, die in den großen, abstrakten Zahlen stecken.

Mediokristan vs. Extremistan

Historisch jüngeren Datums ist die Erfassung und Darstellung realer Werte im Dezimalsystem mit beweglicher Nullstelle. Die indisch-arabischen Ziffern, die ein Hoch- und Runterskalieren zwischen den Zehnerpotenzen erlauben – und damit erstmals richtiges Rechnen –, kamen erst im Mittelalter nach Europa und setzten sich nur schleppend gegen die römischen Ziffern, ausgeschriebene Zahlwörter und das händische Abzählen durch (mehr dazu in Kapitel II). „Schon früh müssen sich rivalisierende Lager aus ‚Abakisten‘ mit ihren Rechenbrettern und Rechensteinen einerseits und ‚Algoristen‘ andererseits gebildet haben", berichtet der Mathematikhistoriker Robert Kaplan von diesem Kulturkonflikt, der seit dem 12. Jahrhundert in Kaufmannsstuben und höheren Bildungsanstalten tobte.

Während die einen also schon mittels der neuartigen Rechenoperationen, die das Dezimalsystem gestattete, scheinbar mühelos mit riesigen Summen jonglierten, schoben die anderen noch Kügelchen auf dem Zählbrett oder am Abakus hin und her. Dabei gelangten die fingerfertigen Abakisten zwar zunächst häufig schneller zum Ergebnis. Doch der Preis war eine mathematische Begrenzung ihres Horizonts, und am Ende siegte der Geist über den Körper. Kaplan schreibt: „Die stumme Sprache der praktischen Rechenfertigkeit mit Rechenbrett und Fingern trägt uns behände und ruhmreich an die äußersten Grenzen der Rechenkunst – aber man strandet mit ihr, sobald man die Grenze zur Algebra und aller Länder der Mathematik, die dahinter liegen, überschreitet." Wer dagegen mit Symbolen wie der 0 und den aus ihr hervorgegangenen Variablen wie a, b und x operierte, der konnte die Abstraktionsebenen der höheren Mathematik erklimmen. Auch wenn der Konflikt entschieden ist und wir heute alle zu den Algoristen gehören, sind wir doch tief in unserem Inneren Abakisten geblieben. Wir können mit abstrakten Zahlen umgehen, aber sie gehen uns nicht wirklich in Fleisch und Blut über.

Wir haben zwar gelernt, mit Kommastellen zu rechnen und Minusbeträge zu multiplizieren. Wir können mit irrationalen Zahlen hantieren, und wer in der Schule Mathe-Leistungskurs hatte, kann womöglich noch eine binomische Formel auflösen. Wir haben sogar ein diffuses Gespür für Größenordnungen entwickelt, die wir niemals auf einem Haufen gesehen haben. Wir wissen, wie sich eine

Millionenstadt anfühlt und dass es sich bei den 750 Milliarden Euro, die die Europäische Union im Mai 2010 als Rettungsschirm für das angeschlagene Finanzsystem aufspannte, um eine außergewöhnlich große Summe handeln muss.

Dieser Gewöhnungseffekt kann erstaunliche Dimensionen annehmen, wie sich an unserem Verhältnis zur Million ablesen lässt. Früher schmissen Manager und Politiker mit ihr um sich, heute dagegen taucht die Million kaum noch in den Nachrichten auf. Es ist nur noch von Milliarden die Rede. „Was ist aus der Million geworden?", fragte Max Fellmann Anfang 2010 im *SZ-Magazin* und erinnerte an eine Szene aus der Agentenkomödie *Austin Powers*: Der Bösewicht Dr. Evil, der 30 Jahre von der Bildfläche verschwunden war, meldet sich zurück und droht, die Welt zu vernichten. Seine Forderung von einer Million Dollar verursacht ungläubiges Gelächter bei den versammelten Staatschefs. Erst als er die Forderung auf 100 Milliarden Dollar erhöht, nimmt man ihn ernst.

Zwar haben wir uns mit der Welt der sieben- bis zwölfstelligen Zahlen arrangiert, aber so richtig beheimatet fühlen wir uns dort, wo die Luft der Anschaulichkeit dünn wird, dennoch nicht. Für die allermeisten bleibt das mathematische Zahlenverhältnis wie eine Fremdsprache, die man zwar erlernen und beherrschen kann, aber niemals so flüssig spricht wie die Muttersprache. Deshalb unterlaufen uns in diesen Regionen auch häufiger Fehler und systematische Fehleinschätzungen. Das betrifft selbst Wirtschaftswissenschaftler, Finanzpolitiker und die wenigen Superreichen, von denen der Öl-Milliardär Paul Getty einmal sinngemäß gesagt hat: Wirklich reich ist man, wenn man sich in der Bilanz um einige Millionen Dollar verhauen kann und es nicht auffällt.

Thomas Druyen ist einer der wenigen Soziologen, die sich nicht mit Armut und ihren gesellschaftlichen Folgen, sondern mit Reichtum beschäftigen. Seit Jahren beforscht er die Superreichen, „Ultra High Net Worth Individuals", wie sie von Privatbanken genannt werden, also Menschen mit einem Vermögen von über 30 Millionen Dollar, selbst bewohnte Immobilien nicht eingerechnet. Nach Druyens Definition beginnt Reichtum dort, wo man komfortabel von den Zinsen leben kann, ohne die Substanz des Vermögens anzutasten. Die Zahl der Superreichen nimmt zu, und das Spektrum ist nach oben ziemlich offen. Nach Druyens Recherchen gibt es allein in Deutschland rund 130 Milliardäre, wobei die Datenbasis naturgemäß dünn ist und die Zahl je nach Bewertungsansatz variieren kann. Befragt nach der symbolischen Qualität und dem realen Gehalt, den diese Schwellenwerte haben, kann Druyen bestätigen: „Die Million, die Milliarde und vor allem die Billion sind Zahlenmythen, die konkret wirken und bestimmte Vorstellungen erlauben. Im Grunde aber sind es nur Türschilder in eine Welt, die sich der Vorstellung der meisten Menschen völlig entzieht."

Die platte Erklärung dafür, warum wir uns mit solch großen Zahlen, Summen und Mengen so schwertun, ist, dass sie in unserem Alltag keine Rolle spielen. Deshalb sind eine Million oder eine Milliarde von irgendetwas Größenordnungen, die wir uns nicht plastisch vorstellen können – egal, ob es sich um Geld, Gehirnzellen oder die Zahl der Facebook-Nutzer handelt. Gerne wird in solchen Fällen auf Vergleichsgrößen und Visualisierungen zurückgegriffen, um unserer mangelnden Vorstellungskraft für große Zahlen auf die Sprünge zu helfen und einen anschaulichen Eindruck ihrer Relationen zueinander zu gewinnen. So lassen sich etwa große Geldsummen in Mengen von Bargeld übersetzen: Während eine Million Euro in 100-Euro-Scheinen noch bequem in den inzwischen sprichwörtlich gewordenen schwarzen Koffer aus der CDU-Parteispendenaffäre passt, stapeln sich die Scheine bei einer Summe von 100 Millionen Euro schon über einen Meter hoch auf der Fläche einer Europalette. Und für eine Milliarde Euro sind dann schon zehn solcher Paletten vonnöten.

Aber die Ursachen dafür, dass wir mit derart großen Zahlen nicht richtig warm werden, liegen tiefer, wie Nassim Nicholas Taleb, Mathematiker und Autor des Bestsellers *Der Schwarze Schwan. Die Macht höchst unwahrscheinlicher Ereignisse* erläutert. Solche schwarzen Schwäne sind Ereignisse, mit denen niemand rechnet, die aber enorme Folgen haben, wie etwa der 11. September oder die Finanzkrise. Taleb geht es in seinem Buch um unsere strukturelle Unfähigkeit, den richtigen Umgang damit zu finden. Er unterteilt gesellschaftliche Phänomene in zwei Kategorien, die er mit Ländernamen umschreibt: Mediokristan und Extremistan. Wofür sie stehen, beschreibt er mit einem Gedankenexperiment: Würde man zu einem willkürlich ausgewählten Sample von tausend Menschen den dicksten Mann der Welt addieren, würde er das Durchschnittsgewicht nur minimal anheben. Würde man hingegen zu einer gleich großen Gruppe an

Durchschnittsverdienern Bill Gates hinzugesellen, würde dieser allein 99,9 Prozent des Gesamtvermögens der Gruppe stellen.

Die Erklärung: Die meisten physischen Größen, die in enger Verbindung zur Natur stehen – also etwa Gewicht, Körpergröße, Kalorienkonsum –, stammen aus Mediokristan und tendieren zu einem Mittelwert. Dagegen stammt die soziale Materie, die nicht den physikalischen Gesetzen der Schwerkraft unterliegt, aus Extremistan, wo enorme Ausreißer und extreme Amplituden an der Tagesordnung sind. Die moderne Welt mit ihren Rückkopplungsschleifen und Netzwerkeffekten bringt erst jene Nichtlinearitäten hervor, die sich in groben Unterschieden, Extremwerten und der prinzipiellen Unvorhersagbarkeit von Ergebnissen niederschlagen, egal, ob es um die Anzahl von Buchverkäufen, Personen bei der Loveparade oder die Entwicklung von Aktiendepots geht. Die Hardware hinter unserem kognitiven Apparat ist allerdings auf Mediokristan optimiert, weil die gesamte Evolutionsgeschichte in einer Mediokristan-Umgebung stattfand. Die Grundannahme, dass Dinge sich kontinuierlich entwickeln und sich innerhalb eines begrenzten Rahmens bewegen, ist deshalb mehr oder weniger hart verdrahtet in unseren Gehirnen angelegt. Und daher fällt es uns heute oft so schwer, mit solch komplexen Größen zu operieren und soziale Phänomene richtig einzuschätzen.

Das zerklüftete Hochland von Extremistan liegt hingegen dort, wo abstrakte Werte als gebündelte Größe verhandelt werden, wo vernetzte Systeme am Werk sind und der Teufel immer auf den dicksten Haufen scheißt: So betrug der Wert des globalen Aktienvermögens Anfang 2011 schon wieder 53 Billionen US-Dollar – doppelt so viel wie zwei Jahre zuvor auf dem Höhepunkt der Finanzkrise und dem Tiefststand der Kurse. Das Bruttoinlandsprodukt der Welt, mithin der bezifferte Wert aller in einem Jahr weltweit gehandelten Güter und Dienstleistungen, erreichte 2008 einen Allzeit-Höchststand von 61 Billionen Dollar, bevor die Kurve krisenbedingt einknickte. Der Handel mit Derivaten, Optionen und Futures, also mit Papieren, die keinen eigenen Wert unterlegt haben, sondern auf die Entwicklung anderer Größen spekulieren, umfasste zu diesem Zeitpunkt sogar ein Volumen von weit über 600 Billionen Dollar – zehnmal mehr als die reale Wirtschaftsleistung des gesamten Erdballs.

Zehnmal mehr können wir uns irgendwie vorstellen, 600 Billionen Dollar nicht. Und mal ehrlich: Wer würde widersprechen, wenn wir das Volumen der Weltwirtschaft nicht auf 61, sondern auf 610 Billionen Dollar beziffert hätten? Wie abstrakt diese Regionen letztlich bleiben, lässt sich an einem häufigen Übersetzungsfehler aus dem Englischen ablesen: Oft ist von „Billionen Dollar" die Rede, wo eigentlich Milliarden gemeint sind, während die englische „trillion" zur Trillion statt zur Billion wird.

Noch geringer als auf Geld wirkt sich die Erdenschwere der physischen Welt auf Daten und Information aus. Diese wachsen scheinbar über alle Grenzen, limitiert nur durch das Mooresche Gesetz, welches besagt, dass sich die Leistung von Computerchips alle 18 bis 24 Monate verdoppelt. So wird der Informationsgehalt des Internets für 2010 auf 1,2 Zetabyte, also 1,2 Billionen Gigabyte taxiert. Daten fressen kein Brot und nur minimal Strom, sodass sie sich beinahe schwerelos vermehren können. Manchmal aber bereitet die Inflation der Zahlen in diesen Regionen, in denen sich sonst nur Astrophysiker bewegen, ganz reale Probleme – dann nämlich, wenn sie mit den Grenzen der physischen Welt kollidieren.

Im Frühjahr 2011 war es so weit: Die IP-Adressen gingen aus. Die Zahl der möglichen digitalen Hausnummern hielt mit dem Wachstum des Internets und der Zunahme der Endgeräte nicht mehr mit. Als man sie vor 30 Jahren als Kombination aus vier dreistelligen Zahlen mit Werten zwischen 0 und 255 einführte, konnte man sich nicht vorstellen, dass das Kontingent der 4.294.967.296 möglichen Adressen irgendwann erschöpft sein würde, aber so kam es. Abhilfe brachte erst die Einführung der neuen IPv6-Adressen, mit denen sich theoretisch 340.282.366.920.938.463.463.374.607.431.768.2 11.456 mögliche virtuelle Orte eindeutig ausweisen lassen. Sascha Lobo hat sich in seinem Blog die Mühe gemacht, diese Zahl einmal in Worten auszuschreiben, was wir hier gerne wiedergeben: „Dreihundertvierzig Sextillionen zweihundertzweiundachtzig Quintilliarden dreihundertsechsundsechzig Quintillionen neunhundertzwanzig Quadrilliarden neunhundertachtunddreißig Quadrillionen vierhundertdreiundsechzig Trilliarden vierhundertdreiundsechzig Trillionen dreihundertvierundsiebzig Billiarden sechshundertsieben Billionen vierhunderteinunddreißig Milliarden siebenhundertachtundsechzig Millionen zweihundertelftausendvierhundertsechsundfünfzig". Damit ließe sich jedem Sandkorn an allen Stränden und in allen Wüsten der Erde eine eigene IP-Adresse zuweisen. Das sollte fürs Erste reichen.

Eine größte Zahl kann es per Definition nicht geben, aber die größte derzeit bekannte Primzahl ist $2^{43.112.609} - 1$, eine Zahl mit 12.978.189 Dezimalstellen. Errechnet wurde sie 2008 an der University of California in Los Angeles von einem fuchsigen Systemadministrator namens Edson Smith. Der hatte ein als Bildschirmschoner getarntes Rechenprogramm auf die Universitätsrechner eingeschmuggelt, um sich das von der Electronic Frontier Foundation für die Entdeckung der ersten Primzahl mit über zehn Millionen Stellen ausgesetzte Preisgeld von 100.000 Dollar zu sichern. Und damit verlassen wir Extremistan, das Reich der ganz großen Zahlen, und wenden uns wieder dem Alltag zu – aber auch der hat seine Tücken.

Denn es fällt schon schwer genug, in der zugerümpelten modernen Welt zu navigieren, auch wenn uns hier nicht ständig Zahlen jenseits des Vorstellbaren entgegenschlagen. „Das große Glück der großen Zahl", wie Jeremy Bentham das Programm der gesellschaftlichen Nutzenmaximierung unter dem Label „Utilitarismus" zusammenfasste, schlägt immer häufiger um in Unzufriedenheit und Überdruss. Es scheint ein Zeitsymptom zu sein, dass es von allem zu viel gibt und das heutige Individuum dadurch überfordert ist: zu viel Stress, zu viele Informationen, vor allem aber zu viel Auswahl. Sozialpsychologen sprechen von „choice overload", um den historisch neuen Umstand zu charakterisieren, dass ein Mehr an Vielfalt und Auswahl nicht automatisch zu mehr Lebens- und Kundenzufriedenheit führen muss.

Das zeigt sich vor allem im Supermarkt. In einem berühmt gewordenen Experiment aus dem Jahr 2000 bauten die Psychologen Sheena Iyenga und Marc Lepper in einem kalifornischen Supermarkt einen Probierstand mit 24 Marmeladen der Marke „Wilkin & Sons" auf. Am nächsten Samstag veränderten die Forscher den Versuchsaufbau und hatten nur sechs Sorten im Angebot. Zwar konnte der Stand mit den 24 Sorten deutlich mehr Supermarktkunden anlocken, von denen entschied sich aber nur ein verschwindend kleiner Bruchteil, nämlich drei Prozent, zum Kauf, während es bei den sechs Sorten knapp ein Drittel war. Iyenga und Lepper interpretierten dieses verblüffende Ergebnis dahingehend, „dass ein komplexes Angebot zuerst hochgradig attraktiv auf Konsumenten wirken, jedoch anschließend ihre Motivation, das Produkt auch zu kaufen, reduzieren kann".

Auch wenn die Methodik des Experiments später kritisiert wurde und einige Konsumpsychologen heute die „Too much choice"-

Hypothese generell in Zweifel ziehen, löste der Befund um die Jahrtausendwende einige Schockwellen aus und zog reale Effekte bei Konsumgüterherstellern und Händlern nach sich. Auf breiter Front wurden Sortimente durchforstet, Produktlinien bereinigt und Regale aufgeräumt. So reduzierte der Kosmetikkonzern Procter & Gamble das Spektrum seiner „Head & Shoulders"-Shampoos von 26 auf 15 – und erzielte prompt ein Umsatzplus von zehn Prozent. Wenn es noch eines Beweises bedurft hätte, dass weniger manchmal mehr sein kann und zahlenpsychologische Erkenntnisse bei derartigen Optimierungen hilfreich sind, dann wäre er hiermit erbracht.

Gott würfelt nicht

Ähnlich schwer wie mit großen Zahlen und großer Auswahl tun wir uns mit dem Zufall. Unsere Gehirne sind so programmiert, dass sie Muster und Regeln auch dort finden, wo nur Rauschen ist, Chaos herrscht und der Zufall regiert. Evolutorisch verursachte es weniger Kosten, Tigergesichter im Gebüsch zu erkennen, wo gar keine waren, als keine zu erkennen, wo welche waren. Deshalb können wir auch mit Risiken und Wahrscheinlichkeiten nicht wirklich rational umgehen. Nachdem am Roulettetisch die Kugel fünfmal hintereinander auf Rot gelandet ist, sind wir überzeugt, dass nun aber die Serie durchbrochen werden und die Wahrscheinlichkeit für Schwarz deutlich steigen müsse. Dabei handelt es sich um eine Kette völlig unabhängiger Ereignisse, und die Wahrscheinlichkeit beträgt nach wie vor unveränderte 50 Prozent. „Bias" nennt man diese strukturellen Wahrnehmungsfehler und eine systematisch getrübte Urteilskraft in wissenschaftlichen Kontexten. Man kann sich das vorstellen wie die Vormagnetisierung eines Tonbandes, wofür es früher auf dem Kassetten-Deck tatsächlich den Bias-Knopf gab.

Das Phänomen der Mustererkennung begegnete vielen Apple-Nutzern im Zusammenhang mit der Shuffle-Funktion ihres iPods. Obwohl das Gerät de facto eine vollkommen zufällige Playlist generierte, wunderte man sich häufig, dass manchmal mehrere Songs von ein und demselben Künstler hintereinander liefen. Auch hatte man mitunter den Eindruck, das Gerät stelle die Auswahl nach den persönlichen Vorlieben zusammen. Verschwörungstheoretisch veranlagte Blogger in den USA mutmaßten zudem, dass der Shuffle-Modus die großen Labels bevorzugte, die in enger Geschäftsverbindung mit Apple standen. Unter dem Druck der öffentlichen Spekulationen änderte Apple den Algorithmus des Gerätes ab und machte ihn „weniger zufällig, damit er sich zufälliger anfühlt", wie Apple-Chef Steve Jobs es auf den Punkt brachte.

Dan Gardner berichtet diese Anekdote in seinem Buch *Future Babble*, das eigentlich davon handelt, wie Experten in ihren Zukunftsvorhersagen durch Mustererkennung systematisch *biased*, also wahrnehmungsverzerrt sind. Ein Grund dafür ist, dass wir ein bestimmtes Bild vom Zufall haben: „Bittet man jemanden, auf möglichst zufällige Art und Weise Punkte auf ein Blatt Papier zu machen, wird er diese einigermaßen gleichmäßig über das Blatt verteilen, sodass keine Punkthaufen oder größere leere Flecken entstehen – tatsächlich ein Ergebnis, das bei rein zufallsbasierter Verteilung äußerst unwahrscheinlich ist." Der Zufall sieht eben einfach nicht nach Zufall aus.

Vor dem Problem stand auch Gerhard Richter, Deutschlands bekanntester bildender Künstler, als er 2007 die Fenster des Kölner Doms neu gestaltete. Angelehnt an sein früheres Werk *4096 Farben* wählte er dafür farbige Quadrate, die in zufälliger Anordnung einen abstrakten „Farbklangteppich" ergeben sollten. Allerdings beschränkte Richter sich diesmal auf die 72 Farben, die schon für die mittelalterlichen Domfenster verwendet worden waren. Per Zufallsgenerator ließ

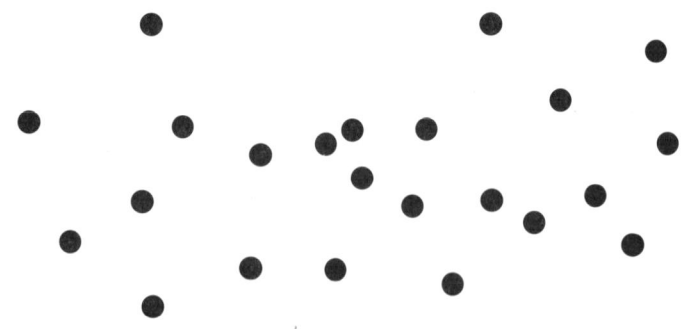

er 11.263 Farbquadrate anordnen. Anschließend griff Richter an Stellen ein, wo das Programm nicht zufällig, sondern intentional wirkende Muster und Häufungen einzelner Farben produziert hatte. So musste er eine Formation zerschlagen, die sich im unteren Bereich ergeben hatte und wie eine große 1 aussah. Eigentlich war es Richters erklärte Absicht, sich selbst eher zurückzunehmen, gleichzeitig wollte er die Fenster als etwas Selbstverständliches und Alltägliches erscheinen lassen. Dazu muss man dem Zufall dann doch etwas auf die Sprünge helfen.

Was den Umgang mit zufälligen Zahlen zudem erschwert, ist die Tatsache, dass die Natur selbst sich nicht an ihre eigenen Regeln hält. Genauer gesagt – und trotzdem schwer zu begreifen: Sie hält sich nicht an den Grundsatz der Gleichverteilung. Nicht alle Ziffern kommen gleich häufig vor, zumindest sofern ihnen natürliche oder reale soziale Vorgänge zugrunde liegen. So beginnen Zahlen aus großen empirischen Datensätzen – etwa die Einwohnerzahlen von Städten, Geldbeträge in der Buchhaltung, die Länge von Flussläufen oder Naturkonstanten – sehr viel häufiger mit einer 1 als mit einer anderen Ziffer. Die mathematische Wahrheit ist, dass nicht die Daten aus der Natur selbst, wohl aber die Mantissen der Logarithmen dieser Daten einer Gleichverteilung folgen, doch das ist ein weites Feld. Man kann dies ein wenig plausibilisieren, indem man sich vergegenwärtigt, dass ein x-beliebiger Wert, um von 10 auf 20 zu wachsen, um 100 Prozent zunehmen muss, es im Bereich zwischen 80 und 90 jedoch nur 12,5 Prozent sind, obwohl der absolute Zuwachs derselbe bleibt. Deshalb verharren Werte länger in einem niedrigen Spektrum. Viele Wachstumsprozesse brechen auch einfach nach der ersten, zweiten oder dritten Stufe ab.

Der Mathematiker Simon Newcomb hat 1881 als Erster auf dieses Phänomen hingewiesen. Ihm war aufgefallen, dass in Büchern mit Logarithmentafeln die Seiten, auf denen in den Tabellen die 1 die erste Ziffer ist, deutlich schmutziger waren als die anderen, weil sie häufiger angefasst wurden. Der Physiker Frank Benford hat diese Beobachtung 1938 aufgegriffen und ausgehend von einer Vielzahl an Beispielen systematisiert. Vereinfacht formuliert besagt das Benfordsche Gesetz: Je niedriger die Anfangsziffer, desto häufiger tritt sie auf. So ist die 1 mit einer Wahrscheinlichkeit von 30,1 Prozent die häufigste Anfangsziffer, während die 9 nur in 4,6 Prozent der Fälle vorne steht.

Das Benfordsche Gesetz wird heute beispielsweise dazu benutzt, Manipulationen an Daten aufzudecken, sei es im Rechnungswesen, in wissenschaftlichen Studien oder bei Wahlergebnissen. Den Manipulatoren gelingt es in der Regel nicht, die zufällige, aber ungleiche Verteilung der Anfangsziffern beizubehalten und so das statistische Rauschen in der richtigen Zusammensetzung zu simulieren. So konnten die Behörden mithilfe des Benfordschen Gesetzes den fantasievollen Manipulationen in der Buchhaltung der US-Konzerne Enron und Worldcom auf die Schliche kommen, was in beiden Fällen den Konkurs nach sich zog.

So mysteriös Benfords Gesetz erscheinen mag, ist es nichts anderes als der zahlenmäßige Widerschein der Tatsache, dass natürliche und soziale Systeme keine mathematisch homogene Gleichverteilung produzieren. Viele natürlichen Wachstumsprozesse produzieren Verteilungen, die um einen Mittelwert herum zu beiden Seiten abflachen: die berühmte Glockenkurve, die Carl Friedrich Gauß mathematisch beschrieben hat. In den USA ist diese „bell curve" hochgradig ideologisch aufgeladen, weil ein gleichnamiges Buch aus den 1990ern behauptete, auch die menschliche Intelligenz sei nach der Gaußschen Formel logarithmisch normalverteilt – was impliziert, dass alle

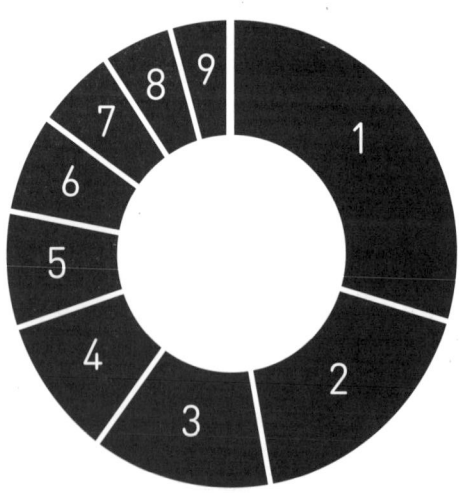

pädagogischen Versuche, für mehr Bildungsgleichheit zu sorgen, von vorneherein zum Scheitern verurteilt sind. Auch wenn die Glockenkurve in diesem Fall zu Recht als Instrument einer Ideologie entlarvt wird – in vielen anderen Bereichen, etwa bei der Körpergröße oder bei der Penislänge, trifft sie zu.

Daneben findet man – gerade bei sozialen Phänomenen – häufig stärkere Ungleichverteilungen, die nicht der Gaußschen Normalverteilung entsprechen. Statt sich einem Mittelwert anzuschmiegen, gibt es hier eine geringe Anzahl sehr hoher und dann sehr viele kleine Werte, sodass sich eine anfangs steil abfallende Kurve ergibt, die nach hinten immer flacher wird: Es gibt zum Beispiel nur eine kleine Gruppe von Menschen, die wie Bill Gates über einen Großteil des weltweiten Reichtums verfügen, während die große Masse sich mit wenig begnügen muss. Der italienische Ingenieur und Ökonom Vilfredo Pareto hat um 1900 solche Kurven untersucht und herausgefunden, dass sie sich häufig auf eine 80:20-Formel bringen lassen. Darauf gekommen war Pareto, indem er sich die Einkommensverteilung Italiens zu der Zeit vornahm und feststellte, dass 20 Prozent der Bevölkerung über 80 Prozent des Vermögens verfügten. Seine ökonomisch-pragmatische Schlussfolgerung: Banken sollten sich mit ihren Dienstleistungen doch auf diesen vermögensstarken Bevölkerungsteil konzentrieren.

Seither wurde das Pareto-Prinzip mancherorts fast in den Rang einer Welterklärungsformel erhoben. Tatsächlich lässt es sich in den unterschiedlichsten Verteilungsphänomenen wiederfinden: Bei Versicherungen verursachen 20 Prozent der Versicherten 80 Prozent der Schadenssumme, in Unternehmen und Geschäften bringen die 20 Prozent der besten Kunden 80 Prozent des Umsatzes, in Wohnungen weisen 20 Prozent des Teppichs 80 Prozent der Gesamtabnutzung auf. Besonders Coaches und Zeitmanagement-Berater nutzen Pareto, um ihrer Klientel einzubläuen, dass 80 Prozent des Ertrags mit 20-prozentigem Einsatz erreicht oder umgekehrt 80 Prozent der Zeit auf nur ein Fünftel eines Resultats verschwendet würden.

Für den Zukunftsforscher Karlheinz Steinmüller, ansonsten eher skeptisch, was prognostische Zahlenmagie angeht, leitet sich aus dem Pareto-Prinzip sogar ein normatives Gebot ab: „Diese Muster gibt es ganz offensichtlich und sie sind sehr weit verbreitet. Man kann oft beobachten, dass sich Systeme auf problematische Weise entwickeln, wenn die 80:20-Regel nicht mehr gilt. Wenn beispielsweise 80 Prozent des Wohlstands nicht mehr bei den reichsten 20 Prozent liegen, sondern sich nur auf die reichsten fünf Prozent konzentrieren, dann weiß man, dass eine Gesellschaft in Schwierigkeiten gerät." Dennoch sollte man das Pareto-Prinzip eher als heuristische Hilfe denn als Naturgesetz ansehen. Es liefert keine Letztbegründung, warum eine Vermögensverteilung, die der 80:20-Formel entspricht, gesellschaftlich akzeptabel wäre – und man nicht politisch auf eine Nivellierung hinwirken sollte.

Im Weltmaßstab haben die Globalisierung und der Aufstieg der Schwellenländer bereits dazu geführt, dass das Pareto-Prinzip nur noch näherungsweise gilt. So finden 75 Prozent des Welthandels heute unter 25 Prozent der Weltbevölkerung statt. Auch in der Betriebswirtschaft könnten die Tage der 80:20-Regel gezählt sein. Gerne haben Unternehmensberater die stupende Weisheit errechnet und verbreitet, dass 80 Prozent des Gewinns mit nur 20 Prozent des Angebots erzielt werden – verbunden mit der impliziten Empfehlung, das Sortiment um die Ladenhüter zu bereinigen. Bei Buchverlagen und Musiklabels sind solche Belehrungen oft ebenso zutreffend wie wohlfeil, weil man

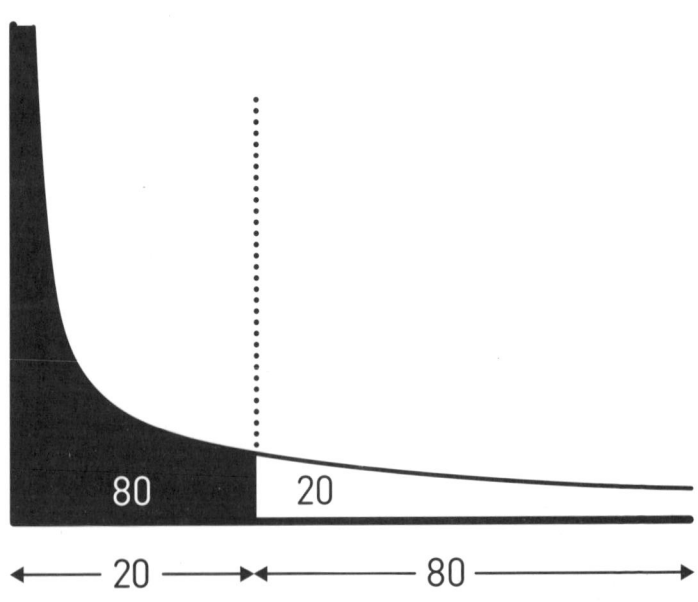

im Vorfeld ja nie genau wissen kann, welche 20 Prozent es sind, die sich zu Hits und Umsatzbringern entwickeln werden.

Chris Anderson, Chefredakteur der Zeitschrift *Wired*, geht in seiner Kritik traditioneller Marketingstrategien noch weiter. In seinem Weltbestseller *The Long Tail* vertritt er die These, dass das Pareto-Prinzip im Zeitalter von Online-Vertrieb und virtuellen Lagerbeständen ausgedient hätte und der Glaube daran sich sogar negativ niederschlage. Zu sehr sei man im Business immer noch auf die Hits am vorderen Ende der Pareto-Kurve fixiert. Dabei werde von Internet-Händlern wie Amazon bereits heute die Hälfte des Umsatzes mit den Nischenprodukten gemacht, die sich am langen Ende der Nachfragekurve einsortieren. Auch wenn jedes einzelne dieser Ladenhüter-Produkte nur wenig zum Umsatz beitrage, werde dieser lange Rattenschwanz doch in Zukunft in der Summe den Löwenanteil des Geschäfts ausmachen. Deshalb sollte man sich nicht von der 80:20-Formel irreführen lassen, sondern eher auf eine große Sortimentstiefe setzen.

Andersons Zahlenwerk wurde teils heftig kritisiert, und einige Autoren fanden das Pareto-Prinzip auch im Internet-Handel eher bestätigt als entkräftet. Nicht auszuschließen jedoch, dass es sich bei der Allgemeingültigkeit der 80:20-Regel ebenfalls um ein Phänomen der Mustererkennung handelt und dass sie in viele Verteilungsphänomene hineininterpretiert wird. Aber selbst wenn sie nicht in Stein gemeißelt ist, liefert die 80:20-Faustformel eine praktische Krücke für viele Lebenslagen. Beispielsweise ist sie eine zugkräftige Argumentationsfigur, wenn es darum geht, sich selbst und andere davon zu überzeugen, dass man sich auch einmal mit 80 Prozent zufriedengeben kann, weil das maximale Ergebnis einen überproportionalen und dadurch ungerechtfertigten Mehraufwand bedeuten würde.

Zahlen vs. Natur

Kleine Zahlen und Mengen sind dem Menschen näher als große – in Mediokristan finden wir uns besser zurecht als in Extremistan. Die physikalische Natur ist solchen Unterscheidungen gegenüber indifferent; die zahlenmäßige Ordnung der Dinge, die uns umgeben, kennt solche Präferenzen nicht. Der französische Neuropsychologe

Stanislas Dehaene, der sich intensiv mit der menschlichen Zahlenwahrnehmung beschäftigt hat, stellt mit Verweis auf die Philosophen Gottlob Frege und W.V.O. Quine fest, „dass kleine Anzahlen in unserer Umwelt objektiv gesehen nicht häufiger vorkommen als große. In jeder Situation könnten potenziell beliebig viele Dinge abgezählt werden." Die Wahrnehmung eines gehäuften Vorkommens kleiner Zahlen und Mengen sei hingegen allein der menschlichen Vorliebe geschuldet, die Dinge herunterzubrechen: „Der Eindruck, dass die Welt vor allem aus kleinen Mengen besteht, ist eine Illusion, die uns von den Systemen aufgedrängt wird, mit denen wir sie wahrnehmen und erkennen. Die Natur ist nicht so gemacht, unabhängig davon, was unser Gehirn darüber denkt."

Wir müssen uns die Größen der natürlichen Welt erst in einen menschlichen Maßstab übersetzen, also Einheiten bilden, mit denen wir rechnen und umgehen können. Früher hingen unsere Maße und Gewichte buchstäblich am menschlichen Körper, wie die alten Längeneinheiten Elle und Fuß bezeugen. Und die Gewichtseinheit Pfund schwankte je nach lokaler Definition zwischen 300 und 600 Gramm – ein Gewicht, das gut in der Hand liegt.

Mit Maß und Zahl wird die Natur handhabbar. Für die Ansprüche einer wissenschaftlich-technischen Zivilisation sind Angaben wie Fuß oder Pfund jedoch viel zu ungenau, weshalb Astronomen und Physiker seit jeher versuchen, die physikalischen Größen mit den zahlenmäßigen Gesetzen der Natur in Einklang zu bringen. Dabei hat sich gezeigt: Es ist gar nicht so einfach, für unsere Maße, Gewichte und physikalischen Einheiten stabile Anker in der Natur zu finden. Das Internationale Einheitensystem (SI) regelt die Definition physikalischer Größen wie Länge, Masse und Zeit, aber auch Temperatur, Stromstärke und noch so einiges andere.

Nur die Einheiten Meter, Sekunde, Volt und Ohm stützen sich dabei gegenwärtig auf das Fundament unhintergehbarer Naturkonstanten wie die der Lichtgeschwindigkeit. So ist das Längenmaß Meter heute definiert als die Länge der Strecke, die das Licht im Vakuum während der Dauer von einem 299.792.458sten Teil einer Sekunde durchläuft. Aber was ist eine Sekunde? Die frühere Definition von einem 86.400sten Teil eines mittleren Sonnentages erwies sich als zu ungenau und wurde später durch das Vielfache der periodischen Schwingung ganz bestimmter Cäsium-Atome ersetzt.

Bei den Einheiten Meter und Kilogramm ergab sich das Problem, dass das Ur-Meter und das Ur-Kilogramm, die in Paris aufbewahrten Referenzobjekte, nach denen alle anderen Metermaße und Waagen geeicht wurden, gewissen minimalen Schwankungen unterworfen sind. Das Ur-Meter wurde durch die Verknüpfung des Meters mit der Lichtgeschwindigkeit obsolet. Die Masseneinheit Kilo dagegen hängt bis heute nicht an einer physikalischen Konstante, sondern ist an das konkrete Objekt als Referenzgröße gebunden. „Das Kilogramm ist gleich der Masse des Internationalen Kilogrammprototyps", lautet die gültige SI-Definition.

Nur hat dieser 1889 nach dem Vorbild eines Liters Wasser bei vier Grad Celsius, also eines Wasserwürfels mit einer Kantenlänge von zehn Zentimetern, geschaffene Prototyp – eben jener Pariser Zylinder aus Platin und Iridium von 39 Millimetern Höhe und 39 Millimetern Durchmesser – aus bisher ungeklärten Gründen im Laufe der Zeit fatalerweise 50 Mikrogramm Masse verloren. Offensichtlich ist es gar nicht so einfach, ein Objekt herzustellen und in einem Zustand zu halten, in dem es keine Moleküle hinzugewinnen oder verlieren kann, und seien es noch so wenige. Deshalb basteln Forscher seit einigen Jahren an Methoden, auch die Massedefinition auf eine Naturkonstante zurückzuführen. Eine Siliziumkugel aus einem gezüchteten Kristall mit einer festen Anzahl von Atomen könnte demnächst zum neuen Ur-Kilogramm werden.

Die Naturkonstanten der Physik und ihre Größenordnungen haben keine direkten psychologischen Auswirkungen, sieht man einmal davon ab, dass Raum, Zeit und Materie die Grenzen unserer Welt wie unseres Bewusstseins bestimmen. Aber ein paar psychologisch wirksame Größen und Intervalle liefert uns die Natur doch, vor allem mit den zyklischen Rhythmen von Sonnenaufgang und -untergang, den Mondphasen und dem jährlichen Lauf der Erde um die Sonne. Aus der Beobachtung der Gestirne entwickelte der Mensch ganz unterschiedliche Kalendersysteme, die sich jedoch alle in der einen oder anderen Weise auf diese Zyklen beziehen. Astronomie und Kalenderkunde gehören zu den frühesten Anwendungsfeldern von Mathematik und Zahlen. Aus dem Sonnenumlauf ergibt sich der Reigen der Jahreszeiten, die im Zusammenspiel mit Regenzeiten und Dürreperioden sowie den einigermaßen regelmäßig wiederkehrenden Überschwemmungen von Nil, Euphrat und Tigris das Leben der frühen Hochkulturen takteten. Und dann sind da noch die biologischen Zyklen vom Werden, Wachstum und Vergehen der belebten Natur, die das Leben weiter strukturieren.

Doch noch einmal zurück zur Physik: Ein von vielen theoretischen Physikern lang gehegter Traum ist es, das bunte Treiben des Universums auf eine einheitliche Weltformel, eine „Theory of Everything" zu verdichten. Schon Newton glaubte, mit seiner Gravitation diese alles erklärende Universaltheorie gefunden zu haben. Später wiesen Einsteins Relativitätstheorie und die Quantenmechanik diese in die Schranken. Stephen Hawking kündigte 1980 bei seiner Antrittsvorlesung in Cambridge erneut an, dass diese Theorie „noch zu seinen Lebzeiten [...] gefunden" werde und die Physik damit an ihr Ende komme, blieb allerdings den Beweis bislang schuldig. Heute ist der Schwede Max Tegmark vom MIT überzeugt, dass die Mathematik das Substrat unserer materiellen Welt bilde. Zahlen und Mathematik existierten vor allen Dingen. Und dem Universum entspreche eine Zahlenformel, die nur gefunden werden müsse. Als Beleg dient ihm die unheimliche Kongruenz von Mathematik und Empirie, die von niemandem wirklich erklärt werden könne. Der Glaube an diese Deckungsgleichheit geht so weit, dass Entwürfe wie die Stringtheorie es zu hohem Ansehen in der Physik bringen konnten, obwohl es nur mathematische und keine empirischen Belege für sie gibt. Tegmark glaubt, dass wir alle irgendwann mit T-Shirts herumlaufen werden, auf denen diese mathematische Weltformel ohne Probleme Platz findet.

Interessanterweise handelt es sich bei der Vorstellung von der einen, alles erklärenden Weltformel um ein zutiefst westliches Konzept – wie überhaupt bei der Idee, die Natur folge mathematischen Gesetzen. Oft geht sie einher mit einer gewissen Hybris abendländischer Mathematiker, Physiker oder Philosophen, die durch ihre Großtheorien dahinter kommen wollten, wie Gott tickt. „Gott rechnet", wusste Carl Friedrich Gauß und konnte sich dabei auf Leibniz stützen, der annahm: „Indem Gott rechnet und seinen Gedanken ausführt, entsteht die Welt." Einstein griff den Faden auf und präzisierte, dass Gott zumindest nicht würfelt. Implizit schwang in solchen Einlassungen immer mit, dass man sich Gott, wenn es ihn denn gebe, als einen der ihren vorstellen müsse – als großen Welt-Ingenieur und Mathematiker.

Die radikale Gegenposition zu denjenigen, die den heiligen Gral der Weltformel suchen, vertritt der Physiker und Nobelpreisträger

Robert B. Laughlin. Was nicht messbar ist, bleibt für ihn reine Spekulation. Auf der subatomaren Ebene nach der einen und einmaligen Formel zu fahnden, die die Welt im Innersten zusammenhält und alles erklärt, hält er für puren Reduktionismus und plädiert deshalb, so der Titel seines Buches von 2007, für den *Abschied von der Weltformel* und für eine *Neuerfindung der Physik.* Statt nach der ultimativen Gleichung zu suchen, solle sich die Physik verstärkt den Phänomenen der Emergenz und Selbstorganisation zuwenden. Die Komplexität des Universums, so Laughlin, lasse sich nicht in einer Zeile mathematischer Symbole niederschreiben. Also sollten Physiker und Mathematiker sich weniger zu derart vollmundigen Versprechungen hinreißen lassen und stattdessen ihre Zeit mit Sinnvollerem verbringen. Womit wir beim eigentlichen Thema wären.

●●●·∶

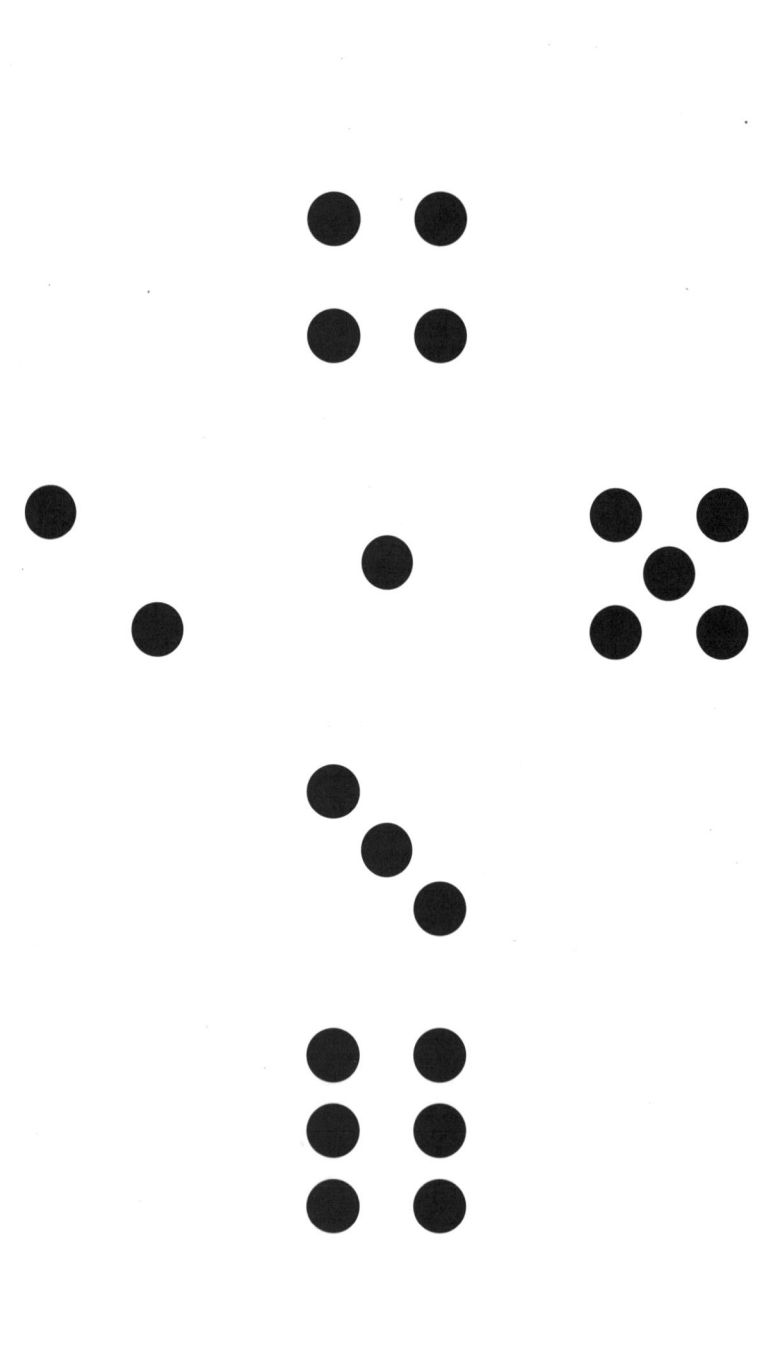

II.
Zählen lernen

Wovon reden wir überhaupt, wenn wir von Zahlen reden? Gibt es Zahlen in der Natur, und der Mensch hat sie nur entdeckt? Oder wurden sie irgendwann von ihm erfunden? Existieren Zahlen und ihre mathematischen Relationen also unabhängig vom Menschen oder wurden sie erst durch ihn und die von ihm entwickelten Kulturtechniken und Symbolsysteme des Zählens und Rechnens erschaffen? Diese so einfache wie tiefgründige Frage ist ein altes und bis heute ungelöstes Rätsel, an dem sich Philosophen und Mathematiker seit der Antike die Zähne ausbeißen. So behauptete der britische Philosoph Bertrand Russell in seinen 1903 erschienenen *Principles of Mathematics*: „Die Arithmetik muss genau in demselben Sinne entdeckt werden, wie Kolumbus West-Indien entdeckte, und wir schaffen die Zahlen so wenig, wie er die Indianer erschuf." Ein Paradebeispiel für die gegenteilige Auffassung lieferte der Mathematiker Richard Dedekind, der 1888 in seinem Werk *Was sind und was sollen die Zahlen?* schrieb: „Die Zahlen sind freie Schöpfungen des menschlichen Geistes, sie dienen als Mittel, um die Verschiedenheit der Dinge leichter und schärfer aufzufassen." Eine Art Kompromiss anzubieten versuchte der Mathematiker Leopold Kronecker, indem er 1886 in einem Vortrag sagte: „Die ganzen Zahlen hat der liebe Gott gemacht, alles andere ist Menschenwerk."

Noch heute stehen sich diese philosophischen Schulen der Zahlentheorie unversöhnlich gegenüber. Natürlich tauchen Zahlen nicht als Ziffern oder Nummern in der Natur auf, die Bäume im Wald sind nicht durchnummeriert und Kometen haben keinen eingebauten Tachometer, der ihre Geschwindigkeit anzeigt. Was es in der Natur gibt, sind Quantitäten, die Zahligkeit von Objekten, von Atomen, Sandkörnern, Regentropfen, Libellen und Menschen. Und dann gibt es in der Natur unbestreitbar unterschiedliche Bewegungszustände, Größenverhältnisse und Massen, die sich der Mensch erst mühsam in Referenzgrößen wie Meter, Sekunde und Kilo übersetzen musste – und auch deren genaue Definition wirft wieder ihre eigenen Probleme auf (siehe Kapitel I). Zwar ist das Universum mit seinen physikalischen Eigenschaften geprägt durch Muster und Verhältnisse von Gegenständen oder physikalischen Kräften, die sich in Zahlen darstellen lassen, doch erst der Mensch hat im Laufe seiner kulturellen Evolution den Umgang mit Zahlen und ihren komplexen Beziehungen zueinander, den wir Mathematik nennen, entwickelt.

Diese Mathematik hat mittlerweile einen ganzen Zoo von Zahlen hervorgebracht, angefangen von den natürlichen über die rationalen und reellen Zahlen bis hin zu den irrationalen, komplexen und imaginären Zahlen. Wir wollen uns hier nicht länger mit diesen metaphysischen und mathematischen Spitzfindigkeiten herumschlagen, denn den meisten Menschen bereitet bereits der Umgang mit den natürlichen, das heißt den ganzen positiven Zahlen 1, 2, 3, 4 und so weiter genügend Probleme. Die Existenz negativer Zahlen kennen wir vom Girokonto und rationale Zahlen können wir uns als Bruch mit Zähler und Nenner rational gerade noch so vorstellen. Aber damit hört das mathematische Verständnis bei den meisten auch schon auf.

Weil Erwachsene sich bereits derart schwertun, ging man lange Zeit davon aus, dass Neugeborene überhaupt keinen Begriff von unterschiedlichen Größen haben. Kleinkinder lernen in einem langwierigen Prozess von 1 bis 10 zu zählen, durch Aufsagen der Zählreihe und gleichzeitiges Abzählen mit den Fingern, durch Merkverse und Abzählreime. Später kommen größere Zahlen und elementare Rechenoperationen hinzu. So entwickeln Kinder ganz langsam eine Idee davon, wie Zahlen funktionieren, und lernen, die Welt mit ihrer Hilfe zu begreifen. Dass wir uns das Reich der Zahlen auch in seinen ganz basalen Einheiten und Funktionen erst mühsam aneignen müssen, war über Jahrzehnte die vorherrschende Überzeugung in der Entwicklungspsychologie. Besonders einflussreich war hier die konstruktivistische Theorie des Schweizer Psychologen Jean Piaget und sein Modell der kognitiven Entwicklung des Menschen. Für Piaget ist das Gehirn des Neugeborenen ein unbeschriebenes Blatt, nur ausgestattet mit der Fähigkeit zur Wahrnehmung, zur Steuerung des motorischen Apparats und mit einem allgemeinen Lernmechanismus. Durch Erfahrung passt sich das Kleinkind an die Gegebenheiten seiner Umwelt an und macht sich nach und nach einen Begriff von der Welt.

Erst in einem relativ späten Stadium bildet es abstrakte Vorstellungen von Zahlen heraus.

Neuere Untersuchungen der Kognitionsforschung und der Neuropsychologie deuten jedoch darauf hin, dass es auch einen vormathematischen Zugang zu Zahlen und Mengen gibt. So haben Experimente gezeigt, dass nicht nur Babys und Kleinkinder Größen voneinander unterscheiden können, sondern sogar verschiedene Tierarten ein Gespür für die Zahligkeit unterschiedlich großer Mengen zu besitzen scheinen. Waschbären konnten zum Beispiel darauf trainiert werden, aus einer Reihe von Glaskästen immer denjenigen auszuwählen, der drei Rosinen enthielt und nicht zwei oder vier. In den 1960er Jahren führte der amerikanische Tierpsychologe Francis Mechner Experimente durch, in denen Ratten lernten, zuerst einen Hebel vier Mal zu betätigen, bevor sie durch das Drücken eines zweiten Hebels Futter zur Belohnung erhielten. Zwar drückten die Laborratten den ersten Hebel nicht immer genau vier Mal, aber sie kamen der notwendigen Häufigkeit doch sehr nahe: 75 Prozent der Versuchstiere drückten zwischen drei und sechs Mal. Das Experiment funktionierte sogar, wenn die Ratten den ersten Hebel acht Mal drücken sollten. Und vor Kurzem wies eine Gruppe um den Würzburger Bienenforscher Jürgen Tautz nach, dass Bienen Schilder mit ein, zwei, drei oder vier darauf abgebildeten Objekten unterscheiden können. Die Schilder waren am Eingang von Plastikröhren aufgestellt. Nur am Ende der Röhre mit zwei abgebildeten Objekten war Futter platziert. Nach einigem Training flogen die Bienen zielsicher die Röhre mit diesem Schild an, auch wenn die dargestellten Symbole verändert wurden und statt zwei blauer Punkte zwei grüne Blätter abgebildet waren.

Die Evolution hat also das Gehirn mit der Fähigkeit ausgestattet, numerische Größen bis zu einem bestimmten Grad zu erfassen und zu verarbeiten. Das Rechengenie von angeblich mathematisch begabten Tieren wie dem „klugen Hans" – einem rechnenden Pferd, das vor etwa hundert Jahren Berühmtheit erlangte – beruhte dagegen zumeist auf Manipulationen durch den Versuchsleiter. Hatte das Tier durch entsprechendes Klopfen mit den Hufen die richtige Antwort auf eine mehr oder weniger komplizierte Rechenaufgabe erreicht, signalisierte ihm ein unwillkürlich veränderter Gesichtsausdruck, dass es an der Zeit sei aufzuhören.

Drei auf einen Blick

Wir sind ständig von einer Unzahl an Dingen und Gegenständen umgeben. Oftmals gruppieren diese sich zu einer mehr oder weniger scharf umrissenen Menge von Objekten: der Bücherstapel auf dem Schreibtisch, die Joghurtbecher im Einkaufswagen, die Münzen im Portemonnaie. Wie verarbeiten wir solche Mengeninformationen? Dringt uns die Anzahl der Dinge ins Bewusstsein, auch wenn wir sie nicht einzeln abzählen? Können wir überhaupt Mengen erfassen, ohne zu zählen?

Die unterschiedlichen Untersuchungen und Experimente zu dieser Frage legen nahe, dass wir bis zu drei Gegenstände ohne zu zögern auf einen Blick erkennen können. So schreibt Stanislas Dehaene in *Der Zahlensinn oder Warum wir rechnen können*: „Psychologen wissen schon seit mindestens einem Jahrhundert, dass es eine feste obere Grenze dafür gibt, wie viele Dinge wir auf einen Blick erfassen. Als Assistent von Wilhelm Wundt wies James McKeen Cattell 1886 in Leipzig nach, dass Versuchspersonen mit unfehlbarer Genauigkeit angeben konnten, wie viele schwarze Punkte auf einer Karte waren, solange es nicht mehr waren als drei. Über diese Grenze hinweg machten sie oft Fehler."

In *Psychologie der Zahl* setzt Anita Riess die Grenze höher an: „Erwachsene können innerhalb eines begrenzten Bereichs zwischen den verschiedenen Größen von kleinen Mengen unmittelbar unterscheiden. [...] Als Grenzzahl stellt sich fast immer die Sechs heraus." Dabei kommt es darauf an, was damit gemeint ist, Dinge unmittelbar zu unterscheiden: Tatsächlich hängt die Fähigkeit, die Anzahl von Objekten wahrzunehmen, stark von ihrer Anordnung ab: Wir können die regelmäßig angeordneten sechs Punkte auf einem Würfel mit einem Blick erfassen, weil sie zu einem Muster und damit zu einem Symbol – also selbst zu einer Art Zahl – verschmelzen. Umgekehrt haben wir schon bei weniger als sechs Objekten Probleme, wenn diese unregelmäßig angeordnet sind. Davon abgesehen ist der Übergang vom direkten Erfassen zum Abzählen vermutlich fließend: Untersuchungen haben gezeigt, dass die Reaktionszeit bis zur Erfassung schon ab einer Anzahl von zwei Objekten von unter einer Sekunde bei drei auf 3,5 Sekunden bei zehn Objekten kontinuierlich ansteigt. Es ist also schwierig, eine eindeutige Grenze anzugeben, von der an wir zählen und die Zahligkeit von Mengen nicht mehr unmittelbar erfassen.

Ähnliches gilt für unsere Fähigkeit, uns eine Anzahl von Dingen zu merken und im Kurzzeitgedächtnis präsent zu halten. Hier scheint sich ungefähr bei einer Anzahl von sieben etwas zu verändern. Die herausragende Bedeutung der 7 als Grenzzahl für die intuitive Erfassung und Speicherung von Mengen geht zurück auf den amerikanischen Psychologen George Miller, der 1956 in seinem Aufsatz „The Magical Number Seven, Plus or Minus Two" die 7 als Grenze der Merkfähigkeit von Eindrücken jedweder Art zur anthropologischen Konstante erklärte. Er beobachtete, dass es dem Kurzzeitgedächtnis schwerfällt, sich mehr als sieben Gegenstände oder mehr als sieben Ziffern, zum Beispiel einer Telefonnummer, einzuprägen. Den Grund sieht Miller in der begrenzten „channel capacity" des Menschen: Bei sieben unterschiedlichen Eindrücken oder Informationseinheiten pro Sinneskanal – Miller spricht von „chunks" – sei die Grenze der Aufnahmefähigkeit erreicht. Diese Spanne kann auch durch Üben nicht erweitert werden. Allerdings lässt sich durch Strukturierung die Informationsdichte der einzelnen „chunks" erhöhen. Wir können eine Zahl wie 4901714828289 weder schnell erfassen noch uns merken. Anders sieht es aus, wenn wir ein paar Info-Elemente hinzufügen und Bündel bilden. Dann wird daraus: ++49 (0)171 482 82 89. Wir erkennen sofort eine Telefonnummer, müssen uns den deutschen Ländercode und die gängige Telekom-Vorwahl nur als Tatsachen, nicht als Zahlen einprägen und können die eigentliche Nummer als zwei- und dreistellige Blöcke memorieren. So sind wir in der Lage, uns selbst im Zeitalter von Handys mit ihren Adressverzeichnissen und Kurzwahltasten siebenstellige Telefonnummern einzuprägen, obwohl die wenigsten Menschen das im Alltag noch tun.

Carl Naughton, pädagogischer Psychologe an der Universität Köln und gefragter Vortragsredner, erläutert: „Die Millersche 7 war eigentlich eher ein Zufallstreffer. Aber es ist nach wie vor so, dass sie nützlich ist. Sie bezieht sich auf unabhängige Informationseinheiten. Wenn Sie zum Beispiel den 24.12.1930 nehmen, dann ist das ‚gechunkt', weil es ein Datum ist, also eine Silbeneinheit. Wenn ich Ihnen aber diese acht Zahlen einfach so geben würde, dann ist es schwer, sich die zu merken. Von diesen ‚chunks' kann man sich fünf bis neun merken, manche Menschen besser, manche schlechter. Der Grundgedanke, der dahinter steckt, ist: Wenn Sie Informationen *clustern*, zu Sinneinheiten zusammenfassen, können Sie sich mehr merken. Das ist das, was heute auch noch verfängt." Millers Text zählt zu den meistzitierten Artikeln der Psychologie und wurde zur Erklärung vieler mit der 7 zusammenhängender Phänomene herangezogen, etwa für die Beobachtung, dass Teamarbeit oder Besprechungen bei mehr als sieben Teilnehmern ineffizient werden. Ist die Gruppe größer, wird sie für den Einzelnen schwerer überschaubar (siehe Kapitel XII).

Heute gehört die 7 als Grenze der Erfassbarkeit zum engeren und unumstößlichen Kanon des Party-Halbwissens: Die Idee von Siebenauf-einen-Blick verbreitet sich wie andere *urban legends* viral, ohne dass ihre Multiplikatoren den genauen Ursprung nennen könnten. Die Erklärungskraft der Millerschen Zahl sollte jedoch nicht überschätzt werden – abgesehen davon, dass 7±2 ohnehin eine reichlich unscharfe Angabe ist und neuere Untersuchungen, etwa die des Psychologen Nelson Cowan, die Kapazitätsgrenze der Aufmerksamkeitsspanne des Kurzzeitgedächtnisses auf 4 *chunks* heruntergesetzt haben. Dass die 7 in vielen Kulturen so häufig und bedeutungsgeladen auftritt, hat sicherlich vielfältigere Ursachen (siehe Kapitel VII), und auch Miller selbst scheint skeptisch, wenn er schreibt: „Vielleicht verbirgt sich etwas Tiefes und Bedeutsames hinter all diesen Siebenen, etwas, das uns dazu auffordert, es zu entdecken. Aber ich befürchte, dass es sich bloß um einen tückischen pythagoräischen Zufall handelt."

Versprengt findet sich der Hinweis, dass schon John Locke das „Seven Phenomenon" entdeckt hätte. Tatsächlich findet sich in den Schriften des bedeutendsten Empiristen des 17. Jahrhunderts zwar die Idee einer auf einige wenige Gegenstände begrenzten Aufnahmefähigkeit des menschlichen Geistes, jedoch kein Hinweis darauf, dass die Grenze dieser Fähigkeit bei sieben Objekten liegt. So kann die Existenz des „Seven Phenomenon" selbst als weiterer Beweis für solches Wunschdenken und die magische Anziehungskraft der 7 angesehen werden.

Neue Freunde hat es im illustren Kreis der Unternehmensberater gefunden, wo die Millersche 7 gerne als goldene Regel für Präsentationen herbeizitiert wird: Nicht mehr als sieben Bulletpoints auf eine Folie! Der amerikanische Informationsdesigner Edward Tufte hält nicht viel von solchen Regeln und sieht das Problem mangelnder Erfassbarkeit vielmehr im Programm selbst: „PowerPoint is evil", lautete sein Schlachtruf, mit dem er das Microsoft-Produkt einer vernichtenden Kritik unterzog. Es habe nicht nur einen schädlichen Einfluss auf das Denken, unübersichtliche PowerPoint-Präsentationen bei der NASA seien sogar für den Absturz der Columbia 2003 mit-verantwortlich gewesen. Befriedigt notierte Tufte deshalb auf seiner Website über einen Vortrag von Miller: „Im September 2000 sah ich George Miller einen Vortrag am Williams College halten, der eine optimale Zahl von Bulletpoints und eine optimale Zahl von Charts verwendete – null."

Der Charme des Ungefähren

Über die Fähigkeit zur unmittelbaren Erfassung von kleineren Mengen hinaus hat sich im Laufe der Evolution ein Mechanismus zur Verarbeitung von größeren Mengen und Anzahlen herausgebildet. Wir verfügen über einen angeborenen Zahlensinn, den Dehaene als „mentale Repräsentation von Größen" beschreibt. Dieser Zahlensinn findet sich nicht nur beim Menschen, sondern auch bei vielen Tier-arten, wie zahlreiche Untersuchungen mit Ratten, Tauben, Affen und anderen Spezies belegen. Der Zahlensinn funktioniert nicht nach den Regeln unserer Schulmathematik. Vielmehr arbeitet er mit ungefähren Größen. Seine Fähigkeiten beschränken sich auf das Schätzen, Ver-gleichen, Addieren und Subtrahieren von näherungsweise erfassten Mengen. Genau kann er nur mit Mengen umgehen, die drei oder maximal vier Elemente nicht übersteigen. Bei einer etwas größeren Anzahl schätzen wir aber oftmals immer noch richtig ab. Wir erkennen in der Regel, ohne zu zählen, dass 20 Äpfel mehr sind als 10. Schwieri-ger ist es, 90 von 80 Äpfeln zu unterscheiden, aber auch das gelingt uns zumeist. Psychologen sprechen hier von einem Größeneffekt: Je größer die zu vergleichenden Mengen bei gleich bleibendem Abstand sind, desto länger die Reaktionszeiten. Ein weiteres experimentell nachge-wiesenes Phänomen in diesem Zusammenhang ist der sogenannte Dis-tanzeffekt: Wir können Mengen schneller voneinander unterscheiden, je weiter ihre Größen auseinanderliegen: Den Unterschied zwischen fünf oder sechs Münzen im Portemonnaie nehmen wir weniger leicht wahr als den zwischen zwei und neun.

Im Mathematikunterricht in der Schule sollen uns Größeneffekt und Distanzeffekt ausgetrieben werden. Es geht nicht mehr um Schätzen und ungefähres Vergleichen. Stattdessen lernen die Schulkinder genaues Rechnen und den formalen Umgang mit den Zahlensymbolen.

Der Unterschied zwischen 80 und 90 ist nun genauso groß wie der zwischen 10 und 20, und wir lernen, dass die natürlichen Zahlen ein gleichförmiges Kontinuum bilden. Bei Millionen- und Milliardenbeträgen gerät die Vorstellungskraft zwar weiterhin ins Schlingern, aber der Bereich alltäglicher Zahlen und Größen – etwa von 1 bis 20, vielleicht sogar bis 100 – erscheint nach dem Lösen Hunderter Rechenaufgaben und dem Erlernen des kleinen Einmaleins irgendwann unmittelbar vertraut. Wir können uns ein Bild von diesen Zahlen und den ihnen zugehörigen Größen machen und benutzen sie gleichwertig. Mit anderen Worten: Wir rechnen einfach mit ihnen. Aber hat das Rechnen mit den von jeder konkreten Gegenstandsmenge abstrahierten Zahlensymbolen tatsächlich den ursprünglichen Zahlensinn überformt?

Das führt zu der Frage, wie unser Gehirn eigentlich erkennt, welchen Wert eine bestimmte Zahl besitzt. Das Problem scheint trivial, dennoch birgt es eine Reihe von überraschenden Einsichten, wie Experimente von Psychologen und Neurowissenschaftlern ergaben. Der Versuch dazu geht so: Eine Testperson sitzt vor einem Bildschirm, auf dem zwei Ziffern erscheinen, zum Beispiel eine 5 und eine 8. Die Person soll nun möglichst schnell entscheiden, welche der beiden Zahlen größer ist. Zwar können wir in wenigen Sekundenbruchteilen die Ziffer 5 von der Ziffer 8 unterscheiden und feststellen, dass die 8 eine größere Zahl repräsentiert. Versuchsreihen mit verschiedenen Zahlenpaaren ergaben jedoch sehr unterschiedliche Ergebnisse. Auf der Zahlenskala weiter auseinanderstehende Ziffern wie 2 und 9 können wir deutlich schneller voneinander unterscheiden als dicht beieinanderliegende wie 6 und 7. Ein weiteres Versuchsergebnis: Kleine Ziffern, etwa 2 und 3, sind leichter und schneller voneinander zu unterscheiden als größere wie zum Beispiel 8 und 9.

Die Distanz- und Größeneffekte unseres Zahlensinns kommen also unabhängig davon zum Tragen, ob es sich bei den zu vergleichenden Mengen um Äpfel oder abstrakte Ziffern handelt. Der Grund dafür: Das Gehirn kann die Information der abstrakten Zeichen gar nicht direkt verarbeiten, sondern muss sie erst in analoge Größen übersetzen. Diese wiederum gehorchen eher den Faustformeln des Ungefähren, mit denen wir uns durchs Leben wurschteln, als den strengen Regeln der Mathematik.

Dehaene schreibt dazu: „Die Markierungen auf dem Maßstab in unserem Kopf, mit dem wir Zahlen vergleichen, haben nicht alle den gleichen Abstand voneinander, sondern größere Zahlen sind auf engerem Raum zusammengedrängt. Unser Gehirn stellt Größen ähnlich dar wie die logarithmische Skala eines Rechenschiebers, wo der Abstand zwischen 1 und 2 so groß ist wie der zwischen 2 und 4 und der zwischen 4 und 8. Deshalb nehmen die Genauigkeit und Geschwindigkeit, mit der Rechnungen durchgeführt werden, notwendigerweise ab, wenn die Zahlen größer werden."

Der Zahlenstrahl im Kopf wird bei wachsenden Zahlen zu einer sich im Sande verlaufenden Spur, sobald wir das sichere Terrain von 1, 2 und 3 verlassen. In vielen Alltagssituationen folgen wir jedoch, ob bewusst oder unbewusst, den groben Wegmarkierungen des Zahlensinns und vertrauen auf unsere angeborene Fähigkeit, Quantitäten einigermaßen richtig abzuschätzen. Zwar hat die Präsenz und Bedeutung von exakten Zahlen, Größen, Mengen, Uhrzeiten und Preisen seit Beginn der Moderne enorm zugenommen, aber in vielen Fällen erscheint genaues Nachrechnen trotzdem nicht erforderlich: Zu einer Lesung kommen „ein paar Dutzend" Leute, und wir geben Kindern „eine Handvoll Bonbons", nicht zu viele und nicht zu wenige. Oftmals ist ungefähr eben immer noch gut genug.

Kerben, Kiesel, Knoten

Auch in der Kulturgeschichte finden sich Belege dafür, dass am Anfang allen Zählens der Umgang mit sehr kleinen Mengen steht. „1, 2, 3, ... viele" – so zählte der Mensch, bevor es Zahlen gab, wie wir sie heute gebrauchen. Aus ethnografischen Berichten wissen wir, dass viele Urvölker nur zwei Zahlwörter kennen: eines für die Einheit und eines für das Paar. Durch Kombination der beiden können noch Mengen von drei und vier Dingen bezeichnet werden, alles darüber hinaus wird mit einem Wort belegt, das einfach „viel" oder „eine Menge" bedeutet.

Auch im Französischen haben die Wörter „trois" und „très" – „drei" und „sehr" – dieselben Wurzeln.

Dennoch ist es möglich zu zählen, ohne über einen abstrakten Zahlbegriff oder überhaupt konkrete Zahlen zu verfügen. Das zeigen über 20.000 Jahre alte Knochenfunde aus der Steinzeit. Unsere prähistorischen Vorfahren schlugen gleichmäßige Kerben in diese Knochen, aller Wahrscheinlichkeit nach, um Mengen oder Zeitfolgen zu notieren. Die genaue Bedeutung der Kerben ist jedoch bislang unklar. Einerseits könnten Kerben dazu gedient haben, die Anzahl der bei der Jagd erlegten Tiere festzuhalten. Manche Wissenschaftler sind hingegen der Überzeugung, dass mit den Kerben kalendarische Ereignisse verzeichnet wurden, wie etwa die einzelnen Tage oder die Mondphasen. In jedem Fall scheinen Kerben dazu benutzt worden zu sein, auf einfache Weise über eine Anzahl von Ereignissen oder Gegenständen Buch zu führen.

Diese simple Form der Buchhaltung ist nicht mit den steinzeitlichen Jägern ausgestorben. Das Verfahren, mit Kerben unterschiedliche Anzahlen auszudrücken und zu speichern, findet sich zu allen Zeiten in den unterschiedlichsten Gegenden der Welt und hat sich auch in Europa bis ins 19. und frühe 20. Jahrhundert hinein erhalten. Kerbhölzer dienten vor allem dazu, Kredite aufzuzeichnen. Auf zwei zueinander passenden Holzstäben oder einem längs gespaltenen Holzscheit wurden verkaufte Waren oder die Höhe eines Kredits mit der entsprechenden Anzahl Kerben markiert. Gläubiger und Schuldner erhielten jeweils eine Hälfte, sodass nachträgliche Manipulationen ausgeschlossen werden konnten. Bei Begleichung der Schuld wurden

die Kerben herausgeschnitten. Wer also „etwas auf dem Kerbholz hat", der hat seine Schulden noch nicht bezahlt.

Kerbhölzer wurden nicht nur von Bäckern, Wirten oder Bauern als hölzerne Schuldscheine verwendet. Auch das britische Finanzministerium verwaltete bis 1826 die Steuerschulden der Bürger des Empire mit Kerbhölzern, *tallies* genannt. Darüber machte sich der Schriftsteller Charles Dickens lustig: „Seit ein paar hundert Jahren hat sich in der Schatzkanzlei eine wilde Methode der Buchführung eingebürgert. Man führt dort Buch wie Robinson Crusoe auf seiner kleinen Insel, indem man Holzstöcke mit Kerben versieht. Eine Unzahl von Buchhaltern und Schreibern wurde geboren und starb, und die amtliche Routine hielt an den Kerbhölzern fest, als seien sie die Grundfeste der Verfassung." Als man sich endlich vom System der *tally sticks* verabschiedet hatte und die Unmengen an Hölzern überflüssig geworden waren, sollten sie verbrannt werden. Das Feuer geriet jedoch außer Kontrolle und zerstörte am 16. Oktober 1834 beide Parlamentsgebäude.

Das Zählen mit Kerben beruht auf der Idee, die Elemente einer Menge zu zählen, indem man sie jeweils den Elementen einer Vergleichsmenge zuordnet. Das funktioniert natürlich nicht nur mit Kerben, sondern auch mit anderen Gegenständen. So kommt der Historiker Georges Ifrah in seiner *Universalgeschichte der Zahlen* zu der Einschätzung: „Kieselsteine haben als Hilfsmittel zum Zählen für die Zivilisation viel geleistet." Sie ermöglichten zum Beispiel Bauern und Hirten, ihre Tierbestände zu erfassen: Indem man etwa für jedes Schaf, das das Gatter passiert, einen Kieselstein beiseitelegt, kann man die Größe einer Schafherde feststellen. Treibt man die Herde wieder von der Weide herunter, kehrt man das Verfahren um und nimmt für jedes Schaf einen Kiesel vom Haufen. Bleiben zwei Kiesel übrig, weiß man, dass noch zwei Schafe fehlen. Diese Methode des Zählens mit Steinen, die gezählte Objekte repräsentieren, war in vielen frühen Kulturen verbreitet. Als *calculi* – kleine Steine – bezeichneten die Römer die Zähl- und Rechensteine, von ihnen leiten sich die Wörter „Kalkül" und „kalkulieren" ab. Statt Kieseln wurden häufig auch Kugeln aus ungebranntem Ton verwendet: Sie dienten etwa den Sumerern als Instrument der Buchhaltung, und zwar zu einer Zeit, als sie die Schrift noch nicht kannten. Ihre unterschiedliche Größe und Form entsprach jeweils einem bestimmten Zahlenwert, zum Beispiel den Einern, Zehnern und Hundertern. So konnten mit ihrer Hilfe auch größere Mengen einfach und übersichtlich erfasst werden.

An anderer Stelle fand man ähnlich einfache Lösungen, ausgehend von dem, was gerade zur Hand war. Die Inka beispielsweise entwickelten eine hoch komplexe Knotenschrift: Die sogenannten *quipu* bestanden aus einer Reihe verschiedenfarbiger Schnüre, in die in regelmäßigen Abständen Knoten geschlagen wurden. „Die Farben der Schnüre, Anzahl und Lage der Knoten, die Zahl der zu Gruppen zusammengefassten Schnüre und die Abstände zwischen ihnen gaben eindeutig Zahlen wieder", schreibt Ifrah. Die *quipu* dienten dazu, Tributabgaben, statistische Erhebungen oder religiöse Daten festzuhalten. In Bolivien, Peru und Ecuador wurden noch bis ins 19. Jahrhundert die Viehbestände mit solchen Knotenschnüren erfasst. Auch in Europa war man mit der Knotentechnik vertraut. Mit Kordeln verknoteten Müller ihre Säcke auf eine spezielle Weise, an der die Kunden sofort die Art und Menge des darin enthaltenen Mehls ablesen konnten.

Bodycount

Neben Kerbhölzern, Kieselsteinen und Knoten war das erste und wichtigste Zählinstrument des Menschen jedoch ein viertes K: sein eigener Körper. Zwar konnten Zählungen mit den Körperteilen nicht gespeichert werden, doch entwickelten sich aus dem Abzählen der Körperteile komplexe Zählsysteme, die lange Zeit weit verbreitet waren. „Jeder, Händler wie Bankiers, Gebildete und Analphabeten, wusste, wie man Summen bis zu einer Million mit den Fingern zusammenzählte", schreibt Robert Kaplan in *Die Geschichte der Null*. Diese archaischen, aber gut eingeübten workarounds halfen den ganz normalen Nordeuropäern dabei, die seit der Renaissance mit Macht herandrängenden, auf arabischen Ziffern basierenden Rechen- und Aufschreibesysteme noch bis weit ins 19. Jahrhundert hinein effektiv aus ihrem Alltag fernzuhalten.

Aus der Anatomie des Menschen – den zehn Fingern der beiden Hände – leitet sich offenbar auf natürliche Weise das Dezimalsystem ab. Und dem Fingerzählen entstammt auch das englische Wort „digit", das sowohl den Finger als auch die Ziffer bezeichnet. Die Geschichte der Zählsysteme macht aber deutlich, dass der Mensch beim Zählen keineswegs auf die Finger beschränkt ist. Neben dem Dezimalsystem gibt es ältere Systeme, die ebenfalls mit der menschlichen Anatomie in Verbindung stehen und noch bis in die Gegenwart durchscheinen. Die Maya etwa wählten die 20 als Basis ihres Zahlensystems. Sie zählten mit Fingern und Zehen. Relikte eines Zwanzigersystems finden sich auch in den französischen Zahlwörtern, wo 80 als „quatre-vingt" also vier(mal)-zwanzig bezeichnet wird. Andere Urvölker beziehen noch weitere Körperteile ein. So zeigen etwa die Insulaner der Torres-Straße zwischen Australien und Papua-Neuguinea in einer festgelegten Reihenfolge auf Finger, Handgelenk, Ellenbogen, Hüfte, Knie, Knöchel, Zehen und so weiter und können so bis 33 zählen.

Auch mit den Fingern kann man anders zählen als nur bis zehn. Beim System der Zählkreise gilt der Daumen nicht als Finger, sondern als Zähler. Gezählt wird hier in Runden vom kleinen Finger bis zum Zeigefinger und zurück. Erreicht man den Zeigefinger und damit die 4, geht es wieder zurück zum Mittelfinger (5), Ringfinger (6), kleinen Finger (7) und immer so weiter. „Der Daumen läuft an den Fingern der Hand herauf und herunter. So entsteht der Zahlenkranz 1 – 4 – 7 als erster voller Zählkreis der Finger an einer Hand", schreibt der Rechts- und Zahlenhistoriker Bernhard Großfeld in *Zauber des Rechts*: „Das findet sich heute noch gelegentlich in Westfalen: Gärtner zählen mitunter auf diese Weise die von ihnen gepflanzten Reihen. Da die linke Hand die Schaufel trägt, bleibt nur die rechte Hand, um mit Hilfe des Daumens an den Fingern zu zählen. Das führt zu Siebenerreihen, in denen die Pflanzen auch gesetzt werden" Die Wendezahlen, an denen das Zählen die Richtung wechselt, markieren die Zählkreise. Die 7 und die 13 beenden den ersten und zweiten Zählkreis, was einer der Gründe für die besondere symbolische Bedeutung ist, die diesen beiden Zahlen in vielen Kulturen zugesprochen wird, wie Großfeld meint.

Die gestische Variationsbreite unterschiedlicher Fingerzähltechniken kann man auch noch an anderen Phänomenen beobachten: In der angelsächsischen Welt zeigt man die 3 mit Zeigefinger, Mittelfinger und Ringfinger an, während Kontinentaleuropäer dazu den Daumen, Zeigefinger und Mittelfinger nutzen. In Quentin Tarantinos *Inglourious Basterds* wird dies dem als deutscher Offizier getarnten britischen Undercover-Agenten Archie Hicox zum Verhängnis, als er in einer

Spelunke drei Drinks auf anglo-amerikanische Art bestellt und so einem gewieften SS-Mann seine wahre Herkunft verrät.

Aus dem Orient und dem fernen Osten stammt ein Zwölfersystem, bei dem nicht die Finger, sondern die einzelnen Fingerglieder zum Abzählen benutzt werden. Der Daumen dient auch hier als Zähler, mit dem man auf die einzelnen Glieder der Finger zeigt, angefangen beim obersten Glied des kleinen Fingers, das die 1 repräsentiert, gefolgt vom zweiten und dritten Glied für die 2 und die 3. Für die 4 wechselt man zum obersten Glied des Ringfingers und so fort, bis man schließlich am untersten Glied des Zeigefingers und bei der Zahl 12 angelangt ist. In Indonesien ist es teilweise noch immer gebräuchlich, auf diese Art zu zählen.

Nimmt man die zweite Hand zur Hilfe, von der man jeweils einen Finger abknickt, wenn ein Dutzend voll ist, gelangt man bis zur 60.

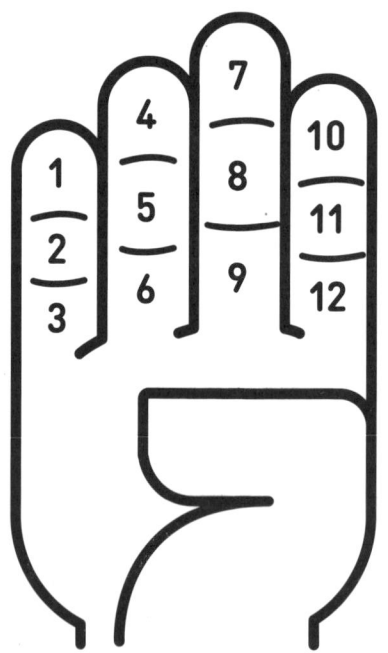

Ob es diese Technik war, die vor über 5.000 Jahren die Sumerer auf die Idee eines Zählsystems auf der Grundlage der 60 brachte, ist nicht mit Sicherheit festzustellen. Andere Erklärungsansätze verweisen darauf, dass im sumerischen Kalender ein Jahr 360 Tage umfasste und deshalb die 60 als Grundwert nahelag. Was auch immer die Ursache dieser einzigartigen Zählweise war, die Sumerer zählten mit der 60 als Grundeinheit und zogen die 10 als Hilfsgröße hinzu, da 60 einzelne Zahlzeichen kaum im Kopf zu behalten sind. Vor etwa 4.000 Jahren nutzten dann die Babylonier das Sexagesimalsystem vor allem für astronomische und geometrische Berechnungen. In diesen Feldern ist es bis heute wirksam geblieben: Unsere Zeiteinteilung in 60 Sekunden und 60 Minuten hat hier ebenso ihren Ursprung wie die 360 Grad, mit denen wir Kreise und Winkel berechnen.

Der Mathematiker Marcus du Sautoy vertritt in seinem Buch *The Number Mysteries* sogar die Meinung, ein System auf Basis der 60 sei mathematisch wesentlich besser handhabbar als das Dezimalsystem: „Es ist eine Zahl mit sehr vielen Teilern, was sie zum Rechnen überaus praktisch macht." Zur Veranschaulichung lassen sich sechzig Kiesel auf fünf unterschiedliche Arten zum Rechteck auslegen, bei der 10 ist es nur eine einzige. Der Nachteil wäre unbestreitbar, dass man 60 unterschiedliche Zahlensymbole dafür brauchte und lernen müsste, weshalb das System im Alltag ziemlich untauglich wäre.

Die Geschichte der 0

Das Beharrungsvermögen anderer Zahlensysteme und vor allem älterer Zähl- und Denkweisen ist einer der Gründe dafür, warum das heutige Dezimalsystem erst spät nach Europa kam und von Gelehrten, Finanzpolitikern und Kaufleuten praktisch gegen den Widerstand der Bevölkerung durchgesetzt werden musste. Die Ursprünge unserer heutigen Ziffern liegen in Indien. Die uns vertrauten Zahlen kamen im Mittelalter über die Vermittlung arabischer Gelehrter nach Europa und verdrängten in einem langwierigen und konfliktreichen Prozess die sich hartnäckig haltenden römischen Ziffern. Deshalb sprechen wir heute von den indisch-arabischen Ziffern. Ihre eigentliche Überlegenheit liegt aber nicht im Dezimalsystem begründet, sondern in ihrem Charakter als Stellenwertsystem, in dem der zahlenmäßige Wert einer Ziffer allein davon abhängt, an welcher Stelle sie steht.

Das Stellenwert- oder Positionssystem reduziert die Menge der benötigten unterschiedlichen Zahlzeichen und ist damit unbegrenzt ausbaubar, ohne dass man dauernd neue Zeichen erfinden muss. Bei der Jahreszahl 1888 hat die vorletzte 8 den Wert 80, eben weil sie an vorletzter Stelle steht. Die Römer dagegen verwendeten ein Additionalsystem und würden sie als MDCCCLXXXVIII schreiben. Sie hatten jeweils eigene Symbole für die Einer (I), Fünfer (V), Zehner (X), Hunderter (C) und Tausender (M) sowie für 50 (L) und 500 (D), deren feste Werte sich unabhängig von ihrer Stellung addieren (auch wenn durch das erst seit dem Mittelalter weiter verbreitete Subtraktionsprinzip – also die 4 als „IV" zu schreiben und nicht als „IIII" – die Reihenfolge eine gewisse Rolle spielt).

Wichtiger noch: Das Stellenwertsystem vereinfacht das Rechnen enorm. Mit den römischen Ziffern konnte man praktisch gar nicht rechnen, man hielt mit ihnen nur Ergebnisse fest, die man flink mit dem Rechenbrett oder den Fingern ausgerechnet hatte. Schon die Babylonier benutzten ein Stellenwertsystem und verwendeten ein eigenes Zeichen, wenn eine Stelle leer blieb. Eine echte 0, mit der auch als Zahl gerechnet wurde, war dieses Leerzeichen jedoch nicht. Erst die 0 als eigenständige und gleichwertige Zahl ermöglicht eine funktionsfähige Arithmetik und macht das Stellenwertsystem so elegant und effizient. Die 0 wurde zum wichtigsten Motor des mathematischen Fortschritts und damit zum Turbo der abendländischen Aufklärung. Dennoch – oder gerade deswegen – galt sie lange Zeit als dunkle, ja, gefährliche Macht. Denn wie konnte etwas, das nichts ist, existieren? Und darüber hinaus die geheimnisvolle Fähigkeit besitzen, den Zahlen ihren Wert zu verleihen?

Deshalb waren die Widerstände gegen die 0 anfangs sehr groß und die Phalanx an Bedenkenträgern breit. Zudem fiel es den Menschen in Mitteleuropa äußerst schwer, sich an die geschmeidige Leichtigkeit im Umgang mit Zahlen zu gewöhnen. In Florenz war es noch um 1300 verboten, Ziffern in Kontenbücher einzutragen, die Summen mussten als Worte ausgeschrieben werden. Noch zwei Jahrhunderte später verbot der Bürgermeister von Frankfurt seinen Beamten das Rechnen mit Ziffern. Robert Kaplan beschreibt anschaulich, wie groß die Reserviertheit gegenüber den neuartigen Zeichen war und wie schleppend ihr Vormarsch verlief: „Die arabischen Zahlen drangen hier und da entlang einer sehr ungleichmäßigen Frontlinie vor. Der typische Buchhalter eines Kaufmanns rechnete mit dem Rechenbrett, übertrug die Ergebnisse dann aber in römische Zahlen oder Wörter in seine Bücher. Die neuen Symbole verdrängten langsam beides. [...] Sie lungerten an der Hintertür herum, tauchten auf Listen von Warenrechnungen auf, die in Geschäftsbücher übertragen wurden, wo jedoch vorerst wieder die alte Garde übernahm und die Eintragung auf die alte Weise schrieb."

Dass sich die indisch-arabischen Ziffern trotz solcher Startschwierigkeiten schließlich durchsetzen und zum weltweiten Standard werden konnten, spricht nicht für die evolutorische Überlegenheit des Dezimalsystems, wohl aber für den Vorteil eines Stellenwertsystems mit beweglicher 0. Genauso gut hätte man auch die 12 als Basis nehmen können. Der Startvorteil des indisch-arabischen Blocks und damit des Dezimalsystems bestand allein darin, dass es nun schon einmal da war und nicht erst erfunden werden musste. Seinen großen Durchbruch hatte es mit der Einführung des metrischen Systems während der Französischen Revolution und der knapp hundert Jahre später erfolgten Unterzeichnung der Meterkonvention durch zunächst 17 Staaten.

Seither verläuft der Siegeszug der 10 mancherorts zwar schleppend, aber stetig. Ihr unaufhaltsamer Vormarsch ist – ökonomisch gesprochen – Netzwerkeffekten geschuldet. Das Metcalfesche Gesetz – benannt nach dem Informatiker und Internetpionier Robert Metcalfe – besagt: Wie beim Telefonnetz steigt der Wert eines Netzes für alle Beteiligten mit jedem weiteren Knoten oder Anschluss. In einer vernetzten Weltwirtschaft setzen sich globale Standards durch, weil sie die Koordinations- und Abstimmungskosten aller Beteiligten minimieren. Deshalb checken immer mehr Länder ins metrische System ein, und die Weltkarte der Länder, die sich offiziell diesen Maßeinheiten verweigern, ist zusammengeschrumpft auf die gallischen Dörfer Myanmar, Liberia – und die USA.

Dennoch zeichnen sich auch im weltumspannenden Reich des Dezimalsystems unter dem offiziellen Firnis immer noch deutlich die Rudimente und Konturen älterer Zählsysteme ab. Noch heute hört man alte Frauen in Berlin zu einem 5-Cent-Stück „Sechser" sagen, was darauf zurückgeht, dass der halbe Silbergroschen der Preußischen

Goldmark sechs Pfennige galt. Auf dem Wochenmarkt kauft man eher ein halbes Pfund Hackfleisch als 250 Gramm und ein Dutzend statt zwölf Eier. Selbst im Supermarkt stehen bei den Eiern Sechserpack und Zehnerpack gleichberechtigt nebeneinander.

Den stärksten kulturellen Nachhall – vielleicht ein Echo der alten Fingerzählweise – verursachen die vielen traditionellen Maß- und Gewichtseinheiten, die die 12 und nicht die 10 als Basis haben: Zwölf sind ein Dutzend, zwölf Dutzend ein Gros, zwölf Gros sind ein Maß oder Großgros, also 12 x 12 x 12 = 1.728 Stück (davon leitet sich der Begriff des Grossisten ab). Zwölf Zoll sind ein Fuß. Auch die Tageseinteilung in zwei mal zwölf Stunden hat anders als das Jahr oder der Monat keinerlei astronomisch zwingende Gründe.

In England und den USA haben sich die Zwölfersysteme länger gehalten als in Kontinentaleuropa. So wurde in Großbritannien erst 1971 das Münzsystem von 12 Pence = 1 Schilling und 20 Schilling = 1 Pfund Sterling auf das Dezimalsystem (100 Pence = 1 Pfund Sterling) umgestellt. Überhaupt macht die angelsächsische Welt wenig Anstalten, sich endgültig vom Maßsystem der Inches, Feet, Yards und Meilen zugunsten des vereinheitlichten metrischen Systems auf 10er-Basis zu verabschieden. Im besten Fall wird Letzteres im Alltag einfach ignoriert. Die *Dozenal Society of Great Britain* und die *Dozenal Society of America* dagegen plädieren – mit mathematischen und alltagspraktischen Argumenten – gleich ganz für die Abschaffung des Dezimalsystems und die Einführung eines universalen Duodezimalsystems mit der 12 als Basis und eigenen Ziffern für die Zahlen 10 und 11. Doch sie stehen auf ähnlich verlorenem Posten wie die Anhänger der künstlichen Weltsprache Esperanto.

Umgekehrt sind auch der Durchdringung mit dem Dezimalsystem Grenzen gesetzt. Schon der Versuch der Französischen Revolutionäre, den Kalender und die Zeitmessung in einem Aufwasch mit den Längen- und Gewichtsmaßen zu erledigen und an das angeblich der Vernunft entspringende Dezimalsystem anzupassen, erwies sich als Fehlschlag. Ihre dezimale Einteilung des Tages in 10 Stunden zu je 100 Minuten und 100 Sekunden wurde bereits 1795 nach weniger als zwei Jahren wieder abgeschafft. Die ebenfalls eingeführte 10-Tage-Woche konnte sich bis 1805 halten, also auch nur ein paar Jahre länger.

Der jüngste Versuch, die tradierte Zeiteinteilung durch die Verwendung eines Dezimalsystems zu schleifen, wurde 2001 vom Berliner

Designkollektiv REDESIGNDEUTSCHLAND unternommen. Die aus dem Geiste radikaler Vereinfachung geborene dezimale Universalzeit rechnete mit einer 100-Minuten-Stunde, einem 100-Stunden-Tag und einem Jahr mit 1000 Tagen. Auf einem kleinen Bildschirm im Ladenlokal und auf der Website addierte sich – wie bei einer Schuldenuhr – die seit Beginn der neuen Zeitrechnung verflossene Zeit zu einer stetig wachsenden Gesamtzahl von Tagen. Das ambitionierte Projekt läuft zwar noch immer – der Zähler stand im Mai 2011 bei dem Wert 003777.805224 –, fand jedoch keine Nachahmer.

Wir Mitteleuropäer werden also auch weiterhin mit mehreren Maßsystemen und Linealen im Kopf herumlaufen, die unterschiedliche Sprungstellen und markante Punkte haben. Das unterscheidet uns von Computern und macht es so spannend, sich auf die Suche nach den Erscheinungsformen und den mitgeschleppten Bedeutungen von Zahlen und Ziffern zu begeben.

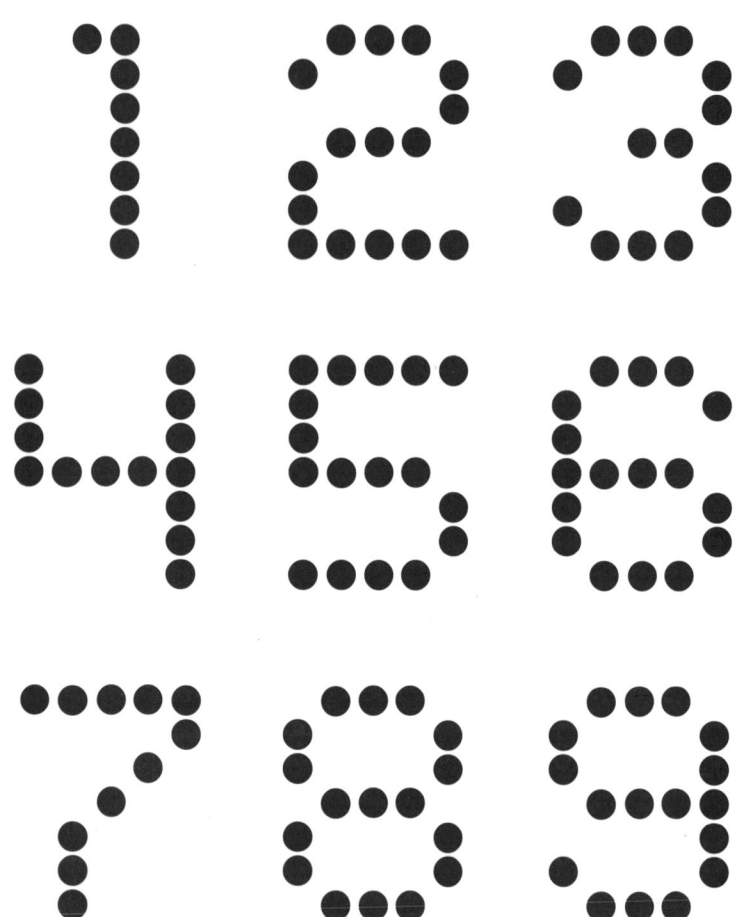

III.
Was Ziffern wollen

„Gute N8", „4u", „2L8", „Numb3rs", „Se7en"– die heutige Populärkultur, Teenagersprache, Kommunikation im Internet und per SMS
ist voll von Zahlenkürzeln und Chiffren. Wer in den 1980ern zur
Schule ging, musste sich in Ermangelung von Mobiltelefonen zur
zahlenbasierten und technikgestützten Nahbereichskommunikation
noch klobiger Taschenrechner bedienen. Mit zitternder Hand tippte
man die Ziffernfolge 38317 ins Display und reichte das Gerät dann
verkehrt herum an die begehrte Klassenschönheit weiter. So ging
Computerliebe.

„Computer Liebe", „Taschenrechner", „It's More Fun to Compute"
– so hießen die Titel, mit denen die deutsche Elektro-Band Kraftwerk
1981 auf ihrem Album *Computerwelt* das beginnende Informations-
zeitalter als kühl-schönes Paradies aus Zahlen und Daten feierte. Im
Song „Nummern" wird einfach nur lapidar gezählt: „Eins, zwei, drei,
vier, fünf, sechs, sieben, acht". Mit dieser fortschrittsoptimistischen
Zahlenaffinität stand Kraftwerk damals allerdings ziemlich allein. Die
späten 1970er und frühen 1980er Jahre waren eher geprägt von Zah-
lenparanoia. Zahlen, das waren die Werkzeuge bürokratischer Unmen-
schen und der herrschenden Klasse – was damals für viele so ziemlich
dasselbe war. Spätestens seit Horst Herolds Rasterfahndung in den
späten 1970er Jahren wuchs der Widerstand gegen die zahlenmäßige
Erfassung von Bürgern und Konsumenten. Seinen Höhepunkt fand
er in den Protesten gegen die Volkszählung 1987. Es ging die Sorge
um, jeder Mensch könnte vom Staat erfasst und auf eine bloße Zahl
reduziert werden. Wohin das führen würde, hatten die eintätowierten
Häftlingsnummern von KZ-Insassen gezeigt. Und über allem dräute
George Orwells *1984* als Chiffre für den totalen Überwachungsstaat.

Heute ist Datenschutz ein weitaus dringlicheres Thema als vor 25
Jahren. Doch der kulturpessimistische und technikfeindliche Abwehr-
reflex gegen Zahlen als „Agenten des Bösen" scheint weitgehend

erloschen. Was die kulturellen Affekte gegenüber Zahlen angeht, sind wir heute anscheinend auf den langfristigen Entwicklungspfad der Menschheit zurückgekehrt. Und darin spielen sie – und ihre konkreten Repräsentanten, die Ziffern – eine durchaus positive Rolle als kulturgeschichtliche Errungenschaft, als abstrakte Fundamente der Zivilisation und als Treiber des Fortschritts.

Ziffernzoo

Die Zahlschrift mit ihren Symbolen, den Ziffern von 0 bis 9, ist uns so selbstverständlich geworden, dass wir uns andere Schreibweisen kaum noch vorstellen können. Die Griechen und Hebräer hingegen verwendeten wie viele andere Kulturen die Buchstaben ihrer Alphabete auch als Ziffern – jedem Buchstaben ordneten sie einen festen Zahlenwert zu. So ergeben die hebräischen Buchstaben Jod und He nicht nur die Kurzform des Namens Gottes, sondern stehen auch für die Zahlen 10 und 5, was eine Ausstellung über die Macht der Zeichen im Berliner Jüdischen Museum zu der titelgebenden Formel *10 + 5 = Gott* inspirierte. Wie in einer Geheimschrift lassen sich Worte als Zahlen verschlüsseln und umgekehrt. Worte, deren Buchstabenkombination den gleichen Zahlenwert ergibt, werden als zusammenhängend betrachtet. Aus diesem Doppelsinn der Schrift als Buchstaben und Zahlen zieht beispielsweise die Zahlenmystik der Kabbalistik ihren Reiz (siehe Kapitel VII).

Abgesehen davon rechnen wir heute lediglich in der Algebra mit Buchstaben, wo sie als Variablen den Mathematikern die Entwicklung komplexer Formeln, Funktionen, Kalküle und Algorithmen ermöglichen. Die römischen Ziffern, die zwar Buchstaben ähneln, aber einen anderen Ursprung haben, werden heute nur noch in seltenen Fällen benutzt, vor allem wo es darum geht, altehrwürdige Traditionen herauszustellen: bei der Durchnummerierung von Päpsten, Königen oder Olympischen Spielen. Aber auch bei der Gliederung längerer Texte oder der Bezeichnung der Akte von Theaterstücken greifen wir auf dieses alternative Ziffernsystem zurück.

Auffällig ist, dass die Symbole für die Zahlen 1 bis 3 in den meisten Zahlschriften auf ähnliche Weise gebildet werden. Das erinnert an das ursprüngliche Abzählen einzelner Objekte, bei dem man für jeden gezählten Gegenstand eine Kerbe in ein Stück Holz schlug, so wie in vielen Kneipen heute noch der Wirt jedes Glas Bier mit einem Strich auf dem Bierdeckel des Gastes markiert (siehe Kapitel II). Ganz offensichtlich zeigt sich dieses Prinzip bei den römischen Ziffern I, II und III. Das ist nicht verwunderlich, denn die römischen Ziffern leiten sich direkt vom Gebrauch des Kerbholzes ab, so Georges Ifrah in seiner *Universalgeschichte der Zahlen*. Im Chinesischen ist es ähnlich, nur werden hier die ersten drei Ziffern durch jeweils eine, zwei und drei horizontale Linien gebildet. Und selbst die indisch-arabischen Ziffern lassen in der 1, 2 und 3 noch die horizontalen Striche erkennen, die ihnen zugrunde liegen und beim Schreiben in einem Zug miteinander verbunden wurden.

Erst bei der 4 wird dieses Prinzip durchbrochen und die Zahl durch ein anders gestaltetes Symbol dargestellt. Der Grund hierfür ist die Grenze für die augenblickliche Erfassung und Unterscheidung von Objekten (siehe Kapitel II): Bei vier, spätestens bei fünf Objekten, beginnt es für das Auge unübersichtlich zu werden. Eine einfach additive Notation von Zahlen als IIII, IIIII, IIIIII – sie wird Unärsystem genannt – wird beim Lesen schnell fehleranfällig. Deshalb werden zur besseren Erfassbarkeit Fünferbündel auf dem Bierdeckel mit einem Querstrich kenntlich gemacht. Schon auf prähistorischen Kerbhölzern wurde eine keilförmige Kerbe in Form eines V für fünf Einheiten benutzt und zehn Einheiten durch zwei solcher Kerben markiert, die ein X bilden.

Die Formensprache der heutigen Ziffern mit ihrem indisch-arabischen Erbe unterscheidet sich markant von der unseres lateinischen Buchstaben-Alphabets. Deshalb, so schildert es der Typograph und Designer Erik Spiekermann, stellen Ziffern für jeden Schriftgestalter eine besondere Herausforderung dar: „In eine römisch-lateinische Schrift eine arabische Ziffer einzubauen, ist nicht einfach. Und ich mag es unheimlich gerne. Die 2 zu machen, besonders eine kleine 2, die so hoch ist wie die Kleinbuchstaben, ist die Hölle. Man hat eine Kurve, die rein- und wieder zurückgehen muss in den ganz kleinen Raum, das ist fast so schlimm, wie ein s zu bauen. Das liebe ich über alles, daran kann man auch schon mal zwei Tage sitzen, an so einer 2."

Angesichts der Funktionsanforderung an Zahlen – sei es als Anzeige auf einem technischen Gerät, als Maßzahl in einer Konstruktionszeichnung oder als Summe in einer Bilanzrechnung – ist es eine enorm wichtige Aufgabe für die Gestaltung, die Erkennbarkeit von Ziffern zu gewährleisten. Sie müssen auf einen Blick unterscheidbar sein. Spiekermann geht es bei seiner Arbeit aber um mehr. Für ihn hat jede Ziffer ihre eigene Gestalt, die anthropomorphe Assoziationen weckt. Seinen ganz persönlichen Ziffernzoo beschreibt er so: „Meine Lieblingszahl ist die 11, wahrscheinlich wegen dieser schlanken Form. Die 1 mit der Nase und dem einen Fuß unten drunter. Ein bisschen ist sie auch wie ein Pinguin. Eine sympathische, aber sparsame Figur. Die 2 ist natürlich der Schwan. Die 3 bietet sich gegen die Leserichtung an. Eigentlich gehen ja alle Ziffern gegen die Leserichtung. Die 4 ist die ungelenke Kapuze. Die 5 hackt oben zu, hinten schlägt sie aus. Die 6 streckt neugierig den Kopf nach oben und die 7 taucht nur vorsichtig den kleinen Zeh ins Wasser, während sich ihr Oberkörper nach hinten biegt. Die 8 ist wunderbar symmetrisch, mit einer kräftigen Taille, die man betonen oder auch nicht betonen kann. In manchen Schriften liegen sie wie zwei Eier aufeinander, im besten Fall ist es eine durchgehende Schärpe. Die 9 schaufelt sich selber das Grab."

Zahlen entwickeln schon in ihrer bloßen Gestalt einen eigenen Charakter, unabhängig von der numerischen Information, die sie transportieren – auch wenn sich diese in der Wahrnehmung vermutlich kaum ausschalten lässt. Zu Beginn des 20. Jahrhunderts waren viele moderne Künstler fasziniert vom Erscheinungsbild und der Symbolik der Zahlen und haben auf unterschiedlichste Weise Ziffern als Material verwendet oder sie sogar zum thematischen oder ästhetischen Kern ihrer Bildsprache erhoben.

Pablo Picasso und Georges Braque bauten in ihre kubistischen Collagen Ziffern ein, die sich von Preistafeln herleiteten oder aus Zeitungsausschnitten stammten. Der Futurismus mit seiner Maschinenästhetik und Verherrlichung von Geschwindigkeit benutzte ebenfalls Ziffern als Ausdrucksmittel. In einem seiner zahlreichen Manifeste spricht Filippo Tommaso Marinetti von der „numerischen Sensibilität" der neuen Kunstform, die damit zum mathematisch-wissenschaftlichen Fortschritt aufschließen wolle. Die künstlerischen Avantgarden vor und nach dem Ersten Weltkrieg verwendeten „die Zahl als Signum für Modernität", wie es ein Ausstellungskatalog zur *Magie der Zahl in der Kunst des 20. Jahrhunderts* vermerkt, und reflektierten damit auch die zunehmende Durchdringung des modernen Alltags mit Zahlen.

Die Pop Art drehte die ästhetische Schraube eins weiter und überhöhte die Zahl zu einem der zentralen Objekte der Darstellung. Ende der 1950er Jahre verstörte der Amerikaner Jasper Johns die Kunstwelt mit seinen ersten Zahlenbildern, gestisch ausgeführten Porträts einzelner Ziffern: „Die Tatsache, dass Johns ein außerkünstlerisches Motiv wie die Zahl 5 zum alleinigen Sujet erhob, führte bereits zu Irritationen", schreibt die Ausstellungskuratorin Karin von Maur. Robert Rauschenberg, Andy Warhol und vor allem Robert Indiana mit seinen *Number Paintings* führten diese Entwicklung fort.

Am radikalsten hat wohl der polnisch-französische Konzeptkünstler Roman Opalka sein Werk der Zahl und dem Zählen gewidmet. Seine Arbeiten wurden auf vielen internationalen Kunstausstellungen gezeigt, unter anderem 1977 auf der documenta 6 in Kassel. Im Jahr 1965 begann er die Arbeit an seinem bis heute fortgesetzten ebenso monumentalen wie minimalistischen Werk mit dem Titel *OPALKA 1965 / 1 – ∞*: Mit feinem Pinsel (immer in der kleinsten Strichstärke „No. 0") malt er eine fortlaufende Zahlenfolge mit titanweißer Farbe auf Leinwände, die er *Details* nennt. Seit 1972 hellt er den Hintergrund jeder Leinwand immer weiter auf, sodass er seit einigen Jahren inzwischen mit weißer Farbe auf weißem Grund malt. Dazu spricht er beim Schreiben die jeweilige Zahl aus und zeichnet diese Tonspur auf. Zusätzlich dokumentieren die am Ende eines jeden Arbeitstages entstehenden Selbstporträts das zunehmende Ergrauen des Künstlers. Durch die mönchische Arbeit an der unendlichen Aufgabe des Zählens macht er das Vergehen der Zeit und die eigene Vergänglichkeit sichtbar. Damit geht seine Konzeptkunst weit über das bloße Aufzeichnen von Zahlen und Ziffern hinaus.

Nicht alle Zahlen sind dabei für Opalka gleich. Aus dem gleichmäßig dahinfließenden Strom des Zahlenstrahls heben sich für ihn markante Inseln hervor. In seiner Autobiografie schreibt er: „In der Progression meiner *Details* gehören 1, 22, 333, 4444 zum Anfang meines ersten *Details*, 55555 steht am Ende des zweiten *Details*, doch um 666666 zu erreichen, brauchte ich nach 55555 sieben Jahre. Nach 666666 (sechsmal die Ziffer 6) stellte ich mir die Frage: ‚Wie viel Zeit brauche ich, um 7777777 zu erreichen?' Ich erkannte, dass ich, wenn alles gutging, noch ungefähr dreißig Jahre brauchte, um zu diesem Siebenmal die Ziffer 7 zu gelangen. Wenn man eine durchschnittliche Lebenserwartung unterstellt, die völlig mit diesem Zählmodus ausgefüllt wäre, käme man nie zu Achtmal die Ziffer 8. Die 88888888 ist außerhalb des Zeitraums einer Existenz." Zählen wird hier zur Lebensaufgabe und die Bedeutung von Zahlen und Mengen am eigenen, alternden Körper sichtbar.

08/15

Wer erzählt, dass er sich eine neue 501 gekauft hat, wird sofort von allen verstanden. Weder muss man erwähnen, dass es sich um eine Hose handelt, noch dass es um eine Jeans der Marke Levi's geht. Die Typenbezeichnung 501 ist durch den Verkaufserfolg im Laufe der Jahre – die Bezeichnung existiert seit 1890 – so wirkmächtig geworden, dass die Zahl selbst zur unverwechselbaren Marke wurde.

Die Psychologie der Zahlen schlägt sich in Produkt- und Markennamen nieder – mit nicht zu unterschätzenden ökonomischen Konsequenzen. Einmal in die Welt gesetzt, hat eine Zahl hier unterschwelligen Einfluss auf den Markterfolg von Produkten und das Schicksal ganzer Unternehmen – ohne dass dieser Zusammenhang wirklich verstanden und hinreichend erforscht wäre. Meist spielte der Zufall oder das Bauchgefühl bei dieser Entscheidung Zahlmeister. Die Marke 4711 Echt Kölnisch Wasser verdankt ihren Namen der Hausnummer des Firmensitzes in der Kölner Glockengasse (1794 wurden die Häuser in Köln durchlaufend nummeriert, erst 1811 stellte man auf die straßenweise Nummerierung um). Doch war die Zahlenmarke eher eine Notlösung, hatte die Herstellerfamilie Mülhens doch lange Zeit ihr Produkt vorwiegend unter dem Namen Farina vermarktet, nach Johann Maria Farina, dem ursprünglichen Erfinder des Eau de Cologne, bis ihr 1881 diese Praxis auf Betreiben von Farinas Erben gerichtlich endgültig untersagt wurde.

Apropos 1881: Zu den weiteren akzidentellen Zahlenmarken zählen auch solche, bei denen eine Jahreszahl, meist das Gründungsdatum, zum identitätsstiftenden Namensbestandteil wurde, so geschehen bei der Linie Cerruti 1881 des gleichnamigen italienischen Modelabels. Die Jahreszahl verweist hier auf Solidität und die lange Tradition des Hauses, während sie bei seinem Sportswear-Ableger 18CRR81 zu einem modernistischen Code verhackstückt wird, der an Kryptografie erinnert. Aus der Tiefe des historischen Raumes kommt das Premium-Bier 1664 aus dem französischen Hause Kronenbourg. Die Frankfurter Sparkasse hat lange Zeit ihr Gründungsjahr 1822 im Schilde geführt. Heute lebt dieses Label nur noch als Tradition-Moderne-Crossover im Namen der Online-Tochter 1822direct weiter.

Jahreszahlen sind Träger symbolischer Bedeutung – besonders dann, wenn sie nicht die glorreiche Vergangenheit, sondern die Zukunft betreffen. Lange Zeit beliebt war die 2000, durch die sich Produkte mit dem Versprechen verkaufen ließen, eine schöne neue Zukunftswelt schon heute in den Händen zu halten. Selbst für ein so zeitloses Produkt wie Blumen wurde diese Strategie angewandt: Die Handelskette Blume 2000 stand mit ihrem Namen für eine fortschrittliche, der Zukunft zugewandte Floristik (wobei es auch Hinweise gibt, dass die Zahl sich ursprünglich auf die Postleitzahl des in Hamburg ansässigen Unternehmens bezog). 1973, zur Zeit der Gründung des Unternehmens, mochte das in Verbindung mit dem damals revolutionären Selbstbedienungskonzept ein plausibler Gedanke gewesen sein. Heute hingegen scheint das Unternehmen nicht mehr dank seines Namens der Zeit voraus zu sein, eher wirkt er wie ein welkes Relikt aus vergangenen Dekaden. Da die Marke inzwischen etabliert ist, tut dies dem Geschäftserfolg jedoch keinen Abbruch. Ironischerweise ist der Blumen-Discounter mit der 2000 im Namen laut Unternehmenshistorie genau seit dem Jahr 2000 Marktführer in Deutschland.

Die 1983 in der Schweiz gegründete namensgleiche Blume 2000 AG (mit dem deutschen Unternehmen nicht verbunden) wählte dagegen konsequent den Weg des Fortschritts und benannte sich gerade noch rechtzeitig, nämlich Ende 1999, in Blume 3000 AG um. Dadurch hat sie sich ein wenig Luft verschafft. Genauso im Vorsprung ist der Lüftungshersteller TK 3000 AG aus Bern gegenüber der Berliner Konkurrenz, der KL 2000 Klima- und Lüftungstechnik GmbH. Auch die alteingesessene Berliner Schwulenbar Ficken 3000 und das Designbüro Ding 3000 haben sich durch ihre vorausschauende Namenswahl namensmäßig ins dritte Jahrtausend katapultiert. Und der Künstler Christoph Schlingensief bediente sich ironisch dieses Stilmittels, als er im Bundestagswahlkampf 1998 seine Partei Chance 2000 gründete und zwei Jahre später auf MTV mit der aus einer Berliner U-Bahn gesendeten Fernsehshow *U3000* auf Sendung ging.

Hausnummern und Jahreszahlen sind längst nicht die einzigen Inspirationsquellen für Zahlen in Markennamen. Coke Zero, CK One, nimm2, 3M, Renault R4, Chanel No. 5, R6, 7 Up, After Eight, Ernte 23, Porsche 911 – eine ganze Liste berühmter Marken und Produkte baut auf Zahlen und Ziffern und verdankt ihre Ausstrahlung deren ikonischer Wirkung. Die Zigarettenmarken R6 und Ernte 23 zählen zu den ersten Entwicklungen des deutschen Markentechnikers Hans Domizlaff und damit auch zu den ersten bewusst designten Marken überhaupt. Die R6 war schlicht die sechste Zigarettenmarke des Hauses Reemtsma, die Ernte 23 erhielt ihren Namen, weil es sich dabei ursprünglich um Tabake des Jahres 1923 handelte, beide Marken feierten in der Nachkriegszeit große Erfolge und existieren bis heute.

Auch in anderen Bereichen zeigt sich die Eingängigkeit von Kombinationen aus Buchstaben und Ziffern: Die Bezeichnungen B-52 und U-2 für einen amerikanischen Langstreckenbomber und ein Spionageflugzeug sind tief ins kollektive Gedächtnis eingesickert. Die militärisch knappe Markanz der Namen und der langjährige Einsatz der Flugzeugsysteme ließen sie zu Chiffren der militärischen Macht der USA im Kalten Krieg werden. Endgültige Berühmtheit erlangten die Kürzel dadurch, dass zwei erfolgreiche Popbands sie sich für ihre Bandnamen aneigneten. Bei U2 dürfte die Doppeldeutigkeit („You too") den Ausschlag gegeben haben. Bei den amerikanischen B-52's lief die Assoziationskette über die hochtoupierten Bienenkorbfrisuren der beiden Sängerinnen – ein Style, der in den USA wegen der Ähnlichkeit mit der Nase des Flugzeugs gerne als B-52 bezeichnet wird. So wird aus Seriennummern Popkultur.

Die militärischen Kürzel führen uns auch auf die richtige Spur bei der Frage nach der Herkunft der Zahlenmarken. Ursprünglich entstammt die Zahl als Marke, sofern sie kein Zufallsprodukt ist, der verwalteten Welt, in der Ingenieure und Bürokraten sich daran machten, alles nach Maß, Zahl und Gewicht zu ordnen. Ihr Aufstieg beginnt während der ersten Hochphase der Massenproduktion Anfang des vergangenen Jahrhunderts: Angetrieben von technischem Fortschritt und Rationalisierung spuckten die Maschinen und Fabriken standardisierte Massenwaren in so großer Stückzahl und so häufig verbesserten Versionen aus, dass die Produktpalette langsam unübersichtlich wurde. Ordnung nach Zahlen war angesagt.

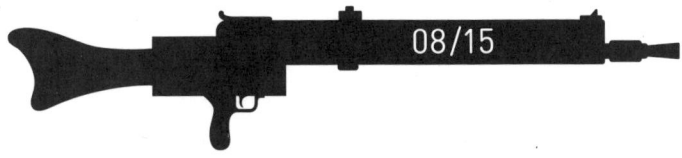

Die archetypische Seriennummer lautet Nullachtfünfzehn. Sie geht zurück auf das vom Deutschen Reich im Ersten Weltkrieg eingesetzte Maschinengewehr M.G. 08/15, eine Waffe, die auf dem Entwurf des ersten vollautomatischen Maschinengewehrs des amerikanisch-britischen Konstrukteurs Hiram Maxim beruhte. Die Bezeichnung 08/15 setzt sich zusammen aus dem Modell und der Modellvariante, die nach dem Jahr ihres Erscheinens bezeichnet ist, also 1915. Die nach dem Baukastenprinzip aus vollständig standardisierten und austauschbaren Teilen hergestellte Waffe ist eng verknüpft mit der Entstehung der DIN-Normen. So erhielt ein im Verschluss des Gewehrs verwendeter Kegelstift im Jahr 1918 vom Normenausschuss der deutschen Industrie (dem Vorläufer des Deutschen Instituts für Normung) die erste vergebene DIN-Norm, die DIN 1. Das M.G. 08/15 avancierte zum sprichwörtlichen Sinnbild für Standardisierung überhaupt, für das Gewöhnliche und Durchschnittliche der industriellen Massenproduktion.

Dem bei Ingenieuren und Produktentwicklern verbreiteten Hang zu Standardisierung und Nummerung (so der technische, in der DIN-Norm 6763 festgelegte Begriff für das „Bilden, Erteilen, Verwalten und Anwenden von Nummern" in Bezug auf Gegenstände, Sachverhalte oder auch Personen) verdanken sich in ähnlicher Weise viele weitere Zahlen in den Namen alltäglicher Produkte. Weizenmehl kauft man meist in der Type 405, 550 oder 1050. Sie bezeichnen den Mineralstoffgehalt und damit die Helligkeit des Mehls, und sie sind ebenfalls normiert, in DIN 10355.

Manchmal benennen die Ingenieure ihre Erfindungen aber auch einfach nach der Zahl der Versuche, die sie benötigten, um ein Produkt zur Serienreife zu entwickeln. So trägt das 1953 entwickelte wasserverdrängende Schmier- und Kriechöl WD-40 (jedem bekannt, der schon einmal professionell ein Fahrrad repariert hat) diesen Namen, weil seine genaue Zusammensetzung erst im vierzigsten Versuch gefunden wurde: „Water Displacement perfected on the 40th try", wie auf der Website des Unternehmens behauptet wird. Das Herstellerunternehmen hat sich übrigens 1969 aufgrund des Erfolges seines einzigen Produkts von Rocket Chemical Company in WD-40 Company umbenannt. Von Ferdinand Porsche heißt es, dass er Anfang der 1930er Jahre die Zählung der ersten Modellentwicklungen seines Konstruktionsbüros mit der 7 anstatt mit der 1 beginnen ließ, um bei den Auftraggebern einen größeren Vertrauensvorschuss für seine gerade erst gegründete Firma zu erzielen.

Inzwischen haben sich die Zahlen der Modellreihen zunehmend von der Herkunft aus der Ingenieurswerkstatt gelöst und führen – wie beim 911er – ein Eigenleben als Produktnamen, bei denen die psychologische Wirksamkeit stärker in den Vordergrund tritt. Gerade beim Autobau führt die Notwendigkeit zahlreicher Entwicklungsstufen und Prototypen dazu, dass jeder Hersteller seine eigenen Typenbezeichnungen und Zahlenfolgen entwickelt, die zum erkennbaren Signum seiner Automarken werden. Bei BMW ist es die auf Bob Lutz, Anfang der 1970er Jahre Marketingchef der Firma, zurückgehende Stufenfolge der 3er-, 5er-, und 7er-Modelle, ergänzt um jeweils zwei Ziffern für die Größe des Hubraums. Das Dreiklassen-Schema der kleinen ungeraden Zahlen hat sich eingeprägt, auch wenn die Produktpalette später um 1er, 6er und 8er-BMWs erweitert wurde.

Der schwedische Hersteller Saab setzt ganz auf die 9. Der erste, 1947 vorgestellte Prototyp des Saab trug die Seriennummer 92001. An der 001 läßt sich sein Status als Vorstudie erkennen, in Serie ging er dann als Saab 92. Die zweistellige Nummerierung wurde bis in die 1980er Jahre durchgehalten. Der Saab 92 wandelte sich im Laufe der Jahre zum Saab 93 und später zum Saab 96. Im Jahr 1968 kam mit dem Saab 99 ein etwas größeres Modell hinzu. Damit schienen die zweistelligen 9er-Nummern ausgeschöpft. Kein Problem, hängen wir einfach eine weitere Ziffer dran, dachten sich die Schweden wohl: Die nächste Weiterentwicklung wurde 1978 als Saab 900 auf den Markt gebracht. Und als 1985 ein neues Modell der oberen Mittelklasse entwickelt wurde, verfolgte man diese Logik mit dem Saab 9000 konsequent weiter. Gegen Ende der 1990er Jahre wandte man sich von diesem Pfad der stellenmäßigen Erweiterung wieder ab. Die 9 blieb erhalten, doch heißen die Modelle jetzt 9-5 oder 9-3X.

Eine bewusste Entscheidung für eine bestimmte Art der Ziffernkombination findet sich auch beim französischen Autobauer Peugeot. Bis in die 1930er Jahre verfolgte das Unternehmen eine simple fortlaufende Nummerierung seiner Modelle. Man begann mit Type 1 und arbeitete sich bis Type 192 vor. Dann wechselte Robert Peugeot die Strategie und führte dreiziffrige Modellnummerierungen ein, die immer eine 0 in der Mitte hatten. Das erste Modell war der 201, dessen Name sich der Tatsache verdankte, dass es das zweihundertste Projekt der Entwicklungsabteilung war. Die Mittel-0 wurde fortan zum neuen Markenzeichen der Fahrzeugklassen von Peugeot und markenrechtlich geschützt, was 1963 zu einem Rechtsstreit mit Porsche führte, das den Porsche 901 daraufhin in 911 umbenennen musste – und so eine ebenfalls legendär gewordene Zahlenmarke schuf.

Auch Softwareprodukte haben zahlengesättigte Namen. Hier sind es keine Modellreihen sondern Versionsnummern, die einem festgelegten Muster folgen. Betriebssysteme oder Programmpakete wie Microsofts Office-Suite bestehen aus vielen Millionen Zeilen Programmcode. Um bei solch komplexen Projekten, an denen Hunderte Programmierer beteiligt sind und die fortlaufend weiterentwickelt werden, die Übersicht zu behalten, erhält jede Version eine mehrstufige Nummer, z.B. 5.3.12. Bei Fehlerbehebungen, sogenannten Patches, wird der letzte Ziffernblock um 1 erhöht. Der mittlere Block ist für kleinere Updates reserviert. Bei größeren Änderungen, den *Major Releases*, erhält die Software vorne eine höhere Versionsnummer. So weit die Theorie und Praxis der Programmierer. Angeboten wird Software heute hingegen häufig unter anderen alphanumerischen Bezeichnungen. Auch hier haben Marketing und zahlenpsychologische Überlegungen die Namensgebung überformt. So äußert Harry McCracken im Blog technologizer.com die These, dass Versionsnummern schon lange keine Versionsnummern mehr seien, sondern „Waffen des Marketing". Das wird deutlich, wenn man die unterschiedlichen Strategien der Versionsnummerierung von Betriebssystemen bei Microsoft und Apple miteinander vergleicht.

Die Marke Windows hat im Laufe ihrer Evolution mehrere Mutationen durchgemacht: Bis zu Windows 3.11 folgte der Konzern weitgehend dem üblichen Versionsnummernschema, mit dem Erscheinen von Windows 95 wurde dann das Jahr der Veröffentlichung namensgebend (ebenso bei Windows 98 und Windows 2000). 2001 verabschiedete sich der Konzern mit Windows XP zwischenzeitlich ganz von den Zahlenmarkennamen und einer expliziten Kennzeichnung der Versionsnummer. 2007 folgte Windows Vista. Ende 2009 kam dann als jüngstes Produkt Windows 7 auf den Markt. Microsoft hat somit alles durchprobiert, von mehrstufigen Versionsbezeichnungen über Jahresdaten und Buchstabenkürzel bis zu eingängigen Namen, um schließlich zu einer einfachen einstelligen Ziffer zurückzukehren. Wohl nicht ganz zufällig ist es die positiv besetzte Glückszahl 7. Die Entscheidung für die 7 basiert jedenfalls nicht auf der zählenden Rationalität von Softwareingenieuren. Denn die interne Versionsnummer von Windows 7 lautet erstaunlicherweise 6.1.

Deutlich konservativer agiert dagegen Microsoft-Konkurrent Apple: Auf das Betriebssystem mit der Nummer 9 folgte im Jahr 2001 das Betriebssystem mit der Bezeichnung Mac OS X 10.0. Das X wird zwar als „x" ausgesprochen, stellt aber die römische Ziffer für 10 dar und verleiht der Marke ein Image von Dignität, Stabilität und Eleganz. Seitdem veröffentlicht das Unternehmen aus dem kalifornischen Cupertino nur noch Upgrades der zweiten und dritten Ziffer: Mac OS X 10.5.8, Mac OS X 10.6.5 usw. Für den Sommer 2011 ist Mac OS X 10.7 angekündigt. In wenigen Jahren werden die Marketingstrategen bei Apple vor der Frage stehen: Gehen wir bis 10.11? Oder gar bis 11.0? Oder müsste es dann heißen: bis XI? Ein anderer Ausweg wäre, sich ganz von den Zahlen als Marketinginstrument zu lösen und den Weg von Vista zu gehen, was sich durch die parallele Benennung der Apple-Betriebssystemversionen nach Großkatzen wie Leopard und Tiger bereits andeutet.

An die Versionsnummern von Software lehnt sich auch der von Tim O'Reilly popularisierte Begriff Web 2.0 an. Damit grenzte der Softwareentwickler und Verleger 2005 das neue Mitmach-Internet der Social-Media-Plattformen und interaktiven Anwendungen vom „alten" Web 1.0 ab, das als Wissensspeicher und Informationsmedium vorwiegend passiv genutzt worden sei. Die Metapher vom Web 2.0 wurde so erfolgreich, dass „2.0" als Buzzword heute an beinahe jeden beliebigen Begriff angeflanscht werden kann, um ihn mit einer Aura des revolutionär Neuen aufzuladen. Doch dieser Gestus droht zu verblassen – auch hier muss weitergezählt werden. So wird inzwischen mit Blick auf die nächste Evolutionsstufe des Internet vom Web 3.0 geredet, bei dem die Rechner endlich lernen, Sprache auf ihre semantischen Verknüpfungen hin zu analysieren. Und einige ausgefuchste Trendexperten, preschen vor und malen bereits die Zukunft des Web 4.0 aus – was auch immer sie damit meinen.

Marketing by Numbers

Wie bei Autos und Software haben sich die Zahlenmarkennamen auch in anderen Bereichen der Konsumkultur verselbständigt und als arbiträre Zeichen von ihren technischen Ursprüngen emanzipiert. Davon erzählt etwa die Entstehungsgeschichte der Marke 8x4. Anfang der 1950er Jahre entwickelte Beiersdorf ein Deodorant, dessen Wirkstoff gezielt das Bakterienwachstum und damit die Geruchsbildung bekämpfte. Die chemische Substanz lief intern unter der Bezeichnung B32. Der damalige Werbechef des Unternehmens entwickelte daraus den eingängigen Namen 8x4, der eine Formel suggeriert, ohne jedoch einen konkreten Bezug zu liefern. In einem Werbeclip aus dem Jahr 1953, zu einer Zeit also, als die Werbung noch glaubte, ihre Produktversprechen mit wissenschaftlicher Autorität legitimieren zu müssen, wird auf diesen Ursprung angespielt. Zu Bildern von Reagenzgläsern und Erlenmeyerkolben verkündet die Sprecherstimme: „Die moderne Wissenschaft hat nach langen Versuchen den Wirkstoff B32 gefunden, der in die 8x4-Seife eingebettet ist.“

Ihre größte Domäne neben der Automobilbranche und der IT-Industrie finden Zahlenmarkennamen mit ihren alphanumerischen Typenbezeichnungen und kryptischen Modellreihen im Reich der elektrischen und technischen Geräte – vom Staubsauger über die Kaffeemaschine bis zum Drucker. Besonders im Segment der Heimelektronik ist das Kauderwelsch aus Ziffern und Buchstaben weit verbreitet. Samsung UE32C6000, Panasonic TC-L42U30, Philips 46PFL8605K/02 – so heißen aktuelle Modelle von Flachbildfernsehern. Aber weiß jemand, ob und welche messbaren Features sich hinter solchen Zahlen verbergen? Die Bildschirmdiagonale? Oder doch eher die Bildfrequenz? Vielleicht handelt es sich aber auch um eine Serienbezeichnung. Doch wie unterscheidet sich die 6000er-Reihe von der 5000er? Man erfährt es nicht – und wer will sich schon in die Details technischer Spezifikationen vertiefen. Deshalb signalisieren solche Zahlen dem Konsumenten zunächst vor allem eines: Ich habe technische Werte! Und zwar besonders gute! In mir steckt viel Arbeit! Kauf mich! Die Modellbezeichnungen folgen dabei nicht unbedingt den Regeln der Ingenieurslogik. Welche Zahl ein bestimmtes Modell verpasst bekommt, ist heute eher der Zahlenpsychologie geschuldet als den technischen Erwägungen der Ingenieure und Entwickler. Die Marketingstrategen haben erkannt, dass die Wirkung, die derlei Bezeichnungen durch ihre Ziffern und Buchstaben erzeugen, maßgeblich die Kaufentscheidung der Konsumenten beeinflusst.

Aber wieso entscheidet sich eine Firma überhaupt dafür, Zahlen in den Namen eines Produktes aufzunehmen? Befragungen haben gezeigt, dass Konsumenten bestimmte Produktkategorien eher mit Zahlennamen assoziieren – technische und chemische Produkte (Haushaltsreiniger und Waschmittel) sowie Autos gehören dazu, während Zahlennamen etwa für Unterwäsche, Möbel oder Nahrungsmittel von den Befragten durchweg für unpassend befunden wurden (mit Ausnahme von Functional Food, wie etwa der probiotischen Joghurtmarke LC1 von Nestlé oder den Gemüse- und Fruchtsäften der Marke V8). Die Verknüpfung von Zahlen mit Attributen wie technisch, komplex, effizient, unpersönlich und abstrakt ist kulturell so tief verankert, dass sie uns offensichtlich und nicht hinterfragbar erscheint. Gleichzeitig ist hier ein Rückkopplungsprozess zu beobachten: Die Assoziation von Zahlen und Technik wird laufend durch die Tatsache verstärkt, dass es eben vorwiegend technische Produkte sind, die mit Zahlennamen operieren.

Die Marketingforscherinnen Teresa Pavia und Janeen Costa fanden bei ihren Befragungen, die sie in den 1990er Jahren durchführten, noch mehr heraus. So äußerten Teilnehmer, dass „höhere Zahlen größere Komplexität, Raffinesse, Präzision anzeigten und dass ein Produkt jüngeren Datums sei", schreiben sie in ihrem im *Journal of Marketing* erschienen Artikel „The Winning Number. Consumer Perceptions of Alpha-Numeric Brand Names". Deshalb ist es nicht verwunderlich, dass Konsumenten bei fortlaufenden Modellreihen – seien es nun Autos, Kameras oder Computer – Modelle mit höheren Zahlen positiver bewerten als solche mit niedrigeren Nummern, und zwar selbst dann, wenn das Produkt mit der höheren Zahl objektiv schlechtere

Eigenschaften hat. Die Logik dahinter: Höher gleich besser. Diese Faustregel hängt wohl nicht zuletzt mit dem mentalen Zahlenstrahl zusammen, der die Zahlen im Kopf aufsteigend von links nach rechts beziehungsweise von unten nach oben sortiert (siehe Kapitel IV). Aus demselben Grund werden Produkte mit einem höheren Preis oft als qualitativ besser eingestuft.

Im Gegensatz dazu, so Pavia und Costa, stehe bei bestimmten Produkten eine niedrige Zahl für Exklusivität. Man denke an das Parfüm Chanel No. 5, bei dem die 5 durch das vorangestellte, distinguiert wirkende Nummerierungskürzel noch betont wird. Oder an den Duft CK One von Calvin Klein, bei dem „One" nicht nur als Ordnungsziffer für das erste Parfüm des Modelabels fungiert, sondern semantisch gleichermaßen auf die kosmische, ursprüngliche Einheit der Geschlechter abzielt und so die Positionierung als Unisexduft unterstreicht. Der Nachfolgeduft hieß konsequent dann auch nicht „Two", sondern CK Be.

Auch in anderer Hinsicht ist CK One aufschlussreich. Denn es macht, so Pavia und Costa, auch einen gehörigen Unterschied, ob die Zahlen ausgeschrieben oder als Ziffern dargestellt werden: „Ausgeschriebene Zahlen rufen Bedeutungen wie Wohlstand, Raffinesse, Oberklasse und Eleganz hervor. Ziffern dagegen wurden mit Produkten assoziiert, die einfacher, weniger teuer und mehr auf den alltäglichen Konsumenten zugeschnitten sind." Die Gestalt der Ziffern ist

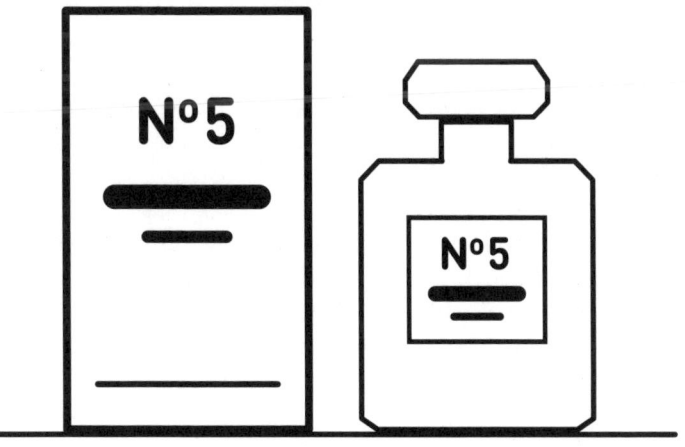

ebenfalls bedeutungsgeladen. So unterschieden die Befragten runde und kurvige Ziffern (und Buchstaben) wie die 6 und die 9 von eckigen, harten wie der 4.

Eine weitere Quelle für die affektive Affinität zu bestimmten Zahlen in Markennamen haben kürzlich die Marketingprofessoren Dan King und Chris Janiszewski entdeckt. Ihr Befund: Wir mögen Zahlen lieber, die wir leichter verarbeiten können und denen wir häufiger begegnen, zum Beispiel weil sie wie die typischen Rundzahlen (siehe Kapitel VIII) häufiger vorkommen oder weil sie typische Summen darstellen. Ein fiktives Antischuppen-Shampoo mit dem Namen Zinc 24 war in Tests beliebter als Zinc 31. Auch wenn wir Gleichungen lösen und so die Zahl in einer Zahlenmarke verstehen können, erhöht das die Beliebtheit eines Produkts. So erfreute sich der Gemüsesaft V8 größeren Zuspruchs, wenn der Slogan lautete: „Get a full day's supply of 4 essential vitamins and 2 minerals with a bottle of V8." Weniger gefiel er den Probanden in Kombination mit dem Zusatz: „Get a full day's supply of essential vitamins and minerals with a bottle of V8." Als Gegenprobe wurden beide Slogans auch auf die Nichtzahlenmarke Campbell's angewandt, wo die Einfügung der 4 und der 2 zu keiner signikanten Präferenz führte. 8x4 sollte also den Wirkstoff B32 schleunigst wieder aus der Schublade ziehen.

Oft treten solche Nuancen allerdings gegenüber den funktionalen oder symbolischen Bedeutungen von Zahlen als Bestandteile oder Zusätze von Marken- und Firmennamen in den Hintergrund. Das beliebte 365+-Geschirr von IKEA bezieht seine Identität natürlich daraus, dass man es – nicht zuletzt wegen seiner Schlichtheit – an jedem Tag des Jahres verwenden kann, Ostern und Weihnachten inklusive. Das vor allem von den ziffernverliebten Amerikanern verwendete „24/7" steht als Chiffre für „die ganze Woche rund um die Uhr geöffnet", man findet es häufig als Neonschild über Geschäften oder Motels. Die ebenfalls aus den USA stammende, international operierende Supermarktkette 7-Eleven hatte nach dem Zweiten Weltkrieg ihre erweiterten Öffnungszeiten – von 7 Uhr morgens bis 11 Uhr abends, und das an sieben Tagen in der Woche – zum Namen ihrer Geschäfte gemacht (die vorher Tote'm Stores hießen). Dabei dürften die klangliche Qualität und die leichte Merkbarkeit durch den Reim für die Namenswahl mindestens ebenso wichtig gewesen sein wie die funktionale Information über die Öffnungszeiten – die heute sowieso nicht mehr stimmt, denn inzwischen sind die meisten 7-Elevens 24/7 geöffnet.

Deutschland, das Land der restriktiven Ladenschlussgesetze, lernte die 24/7-Mentalität erst durch das Internet kennen. Wer in den 1990er Jahren um 19 Uhr vor verschlossenen Ladentüren stand, den mochte die eigentlich selbstverständliche Tatsache, dass das Internet rund um die Uhr „geöffnet" ist, frappieren. Sie schlug sich zu Hochzeiten der New Economy in einer Reihe von Domainnamen wie Katzenfutter24, Bank24, HUK24 oder Immobilienscout24 nieder. Vermutlich eine deutsche Besonderheit, die mit der teilweisen Lockerung der Ladenschlussgesetze einerseits und der zunehmenden Akzeptanz und Alltäglichkeit des Onlinehandels andererseits ihren Sinn verloren hat und heute überholt scheint. Auch Zahlenmarken haben ihre Moden.

Dagegen sind die Evergreens bei den nicht-technischen Zahlenmarken wie in vielen anderen Bereichen die kleinen Primzahlen 3, 5 und 7, die eine fast generische Merkfähigkeit mitbringen (siehe Kapitel V). Die magische 7 wurde maßgeblich besetzt vom Softdrink 7up, neuerdings eher vom Premium- und Promi-Jeanslabel 7 for all Mankind aus Los Angeles, von Fashionistas einfach „7 Jeans" genannt. Auch die Hamburger Web-Agentur Elephant Seven bedient sich ihrer und verfügt damit über einen gleichermaßen sinnfreien wie assoziationsstarken Namen. Neben Chanel No. 5 wird die 5 besetzt von Five Alive, neuerdings auch 5 Alive geschrieben, einer amerikanischen Fruchtsaftmischung, bei der jeweils fünf verschiedene Früchte zusammengemixt werden. Als der Quasi-Monopolist im Kaugummimarkt Wrigley's im Jahr 2007 einen Ausfall ins Premium-Segment startete, taufte er die neue Sub-Brand 5 Gum oder schlicht 5. Von herkömmlichen Kaugummis sollten sich die in edlem Schwarz verpackten Streifen unter anderem dadurch unterscheiden, dass sie alle fünf Sinne stimulieren. Wie das Gehör dabei ins Spiel kommt, blieb der Konzern als Erklärung allerdings schuldig.

Mentos konterte die 5 von Wrigley's im Jahr 2010 mit seiner Kaugummi-Kreation 3, die eine „dreilagige Geschmackskombination" verspricht. Doch nicht erst seit diesem Neuzugang herrscht das größte Gedrängel auf der 3. Die Gründer des amerikanischen Mischkonzerns Minnesota Mining and Manufacturing Company erkannten bald, dass das Namensungetüm wenig einprägsam war, und dampften es zu 3M ein, heute vor allem bekannt als Hersteller der Post-it-Notizzettel.

In weiteren Rollen: das französische Modeversandhaus 3 Suisses und die in Südostasien und verschiedenen europäischen Ländern aktive Mobilfunkmarke 3 des Hongkonger Mischkonzernriesen Hutchison Whampoa. In Österreich heißt sie Drei, in Italien Tre, in Großbritannien Three – die größte Herausforderung beim Markenaufbau dürfte gewesen sein, sich die generischen Domains in den jeweiligen Ländern zu sichern. Eine andere Taktik, die Domäne der 3 für sich zu erobern, verfolgte Coca-Cola Deutschland vor etwa zehn Jahren. Das Branding lief über die vorgeblich optimale Trinktemperatur, „Coke bei 3 °C" lautete damals der Claim. Mit der neuerlichen Internationalisierung und Zentralisierung der Markenkommunikation in Atlanta war dieser Ansatz allerdings vom Tisch, bevor er ins kollektive Unbewusste einsickern konnte.

Stattdessen zählte man im Cola-Segment weiter herunter. Ende der 1990er Jahre war angesichts eines steigenden Ernährungsbewusstseins der Marker „Diät" anscheinend nicht mehr zugkräftig genug, und Pepsi lancierte mit Pepsi ONE eine 1-Kalorienversion seiner Brause. Konkurrent Coca-Cola zog 2006 nach und unterbot Pepsi durch die Einführung seiner komplett kalorienfreien Coca-Cola Zero, die sich mit ihrem schwarzen Design und dem zackigen Z vorwiegend an junge Männer als Zielgruppe richtet.

Es liegt auf der Hand, warum der semantische Mehrwert von Zahlen für das Markendesign angezapft wird: In seiner Einführung *Numbers. A Very Short Introduction* verweist der Mathematiker Peter M. Higgins auf den schlichten, aber oft übersehenen Sachverhalt, dass jede Zahl einzigartig, sprich: *unique* ist. Und *uniqueness* ist zufälligerweise auch das, worum sich beim Branding alles dreht. Dagegen stehen die psychologischen Stolpersteine und das kulturelle Gepäck, das Zahlen mit sich bringen. Die symbolischen Bedeutungen von Zahlen unterscheiden sich von Kultur zu Kultur, was einer weltweit einheitlichen Vermarktung im Wege stehen kann. Bestimmte Zahlen bieten reichhaltigere Anknüpfungspunkte und lösen mehr Assoziationen aus als andere – entweder weil sie kulturell bedeutsam sind oder weil sie, wie die Rundzahlen 10, 12, 20, 25, 50 und 100, häufiger verwendet werden. Solche signifikanten Zahlen, ebenso die 1, die 2, die 7, die 99, aber auch – zumindest im Westen – die 13, prägen sich leichter ein, wie Tests der Kognitionspsychologie gezeigt haben. Auf der anderen Seite sind sie bereits mit vielerlei Bedeutungen überfrachtet, sodass es schwerfallen dürfte, mit einem neuen Produkt das Assoziationsfeld einer solchen Zahl weiträumig zu besetzen.

Neue Inspirationen und Konnotationen zu einzelnen Zahlen entstehen durch wissenschaftlich-technischen Fortschritt oder die politisch-gesellschaftliche Agenda. Das Start-up 23andme.com, das private Gentests über das Internet anbietet und eine Art Facebook für genetische Ähnlichkeit werden möchte, schöpft seinen Namen aus den 23 menschlichen Chromosomen. Die Initiative und Stiftung 2° (stiftung2grad.de), getragen von Firmen wie Deutsche Bahn, Otto oder Puma, bezieht sich auf das 2010 in Cancún festgeschriebene UN-Klimaziel, die Erderwärmung langfristig auf zwei Grad Celsius zu begrenzen, was als kritischer Schwellenwert angesehen wird.

Zahlensymbole sind eben nur scheinbar „leere", sinnfreie Zeichen. Sie tragen einen Rucksack an Bedeutungen mit sich, sodass sie sich nicht beliebig mit Markenwerten kombinieren oder aufladen lassen. Gleichzeitig sind ihre Bedeutungsräume so fluide, dass genügend Spiel bleibt, durch wirkungsvolles Branding und Marketing neue Bedeutungskomponenten hinzuzufügen oder die Nuancen zu verschieben. Nur: Gegen den Eigensinn der Zahlen wird das nicht funktionieren.

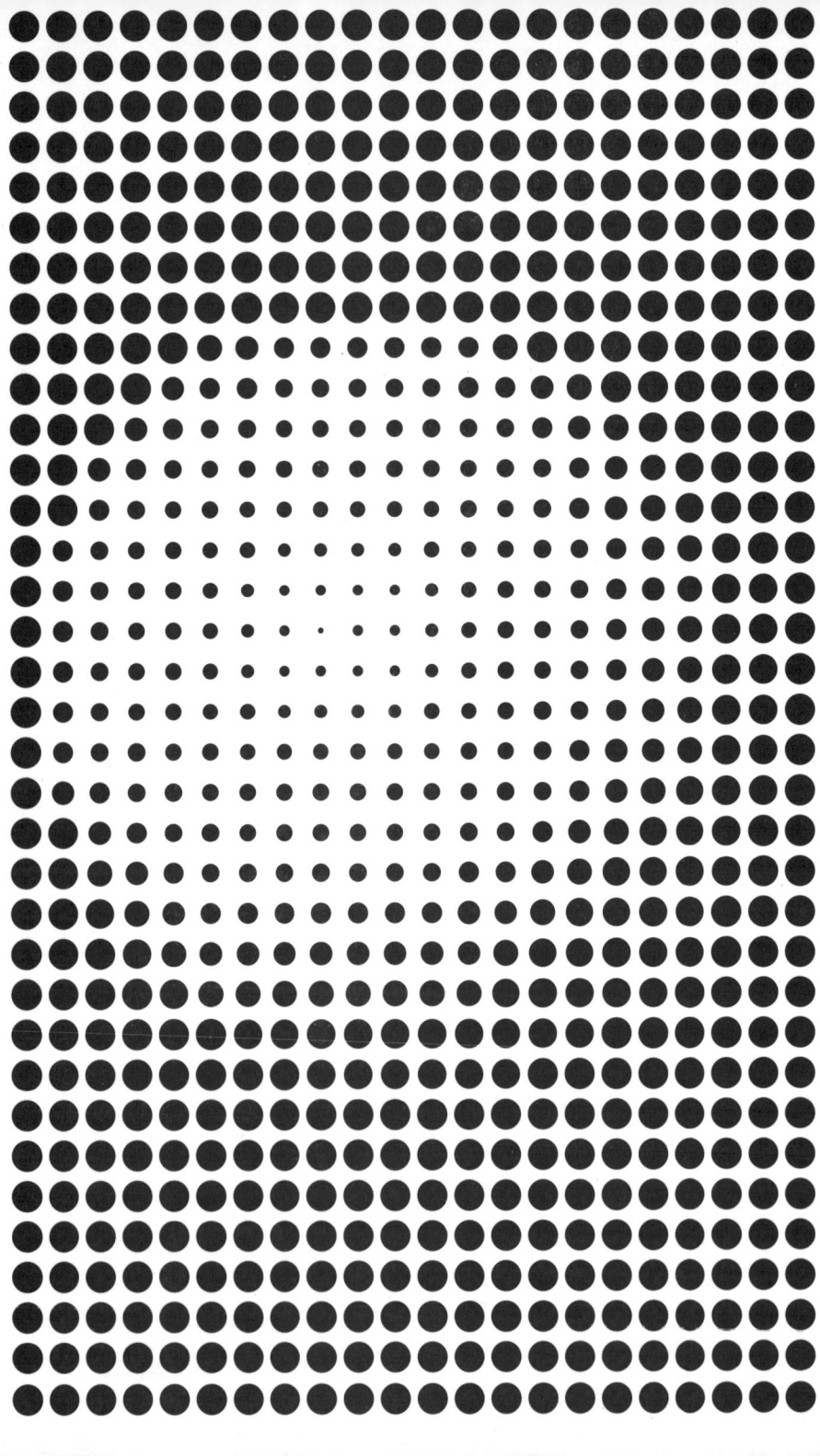

IV.
Lieblingszahlen und Synästhesie

„Woran denkst du, wenn du an die Zahl Acht denkst, ist das eine angenehme Zahl für dich?", fragte sich der amerikanische Dichter Robert Creeley, als er für seinen Freund, den bereits erwähnten Künstler Robert Indiana, einen Gedichtzyklus mit dem Titel „Numbers" verfasste, der dessen Zahlenbilder begleitet und aus zehn Gedichten für die zehn Ziffern, von der 1 bis zur 0, besteht. Welche Assoziationen lösen Zahlen in uns aus und welche Affekte sind mit ihnen verbunden? Warum haben wir Lieblingszahlen, zu denen wir uns hingezogen fühlen, und andere, die wir meiden? Und lassen sich hierbei bestimmte Muster identifizieren?

Diese Fragen mögen zunächst ein wenig seltsam erscheinen, gelten Zahlen doch im Allgemeinen als abstrakt, rational und von Emotionen denkbar weit entfernt. Zahlen kommen vom Mars, Gefühle kommen von der Venus. Man spricht von Controllern und Buchhaltern als „gefühllosen Zahlenmenschen" und „kühlen Rechnern". Das Bekenntnis „Ich war schlecht in Mathe" gilt nicht als Defizit, sondern eher als Ausweis von Normalität, ungefähr so wie das Unvermögen, einen Videorekorder zu programmieren oder eine Steuererklärung zu machen. Zahlen stehen im Ruf, langweilig zu sein, und wer auf dem Schulhof sozial punkten will, überlässt sie lieber den Nerds, die nach dem Abitur Informatik oder Physik studieren, oder den Fleißigen, die später irgendetwas mit BWL und Anzügen machen.

So weit das Klischee. Dennoch reagieren wir – ob bewusst oder unbewusst – auch affektiv auf Zahlen. Sie sind nicht bloß reine Informationsträger, sondern triggern – wie andere Erlebnisse und Wahrnehmungen auch – vielfältige emotionale Reaktionen. „Zahlen sind viel mehr emotional angebunden, als man glaubt", sagt der

Hamburger Professor für Mathematikdidaktik Günter Krauthausen, der vor wenigen Jahren Kinder und Jugendliche zu ihren Lieblingszahlen befragte. Oft sind es biografische Prägung und der Zufall, die für unsere Affinität zu bestimmten Zahlen verantwortlich sind – die erste Hausnummer, das eigene Geburtsdatum oder das von engen Angehörigen. Obwohl es sich dabei um je individuelle Daten handelt, schlagen sich zumindest die Geburtsdaten in kollektiven Verhaltensmustern nieder, etwa bei der Wahl der Lottozahlen. Neben Zahlreihen, die geometrische Muster auf dem Tippschein ergeben, und solchen, die schon einmal gezogen wurden, stehen sie bei Lottospielern besonders hoch im Kurs. Die 19 ist die mit Abstand am häufigsten getippte Zahl, wie der Mathematikprofessor Karl Bosch in einer Analyse von fast acht Millionen abgegebenen Tippscheinen herausfand. Auf sie folgen die 9, die 7, die 17, die 10 und die 11. Wer seine Chancen auf eine hohe Gewinnquote verbessern will, sollte also solche beliebten Kombinationen kultureller Konsenszahlen meiden, zu denen auch die typischen Glückszahlen wie die 7 gehören und die gewissermaßen die fokalen Punkte (siehe Kapitel VIII) des Lottospiels bilden. „Die selten getippten Zahlen befinden sich am rechten und linken Rand der Lotto-Kästchen sowie in der letzten Reihe. Abzuraten ist von Zahlen, die in Geburtstagen vorkommen. Wird die 19 gezogen und ist dann noch eine Monatszahl von 1 bis 12 dabei, sind die Quoten grundsätzlich im Keller", bilanziert der Statistiker Bosch im Januar 2009 in einem Artikel auf *FOCUS Online*. So geschehen beispielsweise im Jahr 1984, als insgesamt 69 Spieler auf die Gewinnzahlen 1, 3, 5, 9, 12, 25 gesetzt hatten. Für ihre sechs Richtigen erhielten sie jeweils nur magere 16.907 DM.

Kulturell tradierte Unglückszahlen wie die 13 sind für viele Menschen mit negativen Emotionen verbunden. Beim bundesweiten Lotto war die 13 im Oktober 1955 übrigens die erste überhaupt gezogene Zahl. Seitdem hat sie sich rar gemacht: Sie wurde bislang am seltensten gezogen. In Italien nimmt dagegen die 17 die Rolle der 13 als kollektive Unglückszahl ein, bis hin zur fehlenden Sitzreihe 17 bei der italienischen Fluggesellschaft Alitalia. Warum ausgerechnet die 17? Eine Antwort, die unter anderen auch Reinhard Schlüter in seinem Buch *Sieben. Eine magische Zahl* gibt: Ein mittelalterlicher Mystiker schrieb einst die römische Zahl XVII als VIXI, was lateinisch ist für „Ich habe gelebt" und damit für den Tod steht. Ob der kollektive

Gefühlshaushalt der Italiener in Bezug auf die 17 wirklich hier seinen Ursprung hat, verliert sich im Dunkel der Überlieferung. Doch das tut der Alltagswirksamkeit eines solchen Aberglaubens keinen Abbruch (siehe Kapitel VII).

Schnapszahlen, die ausschließlich aus identischen Ziffern gebildet werden, lösen Heiterkeit aus, wie jeder Karnevalist weiß, der am 11.11. um 11:11 Uhr die fünfte Jahreszeit einläutet. Schimmel und Endres nennen sie „amüsante Zahlenwerte", weil sie bei aller Regelmäßigkeit quer im Zahlenstrang liegen. Traditionellerweise musste bei Erreichen eines solchen Punktestandes beim Kartenspiel eine Runde Schnaps ausgegeben werden. Wobei die 11 nicht nur durch die Verdoppelung der Ziffer heraussticht, sondern auch von den beiden Rundzahlen 10 und 12 gleichermaßen abweicht (siehe Kapitel VIII) und so symbolisch für die närrische Außerkraftsetzung der etablierten Ordnung steht. Wiederholung verstärkt die Wirkung, weshalb am Glück versprechenden 7.7.2007 besonders viele Paare in westlichen Ländern sich das Jawort gaben, während die auf die Macht der 8 vertrauenden Chinesen erst ein Jahr, einen Monat und einen Tag später die Standesämter überrannten.

Idiosynkrasie

Jenseits der kulturell geprägten Vorlieben und Abneigungen für bestimmte Zahlen gibt es auch ganz persönliche Idiosynkrasien im Umgang mit Zahlen. Psychologisch ist die Idiosynkrasie eine individuell eigentümliche, stark ausgeprägte und unbegründet bleibende Zuneigung oder Ablehnung gegenüber bestimmten Reizen oder Dingen. Nicht nur das Geräusch quietschender Kreide auf einer Schiefertafel sorgt bei manchen für höchstes physisches Unbehagen, während es andere kaltlässt oder ihnen sogar angenehm ist. Auch Zahlen können solche eigensinnigen Reaktionen hervorrufen. Selbst innerhalb der Mathematik scheint es so etwas wie Affinitäten der Zahlen untereinander zu geben. Mathematiker sprechen allen Ernstes von „befreundeten" oder „geselligen" Zahlen. Die 220 und die 284 sind beispielsweise dicke Kumpel, weil die Summe ihrer Teiler jeweils die andere Zahl ergibt.

Auch wir Menschen nehmen Zahlen unterschiedlich intensiv wahr, fühlen uns von manchen angezogen, von anderen abgestoßen. Bei manchen nimmt diese Zahlen-Fixierung fast obsessive Formen an. Anna Wolke, Mitarbeiterin eines Designgeschäftes in Berlin, berichtet uns, dass sie darauf achte, ein Glas Saft am Morgen nur mit einer ungeraden Anzahl von Schlucken zu leeren: „Meistens endet es bei fünf, manchmal bei sieben, aber fünf ist irgendwie besser." – Hier müssen wir die Ausführungen Anna Wolkes kurz unterbrechen und darauf anstoßen, dass das Kapitel an dieser Stelle genau 6.666 Zeichen (mit Leerzeichen) hat. Prost! Weiter im Text! – Wenn sich abzeichnet, dass das nicht gelingt, müsse sie das Glas wieder auffüllen und neu ansetzen: „Eine gerade Anzahl fühlt sich einfach nicht richtig an. Ungerade dagegen bedeutet aufgeräumt, fest, das ist einfach eine gute Ausgangssituation für den Tag. Ungerade trinken fühlt sich richtig gedacht an, alles andere wäre falsch und würde den Tag ruinieren."

Zu einem gegenteiligen Zahlenzwang bekannte sich vor einigen Jahren der Fußballstar David Beckham. Bei ihm muss alles in einer geraden Linie oder in Paaren angeordnet sein, zum Beispiel die Cola-dosen in seinem Kühlschrank. Findet er dort drei Dosen, wirft er eine weg, damit sie wieder eine gerade Anzahl haben, berichtete seine Frau Victoria. Ob das der Regelfall ist, ob Beckham immer zwei Dosen hintereinander kippt oder seine Frau zwingt, gemeinsam mit ihm zur Cola zu greifen, damit die gerade Anzahl nicht gefährdet wird, ist den Medienberichten leider nicht zu entnehmen.

Eine Zahlenidiosynkrasie anderer Art pflegt der Comiczeichner, Autor und Musiker Tex Rubinowitz. Die Zahlen von 1 bis 9 sind für ihn kauzige Typen, die er so charakterisiert: „Die 4 ist irgendwie schüchtern, verklemmt, 5 laut, sitzt halt in der Mitte und hat den Überblick, und 3 ist so abgeklärt, früh schon altersweise, 2 ist ein hübsches, schmollendes Mädchen, 6 verstehe ich überhaupt nicht, besserwisserisch, Snob, 7 hingegen exzentrische Dame wie Edith Sit-well, 8 ist schwul, 9 schlägt kleine Kinder auf dem Schulhof, 1 ist ein Idiot."

Aber auch Menschen, die solche Obsessionen und starke Idiosyn-krasien nicht kennen, pflegen im Alltag oft eine individuelle Zah-lenmagie. Jeder hat Zahlen, die er sich besonders gut merken kann, weil sie gleichzeitig persönlich wichtige Daten markieren. Und fast jeder hat eine Lieblingszahl: eine Art numerischen Talisman, der einen durch den Alltag begleitet, über dessen unerwartetes Auftauchen man sich freut oder den man – je nach Grad der persönlichen Zahlenobsession – herbeizuzwingen sucht.

Der Evergreen und omnipräsente Langweiler unter den Lieblingszahlen ist die 7. Wer sie wählt, macht nichts falsch. Psychologen sprechen vom „blue seven phenomenon": Mehrere Untersuchungen seit den 1970er Jahren haben gezeigt, dass Menschen, befragt nach ihrer bevorzugten Ziffer zwischen 0 und 9 und nach ihrer Lieblingsfarbe, besonders häufig die 7 und die Farbe Blau nennen. Wie universell die Präferenz für die 7 wirklich ist, bleibt allerdings umstritten. Oft sind die Ergebnisse solcher Tests der Tatsache geschuldet, dass nur College-Studenten westlicher Länder befragt wurden. Der Psychologe Joseph Henrich von der kanadischen University of British Columbia und seine Kollegen nennen diese typischen Teilnehmer psychologischer Studien „the weirdest people in the world", wobei das Akronym WEIRD (engl. für seltsam, schräg) in diesem Fall für „western, educated, industrialized, rich and democratic" steht. Der Fehler der Psychologen besteht darin, die Denkmuster und Verhaltensweisen der befragten Studenten zu verallgemeinern und als quasi-anthropologische Grundausstattung der gesamten menschlichen Spezies anzunehmen, während die Studien in Wirklichkeit ausschließlich die Präferenzen von westlichen jungen gebildeten Angehörigen der Mittelschicht widerspiegeln.

Produktiver erscheint es, nach den Gründen zu fragen, die hinter den Lieblingszahlen stecken – auch wenn es manchmal gar keine besonderen gibt und eine Lieblingszahl sich einfach irgendwann im Kopf festgesetzt haben kann, ohne dass man genau weiß, warum. So ist die Lieblingszahl des Berliner Mathematikers Jochen Brüning die 256. Die ist als 2^8 lose mit Computern und Binärcodes assoziiert. Doch Brüning bekennt in einem 2008 anlässlich des Jahrs der Mathematik in der *Welt* erschienen Artikel freimütig: „Eigentlich ist die Zahl 256 sogar ziemlich langweilig. Doch sie hat sich mir irgendwie seit frühester Kindheit eingeprägt, sodass ich über den Ursprung gar keine Rechenschaft ablegen kann. Manches bestimmt eben einfach der Zufall und nicht eine Überlegung."

Günter Krauthausen würde sich mit einer solchen Erklärung nicht zufriedengeben. Er wollte es genauer wissen und hat nach den Gründen für die Wahl von Lieblingszahlen gefragt. An dem 2008 durchgeführten Projekt – Anlass war ebenfalls das Jahr der Mathematik – beteiligten sich 3.700 Hamburger Grundschüler. Sie notierten nicht nur ihre Lieblingszahl, sondern auch eine Begründung, warum sie ausgerechnet diese Zahl favorisieren. Erstes Ergebnis: Keine Zahl ging als klarer Sieger aus der Umfrage hervor. „Eine Zahl als DIE Lieblingszahl lässt sich nicht ausmachen, was auch zu erwarten war. Allerdings gibt es Häufungen im Zahlenraum bis 10 oder 20." Umso spannender, welche Gründe die Kinder angaben. Krauthausen berichtet: „Für Grundschulkinder steht das eigene Alter ganz vorne in der Begründungshierarchie, womit klar wird, dass eine solche Lieblingszahl dann auch wechseln kann." So schrieb der neunjährige Martin als Begründung: „Meine Lieblingszahl ist 9, weil ich neun Jahre alt bin. Und nächstes Jahr ist meine Lieblingszahl dann 10."

Insgesamt fand Krauthausen ein sehr breit gefächertes Spektrum von Gründen vor: „Verbindungen zu Familienmitgliedern oder Freunden und vor allem zu deren Alter, die eigene Hausnummer, ästhetische Momente (akustisch wie optisch: die Zahl ist leicht zu schreiben, hört sich schön an, sieht aus wie ein Schwan ...) bis hin zu fast ‚philosophischen‘ Begründungen: ‚Zu zweit ist doch alles schöner!‘, schrieb Rena aus der 3. Klasse." Doch darin erschöpften sich die Angaben der Kinder nicht: „Auch mathematische Argumente wurden in prominenter Häufigkeit genannt, zum Beispiel: Damit lässt sich gut rechnen, Zahleigenschaften wie gerade und ungerade Zahlen, Primzahl, der Reiz des besonders Kleinen – die Null – und des besonders Großen: Anna, 2. Klasse, war von der Zahl Googol (10 hoch 100) begeistert, die sie im Rahmen einer Ausstellung zum Jahr der Mathematik im Heinz-Nixdorf-Museums-Forum Paderborn kennengelernt hatte. Ihre Einsendung enthielt nicht nur ihre Erklärung, sondern auch eine 1 mit 100 sorgfältig notierten Nullen." Wobei Krauthausen zu bedenken gibt, dass hier auch die Mathematiklehrer, die das Projekt im Unterricht thematisierten, Pate gestanden und unterschwellig ihren Einfluss geltend gemacht haben könnten.

Kulturelle Muster könnten bei der Wahl der Lieblingszahl eine Rolle spielen, doch konnte Krauthausen eine genaue Gewichtung solcher Faktoren aus seinen Daten nicht ableiten. Vor allem stellte er fest: „Man kann sich individuell auch ganz anders entscheiden, wie Mario aus der 4. Klasse, der die 13 mit folgender Begründung als seine Lieblingszahl nannte: ‚Weil es für alle anderen die Pechzahl ist, darum ist es meine Lieblingszahl!‘" Für Jungen ist zudem häufig die Trikotnummer ihres Fußballidols ausschlaggebend. Die Hamburger Grundschüler nannten nicht selten die 23 als Lieblingszahl, die Rückennummer des damaligen HSV-Stars Rafael van der Vaart.

Mehr noch als bei den Fans schlagen persönliche Zahlenvorlieben bei den Sportlern selbst zu Buche, manchmal mit bizarren Konsequenzen. Fußballspieler und andere Mannschaftssportler entwickeln einen geradezu zahlenmagischen Kult um bestimmte Rückennummern. Ursprünglich – als die Spieler noch nicht feste Nummern für eine Saison erhielten, sondern für jedes Spiel namenlose Trikots von 1 bis 11 vergeben wurden – markierten die Nummern die Positionen einzelner Spieler auf dem Feld. Im Fußball gilt die 10 traditionell als Zahl des Spielmachers und die 9 steht für den torgefährlichen Mittelstürmer. Doch heute orientiert sich die Verteilung der Rückennummern längst nicht mehr an klassischen Spielaufstellungen. Inzwischen können die Nummern vor der Saison frei gewählt werden. Als Michael Ballack 2006 zum FC Chelsea wechselte, entbrannte zum Beispiel ein heftiger Streit um die 13. Ballack, der schon bei Bayern München und Bayer Leverkusen mit der 13 aufgelaufen war, wollte auch bei Chelsea nicht auf seine angestammte Nummer verzichten, aber Teamkollege William Gallas war seinerseits nicht bereit, „seine" Nummer einfach so herzugeben. Die Entscheidung fällte dann Coach José Mourinho: Als Gallas kurz darauf zu einem wichtigen Training nicht erschien, bestrafte er ihn mit Entzug seiner Rückennummer und schob sie Ballack zu. Auch die als Unglückszahl diskreditierte 13 kann also heiß begehrt sein.

Weniger erfolgreich war David Beckham. Der hatte sich die klassische Glückszahl 7 als persönliche Nummer auserkoren und trug sie lange bei Manchester United und in der englischen Nationalmannschaft, außerdem in Form einer römischen VII als Tattoo auf seinem rechten Unterarm. 2003 wechselte er zu Real Madrid, wo jedoch bereits Raúl die 7 für sich in Anspruch nahm. Beckham sah sich gezwungen, auf eine andere Nummer auszuweichen. Seine Wahl – die 23 – sorgte für einiges Rätselraten. Eine Referenz auf den Basketballstar Michael Jordan, der die 23 auf seinem Rücken trug? Oder hing Beckham etwa einer der diversen modernen Verschwörungstheorien an, die sich um die 23 ranken (siehe Kapitel VII)? Der Mathematiker Marcus Du Sautoy hat noch eine andere Vermutung. In *Eine mathematische Mystery-Tour durch unser Leben* stellt er fest, dass alle Top-Spieler von Real zur Zeit von Beckhams Wechsel eine Primzahl auf dem Rücken trugen: Carlos die 3, Zidane die 5, Raúl die 7, Ronaldo die 11. Und Beckham eben die 23. Zwar trägt Beckham die 23 auch bei LA Galaxy, doch sein Herz schlägt weiter für die 7: Seine jüngste, im Juli 2011 geborene Tocher trägt den Namen Harper Seven.

Nicht selten fliegt eine Zahl einem Spieler zufällig zu. Legt er dann mit ihr ein großartiges Spiel hin, behält er sie bei sich wie ein treues Haustier. So erging es dem Holländer Johan Cruyff, der 1970 nach einer längeren Verletzungspause mit der Rückennummer 14 und nicht mit seiner Stammnummer 9 eingewechselt wurde – und das Spiel gegen PSV Eindhoven noch für seine Mannschaft Ajax Amsterdam entscheiden konnte. Ulfert Schröder beschrieb die Folgen in seinem Buch *Die Johan-Cruyff-Story*: „Fortan spielte er nur noch mit der Rückennummer 14, und sie wurde sehr schnell zum Qualitätskennzeichen für Fußball. Cruyff und die 14, das war ein Begriff, das ging derart tief ins Bewusstsein der Menschen ein, dass schließlich die 14 für sich alleine stehen konnte."

Heute wird ein solches Branding nicht mehr dem Zufall überlassen. Der portugiesische Superstar Cristiano Ronaldo vermarktet sich unter der alphanumerischen Marke CR7, unter der er auch ein Modelabel betreibt. Die 7 übernahm er bei Manchester United von David Beckham. Als er 2009 zu Real Madrid wechselte, scheiterte er – wie schon zuvor Beckham – an Raúl und musste mit der 9 vorliebnehmen. Erste Anzeichen dafür gab es schon vor Vollzug des Transfers, als Ronaldo sich die Marke CR9 schützen ließ. Erst als Raúl im Herbst 2010 zu Schalke 04 ging, wurde aus CR9 wieder CR7.

Als Rückennummer eigentlich gar nicht vorgesehen ist bei all dem Zahlenzauber die 0. Doch der Marokkaner Hicham Zerouali, Spitzname „Zero", erkämpfte sich eine Sondergenehmigung des schottischen Verbands, die ihm erlaubte, für den FC Aberdeen mit der Nummer 0 anzutreten. Den umgekehrten Weg beschritt der amerikanische Footballspieler Chad Johnson. 2008 änderte er seinen bürgerlichen Namen zu Chad Ochocinco. Was auf Spanisch nichts anderes bedeutet als 85 – die Nummer seines Trikots. Allerdings musste er noch eine Saison unter seinem alten Namen antreten, da die NFL und ihre angeschlossenen Vermarkter nicht einsahen, ihre Bestände an Fantrikots mit dem Namen „Johnson" einfach einzustampfen. Erst seit der Saison 2009 darf Chad auch auf dem Spielfeld so heißen wie seine liebste Nummer.

Einen dauerhaften Anspruch auf ihre Nummer und damit die Verschmelzung von Name und Zahl durchzusetzen, das gelingt nur ganz wenigen. Die Nummern herausragender Spieler werden in besonderen Fällen nach dem Ende ihrer Karriere vom Verein nicht mehr vergeben. Vor allem in den USA ist es übliche Praxis, dass Trikotnummern von verdienten Stars innerhalb eines Vereins gesperrt werden. 1997 wurde allerdings die Nummer 42 gleich für die gesamte Baseball-Profiliga MLB für immer in den Ruhestand geschickt. Damit ehrte die Liga Jackie Robinson, der 1947 für die Brooklyn Dodgers als erster Afroamerikaner in der Major League antrat. Nur am 15. April, dem Tag seines ersten Einsatzes für die Dodgers, dürfen Spieler mit seiner Nummer auflaufen. Die NHL, die amerikanische Eishockeyliga, folgte diesem Beispiel, als sie die Trikotnummer 99 einfror. Es war die Nummer von „The Great One" Wayne Gretzky, der als bester Eishockeyspieler aller Zeiten gilt. Ob der aus zahlengläubigen oder ästhetischen Gründen ausgerechnet das Jahr 1999 als Zeitpunkt für das Ende seiner aktiven Laufbahn wählte, ist allerdings nicht bekannt. Außerhalb der USA sind Fälle, in denen Rückennummern für ganze Ligen oder Verbände nicht mehr vergeben werden, seltener: Als Diego Maradona, die vielleicht berühmteste 10 der Fußballgeschichte, das Spielfeld verließ, wollte der argentinische Fußballverband zu seinen Ehren die Trikotnummer 10 für Länderspiele generell sperren lassen. Die FIFA lehnte dieses Ansinnen jedoch ab.

Farbige Zahlen

Ganz anders geartet ist das intensive Verhältnis zu Zahlen und zu ihren vielfältigen Erscheinungsformen, das Personen erleben, die mit einer besonderen Wahrnehmungsfähigkeit ausgestattet sind. Die Rede ist von Zahlen-Synästhetikern. Vor jeglicher symbolischen Bedeutung haben Zahlen für diese Menschen sinnliche – und auch emotionale – Qualitäten. So verknüpfen sie etwa Zahlen und Ziffern mit bestimmten Farben. Um die bunte und manchmal etwas seltsame Welt der Synästhetiker zu verstehen, müssen wir uns zunächst noch einmal den Grundlagen der Wahrnehmung von Zahlen zuwenden.

In unserer Wahrnehmung assoziieren wir Zahlen fast immer mit räumlichen Vorstellungen. Das zeigt sich schon im sprachlichen Umgang mit Quantitäten: Ein Leichtathlet läuft die 100 Meter *unter* 10 Sekunden. *Über* 100 Gäste kamen zur Party. Mein Einkommen ist um 500 Euro *gestiegen*. Die enge, fast schon reflexhafte Verknüpfung von Raum und Zahl lässt sich auch experimentell nachweisen. Stanislas Dehaene und seine Kollegen stellten fest, dass Versuchspersonen auf kleine Zahlen schneller mit der linken Hand reagieren und auf größere schneller mit der rechten Hand. Die Probanden sollten möglichst rasch entscheiden, ob eine auf einem Bildschirm aufleuchtende Zahl größer oder kleiner als 65 ist, und dazu mit der linken oder der rechten Hand eine Taste drücken. Stand die Taste der linken Hand für „kleiner als 65" und die der rechten für „größer als 65", reagierten sie schneller und machten weniger Fehler als eine Vergleichsgruppe, bei der es umgekehrt war, also die linke Taste „größer als" und die rechte „kleiner als" bedeutete.

Die Rechts-Links-Unterschiede funktionieren im Übrigen sogar, wenn die Aufgabe gar nichts mit Größen oder räumlicher Anordnung zu tun hat, zum Beispiel wenn die Versuchsperson entscheiden soll, ob die gezeigte Zahl gerade oder ungerade ist oder mit einem Vokal oder einem Konsonanten beginnt. „Je größer die Zahl, desto schneller reagiert die rechte Hand im Vergleich zur linken." Dehaene taufte diesen Effekt auf den komplizierten Namen „spatial-numerische Assoziation von Reaktionskodierungen", als Akronym wird daraus der SNARK-Effekt, eine Anspielung auf das merkwürdige, ungreifbare Monster aus dem Nonsens-Gedicht „The Hunting of the Snark" von Lewis Carroll.

Woher kommt diese räumliche Orientierung der Zahlen? Ist sie universell? Dehaene fand heraus, dass der SNARK nichts mit den Gehirnhälften oder mit Rechts- und Linkshändigkeit zu tun hat. Auch Linkshänder verorten große Zahlen auf der rechten Seite. Aber er beobachtete, dass dieses Phänomen einem deutlichen kulturellen Einfluss unterliegt, nämlich der Schrift. Genauer gesagt, der Schreib- und Leserichtung der Schrift. Bei Personen, die von rechts nach links lesen und schreiben, zeigte der Effekt die umgekehrte Richtung: Für Versuchspersonen aus arabischsprachigen Ländern etwa sind größere Zahlen links im Raum angesiedelt.

Solche Versuche führten die Erforscher des Zahlenbewusstseins zum Konstrukt des mentalen Zahlenstrahls. Dehaene schreibt: „Es ist, als ob die Zahlen im Geist alle auf einer Geraden aufgereiht wären, wobei jeder Ort einer bestimmten Größe entspricht [...]. Außerdem kann man sich den Zahlenstrahl als gerichtet denken. Die Null ist ganz links, und große Zahlen sind weit rechts." – Das gilt zumindest für uns Westler, die von links nach rechts schreiben.

Der Zahlenstrahl benötigt keine bewusste Vorstellung, wir wenden ihn automatisch an, wie die unterschiedlichen Reaktionszeiten aus Dehaenes Versuchen zeigen. Es gibt allerdings Menschen mit einem ausgeprägten visuellen Vorstellungsvermögen, die ein ganz konkretes, klares Bild von der räumlichen Anordnung der Zahlen vor ihrem inneren Auge haben. Für sie ist der Zahlenstrahl keine bloß abstrakte Idee, sondern eine sinnlich fassbare Vorstellung: ein abschreitbarer Zahlenraum, eine oftmals bunte numerische Landkarte, die individuell unterschiedliche Formen annehmen kann. Der Synästhesieforscher Cretien van Campen erläutert in *The Hidden Sense* die Vielfalt solcher Zahlenformationen, die ihm Synästhetiker schilderten: „Sie beschreiben prächtige Bilder von treppenartigen, im Uhrzeigersinn verlaufenden, spiralförmigen oder abfallenden Zahlenfolgen, manchmal bis ins Unendliche reichend, manchmal Schleifen drehend wie eine Achterbahn, die an ihren Ausgangspunkt zurückkehrt."

Als Erster hatte 1880 der britische Forscher Francis Galton solche Zahlenbilder untersucht. Galton, ein Cousin Charles Darwins, war ein umtriebiger viktorianischer Gelehrter, der nicht nur wichtige Beiträge zu Meteorologie, Statistik und Psychologie leistete und als Begründer der Eugenik später in Verruf geriet, sondern beispielsweise auch das Verfahren des Fingerabdrucks als Mittel zur Feststellung der Identität erfand und alle möglichen Phänomene durch Zählen und Messen auf ihren statistischen Begriff zu bringen versuchte. Er sammelte eine Vielzahl von Berichten über die eigentümliche visuelle Wahrnehmung von Zahlen und ließ die von ihm Befragten Zeichnungen anfertigen. So schrieb ihm George Bidder, Sohn eines berühmten Rechenkünstlers: „Jede Zahl (zumindest innerhalb der ersten Tausend, danach fungieren die Tausender als Einheiten) wird von mir immer an ihrem eigenen, bestimmten Ort in der Reihe vorgestellt, wo sie, wenn ich so sagen darf, ihr Zuhause und ihre Persönlichkeit hat." Der Zahlenstrahl auf seiner mitgelieferten Zeichnung beginnt rechts – es gibt also Ausnahmen zu Dehaenes Links-Rechts-Schema – mit der 1 und bewegt sich dann zunächst kreisförmig im Uhrzeigersinn bis zur 12 und windet sich dort leicht ansteigend nach links. Bei 50 erreicht die Linie ihren Scheitel und fällt dann wieder sanft nach unten ab, um bei der 100 einen weiteren kreisförmigen Bogen zu schlagen.

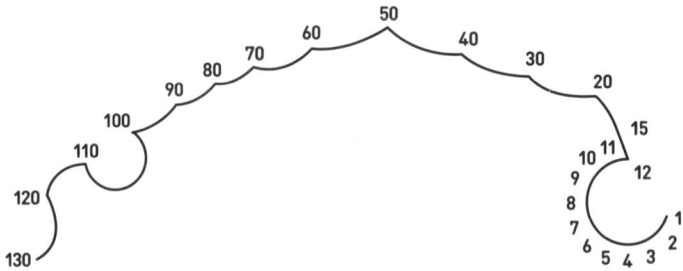

Oft erscheint die Zahlenfolge nicht nur als girlandenförmige Lichterkette oder als dreidimensionaler Tunnel, wie wir nicht-synästhesiebegabten Menschen sie nur aus Computerspielen oder Erfahrungen mit psychedelischen Drogen kennen, die einzelnen Zahlen haben zusätzlich auch noch unterschiedliche Farben. Das Farbensehen, also die Verknüpfung von Zahlen oder Buchstaben mit Farben, gehört zu den häufigsten Synästhesien. Ein typischer Fall ist Katrin Müller, Dramaturgin am Maxim Gorki Theater in Berlin, die uns erzählt: „Die Ziffern 0 bis 9 erscheinen vor meinem inneren Auge, seit ich denken kann, in diesen Farben: 0 = Hellgrau/Transparent, 1 = Weiß, 2 = Gelb, 3 = Orangerot, 4 = Tiefblau, 5 = Hellblau, 6 = Hellbeige, 7 = Braun, 8 = Dunkelblau, 9 = Sandfarben/kräftiges Beige. Und alle Zahlenverbindungen erscheinen dann eben als entsprechende Kombinationen dieser farbigen Ziffern."

Damit verteilt sie die Farben ziemlich genau nach einem Schema auf die Zahlen, das sich auch bei vielen anderen Synästhetikern findet. „Die meisten Menschen verknüpfen Schwarz und Weiß mit 0 und 1 oder 8 und 9, Gelb, Rot, und Blau mit kleinen Zahlen wie 2, 3 und 4, Braun, Purpur und Grau dagegen mit größeren Zahlen wie 6, 7 und 8", notiert Stanislas Dehaene.

Warum genau diese Farben so häufig mit den jeweiligen Ziffern korrespondieren, ist unklar. Wie so vieles bei der Synästhesie, die trotz Galtons frühen Untersuchungen erst in den vergangenen zwei Jahrzehnten intensiver erforscht worden ist und noch immer viele Rätsel aufgibt. Selbst über die Verbreitung von Synästhesien herrscht Uneinigkeit. Schätzungen über die Anzahl der Synästhetiker reichen von weit unter einem Prozent bis zu zehn Prozent aller Menschen. Auch mit den Ursachen tun sich die Neurologen schwer. Van Campen zählt allein sieben unterschiedliche Theorien auf, die derzeit im Rennen sind.

Die meisten dieser Erklärungsansätze sind sich zumindest darin einig, dass die für die Verarbeitung von Sinnesdaten zuständigen Neuronen in den Gehirnen von Synästhetikern irgendwie anders verschaltet und untereinander stärker vernetzt sind. Synästhetikergehirne laufen mit DSL, während die meisten Menschen mit Analog-Modems vorliebnehmen müssen, illustriert der Psychiater und Synästhesieexperte Markus Zedler den Unterschied Anfang 2011 in der Zeitung *Die Welt*. Und fügt im Hinblick auf die häufig stark ausgeprägte kreative

Begabung von Synästhetikern hinzu: „Ihre Kunst ist facettenreicher, blumiger, weil sie sie emotional stärker erleben."

Dehaene vermutet als Ursache für die farbliche oder räumliche „Ausschmückung" unserer Zahlenvorstellung die evolutionäre Entwicklung von sogenannten kortikalen Karten für Raum, Zahlen und Farben im Gehirn. Bei einigen Personen sind diese Bereiche nicht wie bei den meisten fein säuberlich getrennt, sondern überlappen sich, was dann zu den geschilderten synästhetischen Effekten führt.

Das Phänomen erschöpft sich nicht in der farblichen Ausgestaltung und räumlichen Verortung von Zahlen. Bei einigen Synästhetikern lösen Zahlen Assoziationen aus, die weit über solche grundlegenden Sinnesempfindungen hinausgehen. Schon bei Galton findet sich die folgende bemerkenswerte Schilderung einer Person, die seit ihrer Kindheit die Zahlen als Persönlichkeiten charakterisiert: „9 ist ein wundervolles Wesen, vor dem ich beinahe Angst hatte. 8 hielt ich für seine Frau, und es schien immer passend, dass 9 x 9 so viel mehr ist als 8 x 8. 7 ist wieder maskulin. 6 hat kein bestimmtes Geschlecht, ist aber sanft und aufrichtig; 3 eine schwächliche Ausgabe der 9 und im Allgemeinen fies; 2 jung und munter; 1 ein gewöhnliches Arbeitstier. In diesem Stil bestand das gesamte Einmaleins aus Handlungen menschlicher Personen, die ich mochte oder nicht mochte und die, wenn auch nur vage, menschliche Form besaßen."

Mein Freund, die 4

Auch Daniel Tammets Kopf ist bevölkert von bunten Zahlenwesen, die alle ihren eigenen Charakter haben: „Zahlen sind meine Freunde, und sie sind ständig um mich. Jede ist einzigartig und hat ihre ganz eigene ‚Persönlichkeit'. Elf ist freundlich und Fünf ist laut, während Vier still und schüchtern ist – sie ist meine Lieblingszahl, vielleicht weil sie mich an mich selbst erinnert. Einige Zahlen sind groß, wie 23, 667, 1179, andere klein, wie 6, 13, 581. Einige sind schön, wie 333, und einige hässlich, wie 289. Für mich ist jede Zahl etwas Besonderes."

Daniel Tammet ist kein gewöhnlicher Synästhetiker, sondern unter diesen besonders begabten Menschen ein ganz spezieller Fall. Er leidet unter dem Asperger-Syndrom, einer milden Form von Autismus.

Und er ist ein Savant. Das Savant-Syndrom, im Deutschen spricht man auch von Inselbegabung, ist äußerst selten, von den sogenannten Super-Savants sind weltweit kaum mehr als einhundert Fälle bekannt. Savants sind in einem engen Bereich zu außergewöhnlichen kognitiven Spitzenleistungen fähig, was diese Superspezialtalente in der Regel mit Handicaps auf anderen, meist alltagsrelevanteren Feldern bezahlen. Manche Savants können in Sekundenbruchteilen zu jedem beliebigen Datum den jeweiligen Wochentag nennen, und zwar auch zu Daten, die Hunderte von Jahren in der Vergangenheit oder in der Zukunft liegen. Andere können ein Musikstück nach nur einmaligem Hören fehlerfrei nachspielen. Manche von ihnen haben ein fotografisches Gedächtnis oder sind in der Lage wie etwa der 2009 verstorbene Kim Peek – das Vorbild für Raymond Babbitt im Film *Rain Man* –, den Inhalt von Tausenden von Büchern Wort für Wort wiederzugeben. Die meisten sind entweder autistisch oder haben andere zerebrale Schädigungen. Viele von ihnen können kaum sprechen, wohingegen andere, darunter auch Tammet, Meister im raschen Erlernen von Sprachen sind. Die meisten haben große Probleme mit den gängigen Routinen sozialer Interaktion und leben in ihrer eigenen Welt. Tammet gehört zu den wenigen, die über ihre Wahrnehmungen und Fähigkeiten reflektieren und diese kommunizieren können, was er in seiner Autobiografie *Elf ist freundlich und Fünf ist laut* eindrucksvoll unter Beweis stellt.

Für Tammet haben Zahlen reiche sinnliche Qualitäten, die einen ganzen Gefühlsraum aufspannen. Bei ihm sind alle Synästhesieregler auf Anschlag gedreht: Die 5 ist wie ein Donnerschlag oder wie gegen Felsen anbrandende Wellen, die 37 nimmt er als klumpigen Porridge wahr, und bei der 89 denkt er an fallenden Schnee. Die Primzahlen erkennt er sofort an ihrem Erscheinungsbild, sie haben für ihn die Gestalt von runden Kieselsteinen, während alle anderen Zahlen ihm eher rasterartig erscheinen. Manchmal erinnern ihn auch Menschen an bestimmte Zahlen. So sagte er in einem Interview zum amerikanischen Talkshow-Host David Letterman, dieser sehe aus wie die 117, groß und schlaksig.

Der synästhetische Farben- und Formenreichtum der Zahlen ist für Tammet nicht verwirrend, im Gegenteil: Er schafft Übersicht. Gerade sein komplexer Umgang mit Zahlen befähigt ihn zu mathematischen und mnemotechnischen Höchstleistungen. 2004 gab er in einem fünfstündigen Marathon die ersten 22.514 Nachkommastellen der Kreiszahl Pi wieder, die er zuvor in weniger als drei Monaten auswendig gelernt hatte, und stellte damit einen neuen Europarekord auf – den gegenwärtigen Weltrekord hält laut Guinness-Buch der Chinese Lu Chao mit 67.890 Stellen, und einen inoffiziellen Rekord erreichte 2006 der Japaner Akira Haraguchi, der sogar auf 100.000 auswendig aufgesagte Ziffern gekommen sein soll. Die Zahlenlandschaft aus Mustern, Farben und Formen, die Tammets Gehirn unwillkürlich formt, dient ihm als Gedächtnisstütze: „Um jede Ziffer zu erinnern, vollziehe ich einfach die unterschiedlichen Formen und Texturen in meinem Kopf nach und lese aus ihnen die Zahlen heraus."

Wie kommt es zu dieser „winzigen Insel von Genie in einem Meer der Inkompetenz", wie Dehaene die Disposition der Savants beschreibt? Den Neurologen fällt es schwer, den jeweiligen Anteil von genetischen Faktoren, Umweltbedingungen und individuellen Lernleistungen von Savants genau zu bestimmen. Ein eindeutig identifizierbares „Mathe-Gen" als alleinige Ursache scheidet wohl aus. Vielmehr, so vermutet Dehaene, führen die ausgeprägten Gedächtniskapazitäten im Zusammenspiel mit der Fähigkeit zu extrem fokussierter Konzentration dazu, dass die mathematischen Wunderkinder sich ihre Leistungen in einem jahrelangen Übungsprozess aneignen. Schließlich wird jemand, der sich über Jahre äußerst intensiv mit Kalenderdaten oder Zahlenfolgen beschäftigt, diese irgendwann so gut kennen, dass er sie nicht nur seine Freunde nennt, sondern alle möglichen Muster und Beziehungen zwischen ihnen blitzartig erkennen kann.

Und dann ist da noch der 1867 geborene Italiener Jacques Inaudi, der im 19. Jahrhundert als größtes Rechengenie aller Zeiten galt – ein Schäfer, der seine ausreichend vorhandene Zeit auf das unablässige Zählen von Schafen, Kieseln oder Schritten verwendete und so zu einem ausgezeichneten Kopfrechner wurde. Überhaupt sind Schäfer nach jahrelangem Training dazu in der Lage, mit einem Blick zu bemerken, wenn in ihrer Herde ein Schaf fehlt. Ob sie allerdings auch die Anzahl der Schafe mit einem Blick erfassen können, ohne zu zählen, scheint zweifelhaft. Vielmehr haben sie eine Art intuitives Gespür ausgebildet, weniger für die Zahligkeit ihrer Herde als für die An- oder Abwesenheit jedes einzelnen Schafes.

Auch von Savants wird gerne kolportiert, dass sie eine große Anzahl von Objekten auf einen Blick richtig beziffern können. Populär wurde diese Überzeugung durch eine Episode in *Rain Man*: Als die Kellnerin in einem Lokal eine Schachtel mit 250 Zahnstochern fallen lässt, wirft der von Dustin Hoffman gespielte Autist Raymond nur einen raschen Blick auf die am Boden verstreuten Zahnstocher und murmelt „82 – 82 – 82. Es sind 246." „Pretty close", stellt sein Begleiter Tom Cruise anerkennd fest. Als die beiden schon fast aus der Tür sind, bemerkt die Bedienung, dass vier Zahnstocher in der Packung geblieben sind. Ist es möglich, einen solchen ungeordneten Haufen in ein, zwei Sekunden zu überblicken, drei gleich große Gruppen zu bilden und die Anzahl korrekt zu benennen? Hier scheint die Fantasie mit den Drehbuchautoren durchgegangen zu sein. Selbst Savants können die Wahrnehmungsgrenze der unmittelbaren Erfassbarkeit von Objekten nicht knacken. Augenblickliche Gruppierungen von vier, vielleicht fünf oder sechs Objekten sind möglich, nicht jedoch von 82. Dehaene hat stattdessen eine rationale Erklärung für diese vermeintlich übermenschlichen Fähigkeiten von Zählakrobaten: „Wenn sie schneller zu einem Ergebnis kommen als wir, dann vielleicht deshalb, weil sie alle diese Zahlen blitzartig addieren können, wohingegen wir bestenfalls jeweils in Zweierschritten zählen."

Auch Synästhetiker, Savants und Rechengenies zählen also nur. Doch wir können von ihnen lernen, dass Zahlen niemals nur „nackte Zahlen" sind. Diese Zahlenfreunde besitzen ein eigenes, bei jedem von ihnen anders gefärbtes Sensorium für das, was man vielleicht tatsächlich die „Persönlichkeit" von Zahlen nennen könnte. Ein solches Gespür mag den meisten Menschen fremd erscheinen, und es lässt sich kaum simulieren. Aber auch wenn uns die Fähigkeit zur außergewöhnlichen Zahlenwahrnehmung fehlt, so ist es doch faszinierend, sich dieser besonderen Seite der Sprache der Zahlen anzunähern.

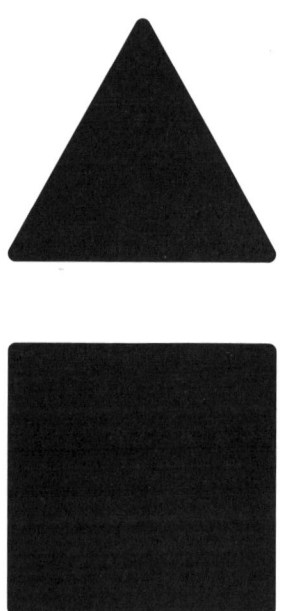

V.
Gerade oder Ungerade?

Große Blumen schenkt man in ungerader Zahl, das weiß jeder fach-kundige Florist und jede parkettsichere Hausfrau. Woher dieses Gebot stammt, ist unklar, aber vermutlich waren es die Adepten des Freiherrn von Knigge, die im Geiste seines Manierenkanons erstmals Verbind-lichkeit auch in diesem regulierungsbedürftigen Lebensbereich stif-teten. Auf der Website Knigge.de jedenfalls findet sich der Hinweis: „Blumen sind ein sehr übliches und unverfängliches Mitbringsel [...]. Bei Sträußen einer oder zweier Sorten achtet man darauf, dass eine ungerade Anzahl gewählt wird, wobei die Zahl 13 vermieden werden soll." Dass die Zahl 13 zu vermeiden ist, erklärt sich natürlich aus landläufigem Aberglauben. Interessanter wäre eine Begründung für das Beharren auf der ungeraden Anzahl, die der digitale Knigge jedoch verweigert.

Ein Hinweis findet sich auf der Website Wer-weiss-was.de, wo eine Lisa schreibt: „Die Regel, dass man große Blumen in ungerader Zahl schenkt, liegt in der Ästhetik begründet. Eine ungerade Zahl von Blumen lässt sich besser in der Vase arrangieren." Auf Gutefrage.net fällt die Begründung der Laien-Experten ähnlich aus: „Drei Baccara-Rosen gehen gut, vier sind seltsam :-)". Gefühlt sicher richtig, trotz Smiley, aber warum ist das so? Im Standardwerk *Florales Gestalten* von Dr. Karl-Heinz Deutschmann und Horst Hempel aus der Spätphase der DDR findet sich auf den ersten Blick zwar kein Hinweis zu den Gründen der ungeraden Stückzahl, dafür aber schöne Stilblüten wie diese: „Der im Strauß erkennbare Charakter einer Blumengemein-schaft muss in der Vasenfüllung erhalten bleiben." Unter dem Stich-wort „Ordnen der Blumen in der Vase" wird jedoch die Bedeutung der Mittelblume hervorgehoben: „Man beginnt am Rand mit den Außenblüten, die einen offenen Trichter in der Vase bilden. In die sich im Gefäß kreuzenden Stiele lassen sich vorsichtig die inneren Blumen einführen. Eine besonders schöne Blume schließt die Füllung in der Mitte ab." Stellt man sich den Strauß in die zweidimensionale Fläche projiziert vor, liegt es auf der Hand, dass sich eine ungerade Zahl für das Arrangement um eine prominente Mittelblume herum besser eignet als eine gerade.

Blumen sind prototypisch für Dinge, die besonders durch ihr Auftreten in größerer Stückzahl psychologische Wirkung entfalten. Man kann sogar sagen, das ist ihr einziger Job, denn wozu sind Blumen sonst da? Deshalb ist das Problem der zu verschenkenden Anzahl keineswegs banal, sondern führt zur Frage, welche unterschiedlichen Erlebnisqualitäten verschiedene Quantitäten beim Betrachter hervorrufen. Zwar lassen sich subjektive Erlebnisqualitäten – die Erkenntnisphilosophie spricht hier von „Qualia" – nicht erfassen oder gar vergleichen: Wir können einem Blinden nicht erklären, wie es ist, die Farbe Rot zu sehen, und wir können nicht wissen, wie es ist, eine Fledermaus zu sein. Kurz: Soviel wir auch darüber sagen können, wie Sinneseindrücke entstehen, können wir doch nichts darüber sagen, wie genau sie sich für jemand anderen anfühlen. Also können wir auch nicht wirklich beschreiben, wie es sich für jeden Einzelnen anfühlt, fünf, sechs oder sieben Blumen, Äpfel oder Kiesel zu sehen. Aber wir

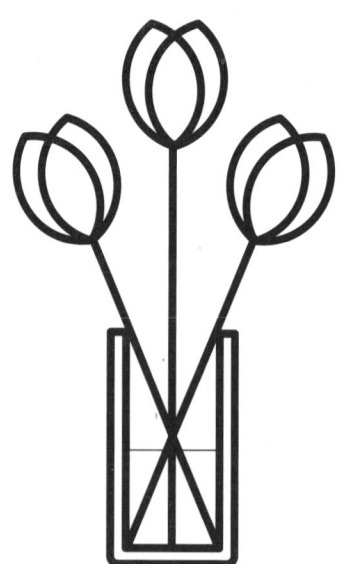

können trotzdem bestimmte Gesetzmäßigkeiten und Muster der Gestaltung ausmachen, die sich aufgrund ihrer intersubjektiven Wirkung durchgesetzt und bewährt haben. Gerade oder ungerade – diese Frage zielt ebenso ins Zentrum grundsätzlicher Gestaltungsüberlegungen wie die nach der Wirkung von Symmetrien und den elementaren Bausteinen von Ordnung und Harmonie.

3, 5, 7 gehen immer

Was für Blumen gilt, trifft offensichtlich auf viele Dinge zu, die in ihrer räumlichen und zeitlichen Anordnung einen harmonisch ausgewogenen Gesamteindruck vermitteln wollen. Meist wird der ungeraden Anzahl der Vorzug gegeben. In gehobenen Restaurants finden wir bei Menüs häufig die Auswahl zwischen drei, fünf oder sieben Gängen, nur selten sind es vier oder sechs. Ein japanisches Haiku-Gedicht besteht aus drei Zeilen mit fünf, sieben und wieder fünf Lauteinheiten. In Goethes *Wahlverwandtschaften* findet sich der Vorschlag, die Ehe per Gesetz auf fünf Jahre zu beschränken, versehen mit der Begründung, es sei dies „eine schöne, ungrade, heilige Zahl". Don DeLillo schildert dagegen in *Weißes Rauschen* folgende nächtliche Panikattacke: „Schweiß tropfte an meinen Rippen hinunter. Die Digitalanzeige meines Radioweckers stand auf 3:51. Immer ungerade Zahlen zu solchen Zeiten. Was bedeutet das? Ist der Tod ungerade?" Aber das ist eine somnambule Minderheitenposition. Insgesamt überwiegen die positiven Affekte gegenüber ungeraden Zahlen.

Knut Bergmann, der als Grundsatzreferent im Bundespräsidialamt auch Reden für Horst Köhler verfasst hat und an der Hochschule für Technik und Wirtschaft in Berlin Redenschreiben lehrt, gibt zu Protokoll: „Ich bringe den Leuten in meinen Schreib-Seminaren immer bei, entweder drei oder fünf, maximal sieben Argumente und Gliederungspunkte zu verwenden, auf jeden Fall eine ungerade Zahl. Warum, kann ich eigentlich nicht genau sagen, es hat etwas mit der Eingängigkeit zu tun." Andreas Rosenfelder, stellvertretender Feuilletonchef von *Welt* und *Welt am Sonntag*, sekundiert, er stelle jedes Mal, wenn er Einführungen für Artikel texte oder Zitate innerhalb des Textes ausblocken muss, fest: „Ungerade Zeilenzahlen sehen einfach besser aus als gerade. Ich versuche immer, auf drei oder fünf zu kommen, statt auf vier oder sechs." Und Ulrich Bentele, der für die *Tagesschau* und die Talk-Sendung *Anne Will* Einspielfilme produziert, berichtet aus dem Fernseh-Alltag: „Eine Sequenz hat entweder drei oder fünf Bilder, nicht vier. Drei Bilder braucht man, um eine Szene zu etablieren. Danach hat der Mensch das Gefühl, einen Ort erfasst zu haben, und kann sich den Rest dazudenken."

In der Dramaturgie findet sich dieses Muster wieder. Der klassische Aufbau des Dramas gliedert sich nach Gustav Freytag in fünf Akte: Einleitung (Exposition), Steigerung (Eskalation), Höhepunkt (Peripetie), Umkehr (Retardation) und Schluss (Katastrophe). Das Ganze basiert allerdings auf einer Dreiecks-Struktur, die sich aus steigender und fallender Handlung ergibt. Deshalb müssen die fünf Akte nicht immer als solche ausgewiesen sein, wie Freytag 1863 in seinem Buch *Die Technik des Dramas* schreibt: „Immer müssen die drei Momente: Beginn des Kampfes, Höhepunkt und Katastrophe, sich stark voneinander abheben, die Handlung lässt sich dann in drei Akten zusammenfassen. Auch bei der kleinsten Handlung, welche in einem Akte verlaufen kann, sind innerhalb desselben die fünf oder drei Teile erkennbar."

Beim heutigen Kinofilm ist der Aufbau mit Haupt- und Nebenhandlung naturgemäß komplexer und die schematische Struktur dadurch verwischt. Laut Drehbuch-Guru Syd Field, an dessen vereinfachten Bauplänen aus den 1970er Jahren sich Generationen von Drehbuchschreibern abgearbeitet haben, folgen aber auch erfolgreiche Hollywood-Streifen letztlich einer 3-Akt-Struktur – wie das antike Drama bei Aristoteles. Ähnliche Baupläne existieren für TV-Movies, die in den USA traditionellerweise hübsch übersichtlich in sieben Akte gegliedert werden. Auch wenn viele Drehbuchautoren sich über derartige Patentrezepte hinwegsetzen, die sie für unterkomplex und nicht mehr zeitgemäß halten, entspricht solch ein klassischer Aufbau doch am ehesten den Sehgewohnheiten und wird daher vom Publikum zumindest nicht als störend oder irritierend empfunden.

Bei der Unternehmensberatung Roland Berger gilt, wie in vielen Agenturen, eine Art ungeschriebenes Gesetz: die 3-5-7-Regel – nicht zu verwechseln mit der gängigen Regelung in Mietverträgen, wonach alle drei Jahre Küche und Bad renoviert werden müssen, alle fünf Jahre Wohn- und Schlafräume und alle sieben Jahre die Nebenräume wie

Flur oder Keller. Gemeint ist, dass sich alle Konzepte, die Kunden präsentiert werden, in drei, fünf oder sieben Punkte, Sinnabschnitte oder Einzelaspekte gliedern lassen sollten. Bei komplexerer Materie dürfen es auch einmal zehn sein, aber gemäß dem Berater-Grundsatz „Keep it simple!" bleibt das die Ausnahme. Und was nicht passt, wird passend gemacht. So wird man auf einem Berater-Chart also höchstwahrscheinlich drei, fünf oder sieben Bulletpoints finden, wobei der wichtigste Punkt nach Möglichkeit in der Mitte zu stehen hat.

Was hat es also auf sich mit den kleinen ungeraden Zahlen? Warum glaubte Vergil, dass Gott sich der ungeraden Zahlen erfreue, und warum war Shakespeare überzeugt, dass in ihnen das Glück liege? Für Pythagoras und seine Schüler waren das Gerade und das Ungerade die beiden Elemente oder Ursubstanzen der Zahlen. Der Unterschied zwischen beiden war für sie sehr viel fundamentaler als der zwischen einzelnen Zahlen. Bei den Pythagoräern haben die geraden Zahlen eine Verbindung zum Unendlichen, die ungeraden stehen für das begrenzende Prinzip, das Endliche. Diese Unterteilung lässt sich einreihen in eine von Aristoteles notierte Liste von Gegensatzpaaren, von denen er sagt, dass sie als oppositionelle Prinzipien den gesamten Kosmos strukturieren.

Daraus lässt sich auch eine Verbindung zu den beiden Geschlechtern ableiten, wobei die gerade Zahl mit dem Weiblichen, die ungerade mit dem Männlichen assoziiert wird. Kein Wunder, dass die Sympathien im Patriarchat der alten Griechen eher den ungeraden, also männlichen Zahlen galten und sie auf der Liste der Urbegriffe in direkter Verbindung etwa zum Licht und dem Guten standen – gegenüber der Dunkelheit und dem Schlechten.

Ganz ähnliche, wenngleich etwas differenziertere Assoziationen hegten die alten Chinesen, die sich ebenfalls frühzeitig mit den Sex- und Gender-Aspekten der Zahlen auseinandersetzten, wie Marcus du Sautoy schreibt: „Sie glaubten, dass jede Zahl ihr eigenes Geschlecht hatte – gerade Zahlen waren weiblich, ungerade männlich." So weit deckte sich ihre mit der griechischen Vorstellung, jedoch kamen hier zusätzlich noch die Primzahlen ins Spiel: „Sie stellten fest, dass einige ungerade Zahlen ziemlich spezielle Eigenschaften besaßen. 15 Steine lassen sich als drei Reihen zu je fünf Steinen zu einem hübschen Rechteck arrangieren. Mit 17 Steinen kann man dagegen kein regelmäßiges Areal aufspannen: Alles, was man damit tun kann, ist, sie zu einer geraden Linie auszulegen. Für die Chinesen waren Primzahlen deshalb die echten Machos unter den Zahlen. Ungerade Zahlen ohne Prim-Eigenschaft erschienen ihnen dagegen, obwohl sie männlich waren, eher als verweichlicht."

Damit ließe sich entschlüsseln, warum im Zahlenraum bis 10 ausgerechnet die 3, 5 und 7 eine so exponierte Stellung innehaben. Die 2 scheidet aus, weil sie als einzige Primzahl gerade ist. Die 9 hingegen, das Weichei, zerlegt sich beim ersten Anblick wie von selbst in drei 3er-Bündel. Aber woher kommt überhaupt diese Zuschreibung von Geschlechtlichkeit? Plastisch bis drastisch erläutert der griechische Philosoph und Dichter Plutarch ein paar hundert Jahre nach Pythagoras und Aristoteles, warum gerade gleich XX, ungerade gleich XY sein soll: „Denn bei der Zerlegung der Zahlen in gleiche Teile zerfällt die gerade Zahl ganz und hinterlässt gleichsam in sich einen empfängnisfähigen Schoß, einen Freiraum; bei der gleichen Operation mit der ungeraden Zahl bleibt immer in der Mitte der Teilung ein Glied zurück, wonach sie also zeugungskräftiger ist als die andere."

Der US-Ethnologe Alan Dundes, der seine Zunft zeitlebens mit kontroversen Thesen aufmischte, vermutet sogar, dass diese Tiefenpsychologie schon in der arabischen Ziffer 3 schlummert: Wenn man sie im Uhrzeigersinn um 90 Grad drehe, erinnere sie an Phallus und Hoden und diene dadurch als universelle Chiffre verschärfter Maskulinität. Schützenhilfe erhält er von keinem geringeren als Sigmund Freud, der in seiner *Traumdeutung* lapidar feststellte: „Die Dreizahl ist übrigens ein mehrseitig sichergestelltes Symbol des männlichen Genitales."

Der Germanist Jochen Hörisch hat viel zu den verborgenen Zahlenkonstellationen in der Literatur geforscht. Was das Geschlechterverhältnis der Zahlen angeht, ist er sich weitaus weniger sicher: „Die 3, das Dreieck, hat eine Verbindung zur weiblichen Scham, während die 4 oftmals die männliche Rationalität verkörpert. Andererseits ist die heterosexuelle Liebe immer dual, die *Folie à deux*, die Freundschaft unter Männern dagegen immer eine Dreieckskonstruktion, die entsprechend bedroht und von Eifersüchteleien gekennzeichnet ist. Wir dürfen nicht vergessen, dass auch Vater, Sohn und heiliger Geist letztlich eine männliche Dreiecksbeziehung bilden. Das Schöne am Erzählen mit Zahlen ist, dass am Ende immer die Interpretation bleibt."

Lassen wir also präpotente Männerfantasien und psychoanalytische Spekulationen beiseite, dann erkennen wir hier den Schlüssel für die ästhetischen Vorzüge der ungeraden Zahlen: Wie beim Blumenstrauß kommt es darauf an, dass die Mitte kein leeres Zentrum ist. Zwar lässt sich auch eine gerade Anzahl symmetrisch ordnen, die Zweiteilbarkeit ist ihr ja quasi eingeschrieben. Aber die Wirkung der Symmetrie wird verstärkt durch einen Schwer-, Dreh- und Angelpunkt, um den herum sich das ganze System arrangiert. Erik Spiekermann, der schon in seinem ersten Layoutkurs gelernt hat, dass in der typografischen Gestaltung 3 besser sei als 4, und 5 besser als 6, beschreibt das aus seiner Praxis heraus so: „Ungerade ist viel rhythmischer zu machen. Die ungerade Zahl wirkt viel symmetrischer, weil sie eine dominante Mitte hat. Klar kann man 4 in 2 und 2 aufteilen, aber dann hat man wieder keine Priorität. Die Mitte ist ja nicht nichts, sie ist ja etwas. Ein Dach hat ja auch einen Giebel, damit das Wasser runterlaufen kann. Deshalb ist in der euklidischen Geometrie auch das Dreieck die erste Figur, nicht das Quadrat. Die 4, das ist ja eigentlich ein Haus mit Flachdach. Deshalb würde ich immer auf 5 aufrunden."

Entgegen der volkstümlichen Redewendung ist unter Gestaltern also eher der Impuls verbreitet, auch mal 4 oder 6 ungerade sein zu lassen, um eine echte Mitte zu erzeugen. Egal, ob man diese nun metaphorisch als Glied oder Giebel interpretiert, leitet sich daraus auch her, warum man in Listen und auf PowerPoint-Charts dem mittleren Element besondere Aufmerksamkeit schenken sollte.

In seiner Mustertheorie identifiziert der Architekt und Philosoph Christopher Alexander „starke Zentren" als eine der 15 Eigenschaften, die lebendige oder lebendig wirkende Systeme vom Zellkern bis zum Sonnensystem kennzeichnen. Zudem seien diese Systeme häufig durch einen hohen Grad lokaler Symmetrie gekennzeichnet. Nun ist Symmetrie längst nicht das maßgebliche Bauprinzip in der Gestaltung und kann mitunter sogar etwas langweilig und einfallslos wirken. Als dunkle Materie ist sie aber im Hintergrund wirksam und erklärt die geheimnisvolle Gravitation der kleinen ungeraden Primzahlen.

3 rules!

Die elementarste Form einer um eine Mitte herum gebauten Symmetrie ist die 3. „Nichts ist bedeutender als die Dazwischenkunft eines Dritten", heißt es in den *Wahlverwandtschaften*. Die ursprüngliche Symbiose von Eduard und Charlotte wird gestört, als der Hauptmann Otto ins Spiel kommt. Erst als später Ottilie hinzustößt, löst sich die spannungsreiche Konstellation in einer Viererbeziehung über Kreuz auf. „Dominant ist eindeutig die Dreierzahl", meint Jochen Hörisch, der den Roman daraufhin einmal durchforstet und erstaunlich viele Bezüge gefunden hat. Auch Dantes *Göttliche Komödie* wimmelt von der 3, die hier einen eindeutigen Bezug zum Göttlichen hat. Die drei Jenseitsreiche spiegeln sich in den drei Teilen des Werkes, die jeweils in 33 Gesänge untergliedert sind.

In der Kunstgeschichte entspricht dieser symbolischen Dreierordnung das Triptychon. Seit dem Mittelalter finden sich dreiteilige Altäre in Kirchen von Spanien und Italien bis nach Deutschland und in den Niederlanden. Und bis heute erzeugt allein schon das dreigeteilte Tafelbild eine Aura des Sakralen, selbst wenn gar keine christlichen Motive abgebildet sind. In der modernen und zeitgenössischen Kunst fungiert es als „Spiritualitätszentrifuge", wie der Kunstkritiker Peter Richter anlässlich einer Ausstellung über das Triptychon Anfang 2009 im Kunstmuseum Stuttgart in der *Frankfurter Allgemeinen Zeitung* schreibt: „Man hat das Triptychon in der Moderne als einen Altar ohne Gott bezeichnet und es als Warburgsche Pathosformel gedeutet. Man könnte sie sogar Pathos-Pumpen nennen: Die Dreiteilung hebt selbst Triviales auf die Ebenen höherer Bedeutsamkeit."

Natürlich speist sich die sakrale Aufladung der 3 im Westen aus der christlichen Dreifaltigkeit oder Dreieinigkeit. Diese Novität im Religionsdesign, drei identitätsstiftende Charaktere – Vater, Sohn und heiligen Geist – so zu einem höheren Wesen zu amalgamieren, dass sie gleichzeitig identisch sind und doch identifizierbar bleiben, ist wohl einer der zentralen Kunstgriffe des Christentums. Stiftete es doch eine monotheistische Religion, die nicht gleichzeitig monoton war, sondern von Anfang an Stoff für endlose theologisch-ontologische Disputationen lieferte, wie das mit der göttlichen Trinität nun genau funktioniere. „Dass Vater und Sohn Eines waren, war sowohl aus numerischen als auch philosophischen Gründen fragwürdig", schreibt Vincent F. Hopper in *Medieval Number Symbolism*. „Aber Vater, Sohn und Heiliger Geist waren fraglos Eins eben dadurch, dass sie drei waren." Man muss das nicht unbedingt verstehen, um vom Konzept der göttlichen 3 ergriffen zu sein – so wie Ignatius von Loyola, Gründer des Jesuiten-Ordens, von dem Schimmel und Endres kolportieren, er habe „jedesmal Tränen vergossen, wenn er eine Dreizahl oder etwas Dreifaches bemerkte, da ihn das an die Dreifaltigkeit erinnerte".

Nicht nur im Christentum taucht die 3 als religiöse Schlüsselzahl auf. Die mythologische Tradition des nördlichen Sibiriens, die bis zu den eiszeitlichen Jägern und Sammlern zurückreicht, kennt eine Trinität bestehend aus Mutter Sonne, Gevatter Bär und den Wasservögeln als Mittler zwischen den Welten. Bei den Sumerern standen die Götter Anu, Enlil und Ea für Himmel, Luft und Erde. In den ägyptischen Mysterienkulten bildeten Isis, ihr Gatte Osiris und Sohn Horus die göttliche Familie. Im Hinduismus verkörpern die drei Hauptgötter Brahma als Schöpfer, Shiva als Zerstörer und Vishnu als Erhalter eine Art kosmische Dreieinigkeit. Und nicht nur in der Sphäre des Religiösen, auch in Politik und Staatskunst, Philosophie und Wissenschaft, die ja von der Religion die längste Zeit durchdrungen waren, regiert die 3 seit jeher oder ist zumindest erste Anwärterin auf den Thron im Königreich der Zahlen.

Die Triqueta, ein gleichschenkliges Dreieck, das aus verschlungenen Halbkreisbögen gebildet wird, kommt als Symbol für Vollkommenheit schon vor 5.000 Jahren in der indischen Kunst vor und taucht

später in der heidnisch-germanischen und keltischen Kultur auf, bevor es als Dreifaltigkeits- und damit Ewigkeitssymbol in die christliche Ikonografie integriert wurde.

Das erste Triumvirat, bestehend aus Gaius Iulius Caesar, Gnaeus Pompeius Magnus und Marcus Licinius Crassus konstituierte sich 60 Jahre vor Christus in Rom. Seine Neuauflage als Farce erlebte es 1994 unter dem Namen SPD-Troika und in der Besetzung Rudolf Scharping, Oskar Lafontaine und Gerhard Schröder.

Schon bei den Pythagoräern galt die 3 als die „Zahl des Alls", beruhend auf der Auffassung, das All und alle Dinge seien durch die 3 begrenzt, weil alles einen Anfang, eine Mitte und ein Ende habe. Und es stimmt ja auch: Wohin man schaut, scheint die Welt in Dreier-Ordnungen zu zerfallen oder sich daraus zusammenzusetzen: Wasser und die allermeisten chemischen Elemente kommen in den Aggregatzuständen fest, flüssig oder gasförmig vor. Das Militär operiert zu Lande, zu Wasser und in der Luft. Die Grammatik der meisten Sprachen kennt Subjekt, Prädikat und Objekt. Verben werden in der 1., 2. und 3. Person konjugiert. Die euklidische Geometrie basiert auf Punkt, Linie und Fläche. „Auf die Plätze, fertig, los!", heißt das Startsignal beim Sport. T-Shirts und Streetwear gibt es in in den Basisgrößen S, M und L. Die Mahlzeiten des Tages in einem gutbürgerlichen Haushalt und im Ressorthotel sind Frühstück, Mittagessen und Abendbrot. Damit steht die 3 eben nicht nur für göttliche Vollkommenheit, sondern immer auch für das Essenzielle und Substanzielle, für Vollständigkeit und Richtigkeit.

In Märchen, Folklore und im Aberglauben der westlichen Welt gilt die „rule of three" als allgemeines Bauprinzip, wobei die 3 häufig der Affirmation oder Bekräftigung dient: Der Teufel hat drei goldene Haare, der König hat drei Töchter und die gute Fee drei Wünsche im Angebot. Im Witz treffen sich stets drei unterschiedliche Ethnien, im Kinderlied spielen auf dem Kontrabass drei Chinesen. Alle guten Dinge sind drei, man wünscht Glück mit „Toi, toi, toi!", lässt jemanden dreimal hochleben oder schlägt zur Gefahrenabwehr drei Kreuze. Die amerikanische Website Threes.com unternimmt den Versuch, all diesen Phänomenen der kulturellen Verbreitung von Dreiermustern enzyklopädisch erschöpfend auf den Grund zu gehen – was natürlich an der überbordenden Materialfülle scheitert, aber einige erhellende Hinweise anspült.

In seinem 1968 erschienenen Aufsatz „The Number Three in American Culture" resümiert der Kulturanthropologe Alan Dundes: „Man kann sich Essen, Kleidung, Erziehung, gesellschaftliche Organisation, Religion, Zeit oder irgendeinen anderen Aspekt der amerikanischen Kultur anschauen und wird ausufernde Beispiele für Trichotomien finden. Auch wenn vielen Amerikanern dieses Muster niemals bewusst wird." Bleibt noch zu unterstreichen, dass die Durchdringung der Kultur durch die 3 weder auf Amerika beschränkt ist noch auf Folklore und Populärkultur.

Beim Wort „Triade" denken viele zuerst an die chinesischen Mafia, doch als dreiteilige Grundfigur prägt sie die unterschiedlichsten wissenschaftlichen Disziplinen. Die Psychiatrie unterteilt seelische Erkrankungen nach dem triadischen System in organisch, endogen und psychisch. In der Familientherapie besteht die Triade aus Vater, Mutter und Kind, in der Kriminalistik aus Täter, Opfer und Helfer. Bis zum Aufstieg der Schwellenländer China und Indien fand alles, was in der Weltwirtschaft Bedeutung hatte, innerhalb der Triade statt: in den großen Wirtschaftsräumen Nordamerikas, der Europäischen Union und im industrialisierten Ostasien.

In seiner Untersuchung *Die Zahl Drei und die Soziologie* zeigt der ungarisch-deutsche Soziologe Bálint Balla, wie stark triadische Muster die Wissenschaften durchdringen und so das Denken vorformen. Zu den bekanntesten Konzepten, die das abendländische Denken geprägt haben, gehört in der Soziologie etwa die Dreiteilung der Gesellschaft in Ober-, Mittel- und Unterklasse. In der Nachbarwissenschaft der Psychologie sticht Sigmund Freuds berühmtes Konzept von den drei „Instanzen" des psychischen Apparates heraus, die Stratifikation des Bewusstseins in Es, Ich und Über-Ich. Bis in die Architektur von Einkaufszentren strahlt dieses Modell der drei Ebenen. Im Dezember 2010 schrieb der *Spiegel* über das Erfolgsrezept von ECE, die in ganz Deutschland über 130 Einkaufscenter betreiben, welche immer nach dem gleichen erprobten und gut austarierten Schema dreigeschossig aufgebaut sind: „Die Etagen-Dreifaltigkeit ist eine fast schon magische Zahl geworden."

Mehr noch als das statische 3-Schichten-Modell dominiert das 3-Phasen-Modell der zeitlichen Abfolge, das schon in der Zeitstruktur aus Vergangenheit, Gegenwart und Zukunft angelegt ist. (Interessanterweise taxieren Hirnforscher den Zeitraum, den wir als Gegenwart empfinden, auf drei Sekunden.) Die Hegelsche Dialektik ist als ein solcher Dreischritt aufgebaut: Eine These provoziert als Widerspruch die Antithese, beide verdichten sich auf der nächsthöheren Ebene zur Synthese. Alan Dundes erkennt in der dialektischen Methode ein gängiges Muster: Indem die ursprüngliche Polarität zweier Extreme aufgesplittet und eine versöhnende neue Ebene eingezogen wird, entstehen Trichotomien, also 3er-Raster.

Es gibt einige, die in der Dreiteilung nicht bloß eine heuristische Methode oder kulturelle Konvention sehen, sondern eine Art anthropologische Grundstruktur, nach der das menschliche Bewusstsein funktioniert. Bei den Beratern von McKinsey etwa ist man überzeugt, dass das menschliche Gehirn auf die „rule of three" geeicht ist und Inhalte so am besten konsumiert und verstanden werden. Deshalb wird darauf geachtet, dass alle Präsentationen dreiteilig sind und sich in Schritte gliedern wie „gestern – heute – morgen" oder „Welt – Organisation – Individuum".

Und tatsächlich scheint das menschliche Lernen so zu funktionieren: Erst bei der dritten Wiederholung gehen Lerninhalte ins Langzeitgedächtnis über. Ein einzelnes Ereignis interpretieren wir als Singularität, beim zweifachen Auftreten kann es sich noch um zufällige Koinzidenz handeln, erst beim dritten Mal wird ein Muster erkennbar. Deshalb gilt im Journalismus und in der Trendforschung die Faustregel: „Drei Belege sind ein Beweis." Erst wenn es gelingt, drei unabhängige Beispiele anzubringen, die eine These stützen, überzeugt man das Publikum davon, dass das behauptete Phänomen tatsächlich existiert.

Für den Radiojournalismus, der in besonderem Maße mit der Flüchtigkeit seiner Inhalte zu kämpfen hat, formulierte der erste Direktor von CBS-News, Paul White, deshalb das Dogma dreifacher Redundanz. Die nach ihm benannte White-Regel lautet: „Sag ihnen, was du ihnen sagen wirst, sag es ihnen und sag ihnen, was du ihnen gesagt hast!" – sie wird heute nicht nur von den Nachrichtensprechern auf Deutschlandfunk treu beherzigt, sondern auch als eherner Grundsatz in Rhetorik-Seminaren gepredigt. Generell wird hier gern der Dreisatz zum Bauprinzip erhoben, oftmals mit dem Verweis auf Cäsars berühmten Ausspruch: „Veni, vidi, vici." Nicht nur im einzelnen Satz, auch als Strukturmerkmal großer Reden findet man die 3. Ein jetzt schon legendäres Beispiel dafür ist Steve Jobs' 2005er-Rede an die Stanford-Absolventen, anzusehen auf YouTube. Anhand von drei Schlüsselsituationen aus seinem Leben – „no big deal, just three stories" – vermittelt der Apple-Gründer darin eine ganze Lebensphilosophie der Unangepasstheit und Besinnung auf Wesentliches.

Wie es im Werkzeugkoffer der großen Redekunst eine Drift zur 3 gibt, ist der Dreisatz auch im alltäglichen Gespräch ganz normaler Menschen ein fester Bestandteil. Die 2008 verstorbene US-Linguistin Gail Jefferson, die sich ihr ganzes Leben lang mit der präzisen Analyse alltäglicher Konversationen und deren impliziten Regeln beschäftigte, hat festgestellt, dass Amerikaner andauernd dreifache Wiederholungen zur Bekräftigung verwenden und unbewusst 3er-Listen auch dort konstruieren, wo es sich erst einmal nicht anbietet. „She just kept looking and looking and looking", lautet eines ihrer typischen aus dem Redefluss gefischten Beispiele. Wo bei Aufzählungen wie „friends and family" partout nur zwei Begriffe zur Hand sind, wird so lange gestochert, bis ein dritter gefunden ist, oder einfach mit „or so forth" aufgerundet. Offensichtlich bildet die 3er-Liste eine Art Goldstandard der natürlichen Konversation, von dem nur in begründeten Ausnahmefällen abgewichen wird: Alltägliche Listen etwa „können nicht nur aus drei Teilen bestehen und tun es in der Regel, sie *sollten* es sogar", schreibt Jefferson. Damit ist die 3 nicht nur tief mit unserem Denken, sondern buchstäblich mit der Feinstruktur unseres Alltags verwoben. So tief, dass es mitunter schwerfällt, sich vorzustellen, dass es neben der 3 noch andere Götter unter den Zahlen geben kann.

3 zu 4

Über der Strahlkraft der 3 wird leicht vergessen, dass es sich dabei um Menschenwerk handelt und ihre Vormachtstellung zudem ursprünglich auf den indisch-europäischen Kulturraum beschränkt war. Sie ist keine natürliche Gegebenheit, sondern „Teil der Natur der Kultur", wie Alan Dundes meint. Zudem weist er darauf hin, dass es in der westlichen Kultur durchaus noch andere weit verbreitete „pattern numbers" gibt: die 2, die 7 und die 12 zum Beispiel. Gerade die 2 und mit ihr der philosophische Dualismus und die Dichotomie treten zumindest ebenso deutlich als Grundbaustein der abendländischen

Kultur hervor, wenn man sich gängige Polarisierungen wie Leben/Tod, Körper/Seele oder männlich/weiblich vor Augen führt. Auch die Symmetrien nicht nur des menschlichen Körpers – zwei Arme, zwei Beine, zwei Ohren, zwei Augen – legen nahe, dass der Dualismus das universellere Konzept ist. In der Konsequenz stärkt das auch der 4 den Rücken, die als Quadrat der 2 gleichermaßen ein Hauch von göttlicher Vollkommenheit umweht.

Bei den indianischen Ureinwohnern Amerikas zum Beispiel galt die 4 als magische Zahl, viele ihrer Rituale und Beschwörungsformeln basierten auf der vierfachen Wiederholung. Auch in der abendländischen Tradition gab es immer eine klandestine Subströmung, die die 4 für die eigentlich göttliche oder magische Zahl hielt. Wenn es eine veritable Gegenspielerin der 3 über die Jahrhunderte hinweg gegeben hat, dann war es die 4, die sich nur scheinbar harmlos in ihrer Nachbarschaft aufhält. Vereinfacht gesprochen standen in diesem Konflikt die christlich-philosophischen, aber auch die mathematisch-naturwissenschaftlichen Denker eher auf der Seite der 3, gestützt auf die pythagoräische und platonische Geometrie, während die mystische und alchemistische Fraktion der 4 zuneigte und sich darin unter anderem auf die kabbalistische Tradition berufen konnte. In C.G. Jungs Psychologie beispielsweise, die auf der Theorie des kollektiven Unbewussten, den Archetypen, fußt und aus der Tiefe des esoterischen Mystizismus schöpft, dominieren die 4er-Raster. So setzt sich bei ihm etwa das Bewusstsein aus den vier psychologischen Grundfunktionen Denken, Fühlen, Intuition und Empfinden zusammen.

Zu Beginn der Neuzeit, an der Wende zum 17. Jahrhundert, personifizierte der Streit zwischen dem deutschen Astronomen Johannes Kepler und dem britischen Philosophen Robert Fludd die unversöhnliche Frontstellung von 3 und 4. Kepler gilt als einer der Begründer der modernen Naturwissenschaften, aber steckte selbst noch tief in den hermetischen Glaubensüberzeugungen des Mittelalters. In den von ihm formulierten Bewegungsgesetzen der Planeten, die das kopernikanische Weltbild verfeinerten, erkannte er eine kosmische Harmonie. Die Lösungsformel des Weltgeheimnisses schlummerte demnach in der Geometrie: Die Umlaufbahnen der Planeten korrespondierten mit den fünf vollkommen regelmäßigen Körpern, die Platon ausführlich beschrieben hatte, und die göttliche Dreifaltigkeit spiegelte sich in der Dreidimensionalität des Raumes wider.

Robert Fludd, ein kauziger Engländer adeliger Herkunft und Mitglied des Rosenkreuzer-Ordens, war dagegen überzeugt, die 4 sei die Schlüsselzahl des Universums und „Urquell der ewigen Natur". Als Begründung diente ihm die herausragende Rolle der 4 in der Natur, angefangen bei den vier Jahreszeiten. Besonders die vier Elemente Feuer, Wasser, Luft und Erde, die die Basis aller alchemistischen Transformationen bilden, hatten es Fludd angetan.

Beide waren sich mit Rückgriff auf Pythagoras zumindest darüber einig, dass das Universum aus Zahlen aufgebaut sei, und lasen die Schriften des anderen anfangs mit großem Interesse, konnten sich aber bei der Frage nach der kosmischen Dominanz von 3 oder 4 nicht annähern. Im Gegenteil führte sie sogar zum Zerwürfnis. Kepler, der selbst sein Leben lang am Widerspruch zwischen Mystizismus und Aufklärung laborierte, hielt Fludds Theorien irgendwann für einen hoffnungslosen Fall rückständigen Aberglaubens – und jegliche weitere Beschäftigung damit für Zeitverschwendung. „Ich habe Berge berührt. Es ist ungeheuer, wie viel Rauch sie ausstoßen", notiert Kepler resigniert.

Das Zitat stammt aus dem Buch *137* von Arthur I. Miller, in dem es eigentlich um den Schweizer Physiker Wolfgang Pauli und dessen seltsame Freundschaft mit dem Psychoanalytiker C.G. Jung geht. Im Kapitel „3 oder 4?" erzählt Miller (nicht zu verwechseln mit dem Erfinder der magischen 7!), wie die beiden den alten Streit um die Vorherrschaft der 3 oder der 4 ins 20. Jahrhundert und ins Herz der modernen Quantenphysik trugen. Die spannende Person in dieser Geschichte ist vor allem Wolfgang Pauli, der ohnehin eine schillernde Figur abgab. Neben wichtigen Durchbrüchen in der theoretischen Physik gehen auf ihn sowohl die mittlerweile kanonische Abkanzelung zurück, etwas sei „not even wrong", als auch der Pauli-Effekt, wonach jedes technische Gerät unmittelbar den Geist aufgibt, wenn Pauli sich im selben Raum mit ihm befindet.

Interessant für unsere Belange ist Pauli aber, weil er als Vertreter der modernen Physik eine große Faszination für die Frage der göttlichen Zahl hegte, sich seine Träume von C.G. Jung ausdeuten ließ und die Kontroverse zwischen Kepler und Fludd aufmerksam studierte. „Ich bin ja auf Kepler als Trinitarier und Fludd als Quaterianer gestoßen – und fühlte bei mir selbst, mit deren Polemik, einen inneren Konflikt mitschwingen", schreibt Pauli, und weiter: „Ich habe gewisse Züge von beiden." Für Pauli stellte sich dasselbe Problem wie für Kepler, nur fand er die göttliche Harmonie der Planeten im Atommodell wieder, das nach Niels Bohr ein „Sonnensystem im Kleinen" darstellte. Die 3 tauchte darin als Quantenzahl wieder auf, die den Zustand der Elektronen auf der Außenhülle des Atoms kennzeichnet. Paulis Ausschlussprinzip von 1924 besagt im Groben, dass keine zwei Elektronen in allen Quantenzahlen übereinstimmen können.

Vor dem entscheidenden Schritt und wissenschaftlichen Quantensprung aber schreckte Pauli selbst lange zurück: der Feststellung, dass es vier und nicht drei Quantenzahlen sein müssen, die den Zustand des Elektrons kennzeichnen. Erst durch die Behandlung bei Jung fand er den Mut zu dieser folgenschweren Tat, die einen radikalen Bruch mit der Anschaulichkeit des Bohrschen Miniatur-Sonnensystems bedeutete. Diese zusätzliche – vierte – Eigenschaft wurde später „Spin" genannt, und ihre Entdeckung brachte Pauli den Nobelpreis ein. Paulis wirre Träume, die Jung ausdeutete und die den Physiker zeitweilig fast in den Wahnsinn trieben, steckten „voller Dreiheiten und Vierheiten und anderer Inhalte, die aus der Wissenschaft des 17. Jahrhunderts stammten", und ganz und gar nichts mit moderner Physik zu tun hatten. Vielleicht, spekuliert Miller, hatte Pauli beim Übergang von drei zu vier Quantenzahlen ein ähnliches Empfinden wie zuvor Kepler, „dass er da in etwas hineingetappt ist, das jenseits der Grenzen reiner Naturwissenschaft liegt".

Später spielte noch eine andere kosmische Zahl eine wichtige Rolle im Leben Wolfgang Paulis, deren physikalische Herleitung und Untermauerung ihn bis zum Ende seiner Karriere beschäftigen sollte: Die Feinstrukturkonstante, die die Stärke der magnetischen Wechselwirkung kennzeichnet, beträgt 1/137. Diese Zahl aber stammt aus dem Nichts der theoretischen Physik und hat – abgesehen davon, dass es sich bei der 137 um eine Primzahl handelt – keinen erkennbaren Bezug zur altertümlichen Zahlenmystik. Ironischerweise starb Pauli 1958 in einem Krankenhauszimmer mit der Nummer 137. Wenn man Gott Humor unterstellt, dann ist die 137 als Antwort auf die Frage nach der kosmischen Zahl eine ebenso gut gesetzte Pointe wie Douglas Adams' Antwort auf die Frage nach „dem Leben, dem Universum und dem ganzen Rest", die da lautet: 42 (siehe Kapitel VII).

4 gewinnt!

Natürlich ist die Diskussion um die 3 und die 4, die Frage nach einer göttlichen, in der Natur fest verankerten Zahl, nicht entscheidbar. Vielmehr hat jede Zahl in diesem unteren Bereich ihre markanten Eigenheiten, und eine ergibt sich aus der anderen. Um die Harmonie zwischen den Zahlen von 1 bis 10 und gleichzeitig deren besondere Qualitäten ins Bild zu setzen, hatten die Pythagoräer eine einfache figürliche Anordnung von Zählsteinen. Die Tetraktys (wörtlich: Gruppe von vier) verkörperte für sie „Quelle und Wurzel der ewig strömenden Natur". Ihre Vierstufigkeit – in der ersten Reihe liegt ein Stein, in der zweiten liegen zwei Steine, in der dritten drei und in der vierten vier – markierte für sie die Übergänge von Punkt zu Linie zu Fläche bis zum dreidimensionalen Körper, also jede erdenkliche geometrische Form. Zudem lassen sich die wichtigsten Zahlenverhältnisse an der Tetraktys ablesen, indem man die Zeilen zueinander ins Verhältnis setzt. Zusammengenommen ergeben die Reihen zehn Steine, was die Bedeutung der 10 für die Pythagoräer begründete. Als Kontur bilden die vier Reihen ein gleichschenkliges Dreieck mit vier Steinen als Basis, wodurch sich der Widerspruch von 3 und 4 zur Einheit auflöst. Auch die Bedeutung der 7 lässt sich aus der Tetraktys herleiten, weil sie als Summe aus den letzten beiden Reihen entspringt.

Über die Jahrhunderte hinweg hatte die Tetraktys vor allem Fans im Bereich der Grenzwissenschaften, bei Wunderheilern und Okkultisten. Die Alchemisten beriefen sich ebenso auf sie, wie es heute Astrologen und Anthroposophen tun. Aber nicht nur Esoteriker befleißigen sich

derlei basaler Zahlenspiele, wie sie sich an der Tetraktys vollziehen lassen. Auch viele Größen der Literatur vollführten in ihren Werken numerische Kabinettstückchen und verfügten über ein elaboriertes eigenes Zahlen-Vokabular. In Thomas Manns *Zauberberg* wird die 7 geradezu zum Leitmotiv. Der Roman hat sieben Teile, die Hauptfigur Hans Castorp verbringt am Ende sieben Jahre im Lungensanatorium, in dessen Speisezimmer sieben Tische stehen, und er bewohnt dort Zimmer 34, was als Quersumme ebenfalls 7 ergibt.

Die bereits erwähnten *Wahlverwandtschaften* von Goethe sind minutiös anhand von Dreier- und Viererordnungen durchkomponiert und zudem um die Zahl 18 herum gestrickt, teilweise jedoch so verschlüsselt, dass der Roman regelrecht Züge eines Zahlenrätsels annimmt. Ottilie ist 18 Jahre alt, Eduard, „ein Mann in den besten Jahren", genau doppelt so alt, nämlich 36, was man im Buch aber nicht erfährt und nur durch einige Knobelei herausbekommt. Die zwei Teile haben je 18 Kapitel, macht zusammen 36. Auch die erzählte Zeit umfasst genau 18 Monate, und zu allem Überfluss ist der Roman auch noch 1809 erschienen. „Das hat eine manieristische Durchkonstruiertheit, die dem Wahnsinn nahe ist", befindet Jochen Hörisch, der all diese Bezüge und noch weitaus mehr herausgearbeitet hat und auch eine Erklärung anbietet: „Im Bereich des Nur-Ausgedachten gibt es keine andere Möglichkeit, als Ordnungssysteme zu schaffen. Ein zweites Motiv ist, aufzuzeigen, dass es Gesetzmäßigkeiten im Rücken der Beteiligten gibt, die diesen nicht transparent bewusst werden. Es gibt so etwas wie eine Tiefengrammatik, einen kulturellen Code, der über die Personen der Handlung bestimmt. Für Goethe waren das Zählen und das Erzählen keine getrennten Angelegenheiten."

Goethe, davon ist Hörisch überzeugt, hat trotz seines grundlegend naturwissenschaftlichen Weltbildes diese Zahlentricks nicht als reine Spielerei betrachtet, sondern glaubte zumindest ansatzweise an eine überrationale Schicksalsmacht der Zahlen. So spielte er nicht nur regelmäßig Lotto, sondern bastelte auch an einem Algorithmus, mit dem sich die kommenden Lottozahlen vorhersagen lassen würden – was natürlich nie geklappt hat. „Wir dürfen nicht vergessen", so Hörisch, „dass Goethe auch ein Esoteriker war. Er war Strukturalist und Pathetiker zugleich, der Strukturalismus ist das eigentliche Pathos."

So wie Goethe geht es – mit Abstrichen – vermutlich den meisten Menschen. Das Pathos, die Tiefengrammatik und die Symbolik, die in den Zahlen und Ordnungsrastern schlummern, spüren als Schwundstufe auch diejenigen, die nicht dem numerologischen Aberglauben zugetan sind. Und man muss auch kein Freund der von Mystik und Magie durchdrungenen Archetypen-Psychologie C.G. Jungs sein, um festzustellen, dass es so etwas wie ein „kollektives Unbewusstes" der Zahlen gibt, dass Zahlen Affekte auslösen und jede Zahl Konnotationen, Assoziationen und symbolischen Überschuss mit sich trägt. Die Grenzen zum Irrationalen sind fließend, die Aufladung der Zahlen ist oft willkürlich und nicht frei von Widersprüchen. Bei allen Vorbehalten aus Sicht der strengen Wissenschaftlichkeit, lohnt es sich dennoch, sich dieses untergründige Vokabular der Zahlen anzueignen.

VI.
Vokabular der Zahlen

„Man kann nicht nicht kommunizieren" – dieser berühmte Satz des Kommunikationswissenschaftlers Paul Watzlawick gilt nicht nur für die Sprache, sondern ebenso für den Umgang mit Zahlen. Wenn wir Zahlen benutzen, uns für sie entscheiden oder sie auch nur scheinbar zufällig auswählen, senden wir Signale aus. Nach Ernst Cassirer hat jede Zahl „ihr eigenes Wesen, ihre eigene Natur und Kraft". Wenn sich bestimmte Zahlen als naheliegende Antwort auf bestimmte Problemstellungen anbieten, weil sie einfach so „in der Luft liegen", dann sollten wir zumindest wissen, warum sie das tun. Und vielleicht ist die kontraintuitive Wahl an manchen Stellen ja die bessere, geeignetere, in jedem Fall: überraschendere. Wer den Grundwortschatz der Kommunikation mit Zahlen beherrscht, weiß um deren symbolischen Gehalt, um die Wirkung von zahligen Objekten und die Gestaltung mit Quantitäten. Und jeder sollte zumindest das kleine Einmaleins der Zahlensymbolik beherrschen.

Die 0 und die leere Menge, die sie bezeichnet, sind ein Sonderfall. Eigentlich müssten wir sie ausklammern, denn wo nichts ist, da lässt sich auch nichts ausdrücken oder gestalten. Prominentestes Anwendungsbeispiel für die 0 in der Gestaltung ist deshalb wohl die Doppel-0, die früher in Hotels und schlechten Karikaturen die Toiletten kennzeichnete – und selbst dabei stand die Ziffer im Vordergrund, nicht ihr Zahlenwert. Dabei lässt sich, wie es Robert Kaplan in *Die Geschichte der Null* tut, auf faszinierende Weise nacherzählen, wie die 0 aus Indien erst spät und gegen enorme Widerstände nach Europa gelangte, um dort eine schleichende Revolution anzuzetteln (siehe Kapitel II). Wo die Ziffern über das Stellenwertsystem ins Rutschen gerieten, war nämlich auch die ständisch-hierarchische Ordnung bedroht. Somit deutete die 0 „auf Wandel hin, auf das Ende der langen Erstarrung", schreibt Kaplan und illustriert: „So wie der Raum in der Malerei, der hierarchisch geordnet gewesen war – das heißt, die Größe der Gestalt entsprach ihrer Bedeutung –, bald durch den Fluchtpunkt, eine visuelle Null, in Perspektive gerückt werden sollte, war die Null der Stellenwertschreibung der Vorbote einer Neuordnung des sozialen und politischen Raumes."

Deshalb haftet der 0 in Europa seit ihrem Import etwas Unheimliches und Bedrohliches an, abgesehen davon, dass das Nichts per se bedrohlich ist. Den Mächtigen, Frommen und Obrigkeitshörigen war sie deshalb suspekt, während sie auf die Anhänger des Okkulten und Obskuren von jeher eine magische Anziehung ausgeübt hat: In der Alchemie erscheint das umrandete Nichts als Symbol der ringförmig verlaufenden alchemistischen Transformation, dargestellt in Form eines Drachens, der seinen eigenen Schwanz verschluckt. In C.G. Jungs Traumdeutung wird daraus ein Symbol der Selbstfindung. „Tatsächlich leuchtet der perfekte Ring der Null immer dann vor unseren Augen, wenn wir an unserem Verstand zweifeln", schreibt Robert Kaplan über den abgründigen Charakter der 0. Als „Zahl des weisen Narren" ist sie zur Stelle, „wann immer alte Weisheiten unbändiger leuchten als modernes Wissen; wann immer die kleinlichen Unterscheidungen zwischen den Dingen verblassen und wir gewärtigen, dass alles alles und jedes sein Gegenteil sein kann".

Mehr noch als die 1, die an eine Kerbe erinnert, ist die 0 ein ikonisches Zeichen, indem sie bildlich repräsentiert, was sie bedeutet. Kaplan vermutet, ihre äußere Form stamme von den leeren Vertiefungen in Zählbrettern oder den Mulden ab, die Zählsteine im Sand hinterlassen. Sie verkörpert die Leere, das Loch, das sie später in der Frühphase der Computerisierung und im binären System der Lochkarten auch faktisch wieder wurde. Als Stelle des Nulldurchlaufs hat die 0 damit aber auch eine optimistische Seite. Sie symbolisiert den Neuanfang, das Alles-auf-Null-Setzen, das Betätigen der Reset-Taste. So wie bei der Künstlergruppe Zero, die sich Ende der 1950er Jahre in Düsseldorf formierte, um die Nachkriegskunst von ihrem Ballast zu befreien und noch einmal ganz bei Null anzufangen. In Deutschland verbindet man mit der „Stunde Null" gemeinhin den Gründungsmythos der Bundesrepublik, demzufolge nach Weltkrieg und Nazi-Regime *tabula rasa* herrschte und alle ehemaligen Volksgenossen sich mit 40 DM in der Tasche neu erfinden mussten.

In weiteren Kontexten und Nuancen steht die 0 für Präzision und Maßarbeit. „Zero Tolerance" meint eben nicht nur das politische

Programm des hart hinlangenden Law-and-Order-Staates, sondern auch die Ingenieursethik minimaler Fehlertoleranz. Name und Brand des japanischen Designlabels ±0, von dem unter anderem der wandhängende CD-Spieler für das Designkaufhaus Muji stammt, repräsentieren das Ideal des ganz genau Richtigen. Der federführende Designer Naoto Fukasawa präzisiert: „etwas, das zugleich faszinierend, aber dennoch vollkommen normal ist, etwas, bei dem man im ersten Moment schon weiß, dass es genau das ist, was man schon immer wollte." Es bleibt aber dabei, dass die 0 für die Gestaltung letztlich nur ex negativo eine Rolle spielt und allen anderen Zahlen die Bühne bereitet: als „unbewegter Beweger", wie es bei Aristoteles über Gott heißt.

Was Sie schon immer über 1 wissen wollten

Streng genommen trifft, was für die 0 gilt, auch für die 1 zu. Sie ist zwar einerseits und unbestreitbar die strahlendste, perfekteste und göttlichste aller Zahlen, andererseits auch wieder nicht. Von den Pythagoräern wurde sie nicht als Zahl angesehen, sondern vielmehr als Grund und Anfang aller Zahlen. Die „Monas" markierte für sie den Übergang vom Unsagbaren und Unteilbaren zum Zähl- und Messbaren. Praktisch stimmt das: Ein Ding kann man nicht zählen. Ein einzelnes Objekt, „one of a kind", stellt eine Singularität dar. „Ohne Zweifel ist die Erde ein Einzelding", hatte schon Augustinus beobachtet. Selbst Graf Zahl aus der Sesamstraße beißt sich an so etwas seine Vampirzähne aus.

So gesehen lässt sich überhaupt nur sinnvoll von der Einheit reden, wenn im Hintergrund eine abwesende Vielheit oder Menge steht. Das gilt sowohl für die Maß-, Rechen- oder Währungseinheit, die unterschiedliche Quantitäten zueinander in Bezug setzt und vergleichbar macht, als auch für die symbolische Einheit, die einen historischen oder zukünftigen Fluchtpunkt darstellt. Nur dort, wo vorher – wie beim geteilten Deutschland – zwei oder mehr Teile vorhanden waren, lässt sich eine Einheit schmieden oder stiften. Nur wo die Welt fragmentiert ist, die Menschen mit unterschiedlicher Zunge reden, Männchen und Weibchen in permanentem Geschlechterkrieg liegen, lässt sich der Verlust einer ursprünglichen kosmischen oder göttlichen

Einheit überhaupt beklagen. Entsprechend poetisch verklärt schreiben Schimmel und Endres über die 1, sie „wurde zum Symbol des Ur-Einen, Nicht-Polaren, Göttlichen; sie umfasst Zusammenhang, Gesamtheit und Einheit und ruht in sich selbst, doch steht sie hinter allem Geschehen".

Sehnsucht nach einer ursprünglichen Einheit ist keine Spezialität der monotheistischen Weltreligionen, sondern ein weit verbreitetes – wenn man so will: archetypisches – Denkmuster. C.G. Jung selbst vertrat ein unistisches Weltbild, das des „Unus Mundus", wonach psychische und physikalische Vorgänge, Geist und Materie eine gemeinsame Metaebene haben und letztlich in einer Welt stattfinden. Leibniz' Idee von der „Monade" gründet auf Vorstellungen, die sich über die christliche Mystik und Hermetik bis zur „Monas" der Pythagoräer zurückverfolgen lassen. Leibniz stellte sich darunter grob gesprochen metaphysisch beseelte Punkte oder Atome vor (von denen es freilich nicht nur einzelne, sondern so viele wie Sand am Meer geben müsste). Damit widersprach er der platonischen Idee, dass Körper und Geist zweierlei sein müssten, da doch die Seele den Tod überlebte, wie auch dem Dualismus eines Descartes, der die Trennlinie zwischen Körper und Geist in der Zirbeldrüse lokalisiert hatte.

Vom Komödiendichter Aristophanes stammt – anknüpfend an Platon, der ein großer Freund der Kugel war – die nur halb ernst gemeinte Vorstellung, dass Männer und Frauen, jeweils zu zweit vereint, früher einmal Kugelwesen bildeten, aus denen vier Arme und Beine herausragten. Nach der Trennung, so steht es in Heiratsanzeigen in der *Zeit*, laufen diese Halbkugeln nun in der Welt herum „und suchen ihre andere Hälfte". Im Englischen drückt sich diese hartnäckige und weit verbreitete fixe Idee, es könne den Richtigen oder die Richtige geben, in der Formulierung „He's (or she's) the one" aus, während Film- und Showstars, die ihren Zenit überschritten haben, im Angelsächsischen gerne mit „The one and only..." apostrophiert werden.

Überhaupt basiert die zunächst einmal abendländische Idee des Individuums auf einem unteilbaren Selbst, das erst einmal konstruiert werden musste, um den westlichen Lebensstil zu prägen. „Es ist gelungen, großen Bevölkerungsgruppen die Vorstellung zu suggerieren, sie seien dann am glücklichsten, wenn sie ganz bei sich selbst und authentisch sind", umreißt der Philosoph Robert Pfaller im Interview mit der *Frankfurter Allgemeinen Sonntagszeitung* abgeklärt den Megatrend

Individualisierung, der kulturhistorisch betrachtet alles andere als eine Selbstverständlichkeit ist.

In der Physik beschreibt der Begriff „Singularität" Zustände, bei denen Massen und die Raumzeit in einem einzigen Punkt mit sehr geringer Ausdehnung, aber extrem hoher Dichte zusammenfallen. Natürlich sind Individualität, Singularität, Einmaligkeit auch das, was Marken verkörpern wollen, sie wollen *unique* und selbstidentisch sein. Deshalb existiert überhaupt das Logo, das unabhängig vom Verwendungskontext stets die Identität der Marke und des Unternehmens repräsentiert. Und deshalb haben die meisten Logos, wo sie nicht aus Typografie allein bestehen, eine scharf konturierte, kompakte Form und kommen als Solitär daher: der Apple-Apfel, das VW-Emblem, die klotzige 1 der ARD.

Das lupenreinste und prägnanteste Ein-Punkt-Logo neben der japanischen Flagge ist die Zielscheibe von Lucky Strike. Selbst der berühmte Markendesigner Raymond Loewy, der neben dem Erscheinungsbild von Campbell's-Suppen und der Shell-Muschel auch die ersten stromlinienförmigen Loks und Automobile entworfen hat, ließ bei seinem Redesign Anfang der 1940er Jahre den markanten roten Kreis auf der Packung unangetastet. Er änderte lediglich die Hintergrundfarbe von Grün auf Weiß und brachte den Punkt auf Vorder- und Rückseite, sodass er in jedem Fall ins Auge springt, egal, welche Seite der Packung oben liegt.

Einen neuerlichen Großauftritt in unserem Leben könnte die 1 als Ziffer – abgesehen davon, dass sie laut Benfords Gesetz mit über 30 Prozent ohnehin die mit Abstand häufigste Anfangsziffer ist – durch eine Innovation von Google erlangen, die direkt gegen den aufstrebenden Konkurrenten Facebook gemünzt ist: Mit dem „+1"-Button, der sich in die Liste der Suchergebnisse einbinden lässt, will Google den Erfolg von Facebooks „Gefällt mir"-Button kopieren und sich mit seinem Angebot Google+ mehr in Richtung Social Network wandeln. Das „+1" steht laut Google synonym für „Das ist ziemlich cool" oder „Das solltet ihr auschecken".

Zwischen diesen Polen changiert also die 1: ein eindrückliches, selbstbewusstes, positives Statement, wenn auch ein bisschen einfach, um nicht zu sagen: einfältig.

... über 2 wissen wollten

Mit der 2 kommt die Zählbarkeit in die Welt – und damit Zweifel, Zwist und Zwietracht.

„Two means trouble", so ließe sich aus Adams Sicht die Schöpfungsgeschichte resümieren, die mit der Zeugung Evas aus seiner Rippe vollendet war. Tatsächlich findet sich das geflügelte Wort eher in Elternforen im Internet, wo damit wahlweise die Problematik des Zweitkindes oder die Aufmüpfigkeit Zweijähriger verhandelt wird. Seit Gott als allererste Maßnahme Licht und Finsternis schied, existieren Kontraste, Gegensätze, Antagonismen, Widersprüche und Polaritäten, die spannungsgeladen sind und so das Leben spannend machen.

Das Denken in Gegensätzen und Dualismen durchzieht die gesamte Kultur- und Wissenschaftsgeschichte. Ohne die Differenz könnten wir nichts erkennen oder begreifen, weshalb Gregory Beatsons berühmte Definition der Information und dessen, was sie vom Rauschen unterscheidet, lautet: „A difference which makes a difference" – eine Differenz, die den Unterschied ausmacht. Wie Aristoteles' System der Polaritäten basierte auch die antike Religion des Manichäismus auf der Lehre von den zwei Naturen: Licht und Finsternis, gut und schlecht – weshalb wir heute noch grobes Schwarz-Weiß-Denken als „manichäisches Weltbild" abqualifizieren. Platons Unterscheidung von Ideen- und Dingwelt wird bei Descartes zum Leib-Seele-Problem: Wie können Inhalte aus der physischen Welt überhaupt ins Bewusstsein gelangen? Dabei ist der cartesianische Dualismus, der Philosophen bis heute umtreibt, nur das bekannteste Dualismus-Konzept unter endlos vielen, dicht gefolgt etwa vom Welle-Teilchen-Dualismus der Quantenphysik.

Niklas Luhmann erklärt in seiner soziologischen Systemtheorie das Funktionieren ganz unterschiedlicher gesellschaftlicher Bereiche über ihren je eigenen binären Code. Für die Wirtschaft wäre diese Leitunterscheidung Zahlung/Nicht-Zahlung, in der Wissenschaft gilt der Code wahr/unwahr, für die Kunst stimmig/nicht stimmig. Damit sind wir schon fast beim Computer. Wenn man so will, liefert die 2 über die binäre Codierung das Betriebssystem unserer heutigen Welt. Waren in der analogen Welt noch graduelle Abstufungen möglich, zerlegt die Digitalisierung alles und jedes, Texte, Töne und Bilder, in den diskreten Binärcode Strom/Nicht-Strom, den Dualismus von 0 und 1.

Die stärkste symbolische Aufladung erfährt die 2 im Kreuz: zwei Linien, die sich im rechten Winkel schneiden, eine Horizontlinie und eine Achse des Erhabenen: ein Symbol von archaischer Wucht und schlichter Größe. Schon in der Steinzeit wurde es in Höhlenwände geritzt, und nicht umsonst gilt das christliche Kreuz als eines der besten Logos aller Zeiten. Gerne wurde es deshalb auch in außerreligiösen Kontexten verwendet: im Roten und Blauen Kreuz ebenso wie in den Nationalflaggen Norwegens, Schwedens und der Schweiz. Beim Logo-Klassiker des Pharmakonzerns Bayer besteht es aus zwei sich kreuzenden Namensschriftzügen im Kreis.

Auch für den Relaunch des Musiksenders VIVA Zwei im Jahre 1996 kam die Agentur Boros auf das reduzierte Kreuz-Symbol. Das neue Logo, ein waagerecht gestrecktes Kreuz, tauchte in Printkampagnen verschlüsselt in Form von abgebrannten Streichhölzern oder Bandsalat aus dem Kassettenrekorder auf – die gläubige Anhängerschaft würde es schon entziffern können. Als Guerilla-Marketing-Maßname wurde das VIVA-Zwei-Kreuz wie ein Sektenzeichen an innerstädtische Wände gesprüht. Zwar konnte auch das den Sender auf Dauer nicht retten, der 2002 den Sendebetrieb einstellte, aber die ehemalige VIVA-Zwei-Moderatorin Charlotte Roche trägt das zeitweilige Erkennungssymbol für Independent-Fans bis heute auf den Oberarm tätowiert.

Dagegen schreiben Schimmel und Endres: „Die Zwei ist das Auseinanderfallen der absoluten göttlichen Einheit; sie ist die mit der geschöpflichen Welt verbundene Zahl". Aber die 2 ist nicht nur gegensatz- und konfliktgeladen, sondern gleichermaßen Stifterin von Harmonie: Sie begründet unsere Vorstellung von Symmetrie. Das Kreatürliche der 2 leitet sich auch daraus ab, dass die meisten Lebewesen aus praktischen Gründen bilateral symmetrisch aufgebaut sind und über zwei äußerlich spiegelbildliche Hälften verfügen.

Trotz oder gerade wegen des ontologischen Dualismus von „ich" und „alles andere" tendieren wir dazu, überall uns selbst wiederzuerkennen. Deshalb braucht es nicht viel, um aus zwei Punkten ein Gesicht werden zu lassen. Umgekehrt fällt es schwer, zwei Punkte nicht als Augen zu interpretieren. Punkt, Punkt, Klammer, Strich, fertig ist das Emoticon, mittels dessen sich sogar komplexe Gefühle wie Verwunderung darstellen lassen (:-o). Internetfirmen wie Google, Yahoo oder Dooyoo setzen auf diesen Effekt. Ihre typografischen Logos schauen uns aus dem Bildschirm heraus mit großen Augen an, heischen unsere Aufmerksamkeit und Empathie. Die mittlerweile abflauende Namensmode des Doppel-o legt Zeugnis ab von einer Ära, in der zum Mantra wurde, dass „eyeballs", Augäpfel, die Leitwährung des Internet und der kommenden Aufmerksamkeitsökonomie sind.

Beide Charaktereigenschaften der 2, das Polarisierende und das Harmonische, fließen im fernöstlichen Denken im *Taijitu* zusammen, dem Yin-Yang-Symbol, in dem Schwarz und Weiß sich gegenseitig durchdringen und einen geschlossenen Kreis bilden. Es steht für Polaritäten, die dennoch untrennbar aufeinander bezogen sind, was im Daoismus den Ursprung aller Dinge ausmacht. Die weit verbreitete Reduktion von Yin und Yang auf männliches und weibliches Prinzip greift jedenfalls eindeutig zu kurz. Vielmehr schwingen in den beiden Begriffen Nuancen von gebend und empfangend, von aktiv und passiv mit.

Anklänge dieser unauflöslichen Verschränkung des Gegensätzlichen finden sich auch bei uns im Westen, etwa in der Janusköpfigkeit oder in den sprichwörtlichen zwei Seiten einer Medaille, die sich ja auch nicht voneinander lösen lassen. Unklar, ob diese Überlegungen bei der Entstehung des Logos von MasterCard – ein gelber und ein roter Kreis, die sich in der Mitte als Schraffur überlappen – eine Rolle gespielt haben. Jedenfalls sind die Signale, die es aussendet, eher unharmonisch, was wiederum gut zu unserem Verhältnis zu Geld und Kreditkarten im Allgemeinen passt. Fast generisch zwiespältig – und damit zum Produkt passend – dagegen das Logo der Messermarke Zwilling aus Solingen: zwei Strichmännchen, die an Schulter und Unterschenkel zu einem siamesischen Zwilling verwachsen sind.

Wie man es auch dreht und wendet: Es ist ein Kreuz mit der 2. In der Gestaltung bleibt sie ein zweischneidiges Schwert.

... über 3 wissen wollten

Zur Häufung der 3 in Alltagskultur, Theorie- und Religionsdesign ist ja schon einiges gesagt worden. Es wird uns auch hier nicht gelingen, das Thema enzyklopädisch zu erschlagen, wir können nur einige besonders markante Aspekte hervorheben. Die 3 steht bekanntermaßen für göttliche Perfektion und Vollkommenheit. Schön und gut, aber was bedeutet das konkret? Verglichen mit der schillernden 2 wirkt die 3 gut ausbalanciert und harmonisch. Ein Hocker kann auf drei Beinen stehen und wackelt nicht. Indem die 3 sich zwischen zwei konfliktträchtige Alternativen schiebt, löst sie die Fundamentalopposition des „tertium non datur" auf, wirkt entschärfend und entspannend. Aus These und Antithese wird die „umfassende Synthese", wie Schimmel und Endres feststellen: „Drei steht über dem Gegensatz der Zwei, wie es sich noch in unserer Redensart vom ‚Lachenden Dritten' zeigt."

Wo nicht drei gleichförmige Elemente an der Gestaltung beteiligt sind, wird gerne auf die drei Primärfarben des Farbkreises – rot, blau, gelb – und die drei Grundformen der Geometrie – Dreieck, Kreis und Quadrat beziehungsweise Tetraeder, Würfel und Kugel – zurückgegriffen. In der Zusammenschau erzeugen diese basalen Bausteine ein Gefühl von Vollständigkeit. Aus den Grundfarben lassen sich alle anderen mischen, aus den Grundformen alle möglichen Formen und Architekturen konstruieren. Kommen sie im Logo zum Einsatz, markieren sie universelle Kompetenz und einen Generalvertretungsanspruch. Wo sie allerdings in Reinform auftauchen, wie im Logo der Paritätischen Dienste oder bei der Firma KKP-Werbetechnik aus Berlin mit ihrem gelben Quadrat, roten Dreieck und blauen Punkt im Signet, wirken sie dagegen generisch, einfallslos und etwas unbeholfen – kein guter Logo-Designer würde sie in dieser Schlichtheit verwenden.

Anspruchsvoller erscheint es, aus drei Elementen wieder eine Einheit zu schmieden, wie es die christliche Dreifaltigkeit vormacht. Dabei scheint diese Option als eigentliche Bestimmung in der 3 bereits angelegt, wie Harald Haarmann vermutet: „Vielleicht weil das Prinzip der Dreigliederung den Begriff der Einheitlichkeit assoziiert, sind aller guten Dinge drei." Ernst Cassierer sieht im „Problem der Einheit, die aus sich heraustritt, die zu einem ‚Anderen' und Zweiten wird, um sich schließlich wieder mit sich zusammenzuschließen", gar philosophisch hochtrabend einen Teil vom „geistigen Gesamtbesitz der Menschheit", also etwas, das in allen Kulturen vorkommt. Bei Markenlogos findet sich dieses Prinzip weniger in den drei Streifen von Adidas oder den drei Punkten des Sicherheitsdienstleisters Securitas wieder, die unverbunden und parallel nebeneinanderstehen, als vielmehr im Mercedes-Stern, der einen gleichmäßig dreigeteilten Kreis bildet. Parodistisch auf die Spitze getrieben wird das Prinzip im Spike-Jonze-Film *Adaptation*, in dem Donald Kaufman, fiktiver Zwillingsbruder des Drehbuchautors Charlie Kaufman, ein trashiges Thriller-Script mit dem Titel „The Three" teuer an den Mann bringt. Es handelt von einem Killer, der eine Geisel nimmt, und einem Cop, der ihn verfolgt. Am Ende stellt sich heraus, dass alle drei dieselbe schizophrene Person sind.

Dass die 3 – trotz des Dreiklangs von „Friede, Freude, Eierkuchen" – so vollends harmonisch dann doch nicht ist und sich insbesondere dort, wo Personen- und Paarbeziehungen betroffen sind, aus der Dreiecks-konstellation dramaturgische Funken schlagen lassen, hat nicht erst Tom Tykwer mit seiner Polyamorie-Schmonzette *Drei* vorgeführt. Nicht nur bei sexuellen Beziehungen wird es ab drei unübersichtlich. Der Antrag aus Schillers *Bürgschaft*, „Ich sei, gewährt mir die Bitte, in eurem Bunde der Dritte!", sollte wohl erwogen werden, denn Dreier-Konstellationen sind oft unberechenbar und fragil. In der Physik kennt man diesen Komplexitätssprung als Dreikörperproblem: Während sich das Verhalten zweier physikalischer Körper, etwa Kugeln auf dem Billardtisch, noch akkurat berechnen und vorhersagen lässt, kommt bei drei Himmelskörpern oder kollidierenden Billardkugeln die prinzipielle Unvorhersagbarkeit ins Spiel – das Chaos klopft an die Tür.

Trotzdem ist und bleibt die 3 (zusamen mit der 7 und der 10) der „Goldstandard" unter den Zahlen. Ihre praktische Anwendbarkeit ist dadurch belegt, dass sie schon in der Bibel, später im römischen Recht und bis ins heutige Rechtssystem hinein die Gesetzeszahl schlechthin ist, wie Bernhard Grossfeld in *Zeichen und Zahlen im Recht* berichtet: „Eugen Huber, der Schöpfer des Schweizerischen Zivilgesetzbuches von 1907 sah darauf, ‚nie mehr als drei Absätze in einem Artikel zu vereinigen'. Selbst im Amerikanischen Prozessrecht spielt die ‚magical number three' eine große Rolle."

Auch bei Präsentationen und Pitches aller Art gilt die „Rule of Three", und zwar als Drei-Bulletpoint-Regel. Nick Fellers, Coach und Fundraiser bei der amerikanischen Fundraising-Agentur ForImpact, rät seiner Klientel auf der Firmen-Website, jedes Anliegen und jede Rede danach zu strukturieren: „Die Rule of Three ist eine magische Formatierungshilfe. Vier Bulletpoints erscheinen als ‚zu viel', zwei als ‚nicht genug'." Hingegen sei „die positive Wahrnehmung von Dreier-gruppen im menschlichen Hirn hart verdrahtet".

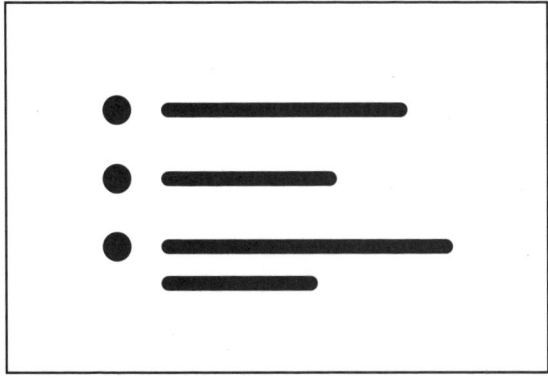

Ob hart verdrahtet oder kulturell gelernt, eignet sich der rhetorische Dreisatz hervorragend für die Produktion eingängiger Slogans, egal ob für Produkte oder politische Programme. Beispiele reichen von „Freiheit, Gleichheit, Brüderlichkeit" (Französische Revolution) über „Einigkeit und Recht und Freiheit" (deutsche Nationalhymne) bis zu „Quadratisch. Praktisch. Gut." (Ritter-Sport). Somit erscheint es fast fahrlässig, dass die FDP sich 2001 ihrer drei bulletpointartigen Abkürzungspunkte im Logo entledigt hat, weil sie nicht mehr die „Drei-Punkte-Partei" sein wollte. Eingeführt worden waren sie 1968 ganz bewusst und zeitgeistig-modern von Marketingstrategen als „werbliche Stopper".

Wie dem auch sei: Befolgt man die Dreier-Faustregel, macht man in den seltensten Fällen etwas verkehrt. Niemand wird jemals fragen: Okay, aber wieso ausgerechnet drei? Eher schon: Warum nicht drei? In der Gestaltung ist die 3 somit ganz profan das Naheliegende, die erstbeste Lösung, die sichere Nummer.

... über 4 wissen wollten

Wo die 3 göttlich strahlt, ist die 4 weltlich, bodenständig und rational – auch wenn sie einen Rest mystisch-mythologischen Staubs aus dem Mittelalter nie ganz abschütteln konnte. Nach der primitiven

Formel „1, 2, 3 ... viele" ist die 4 die erste richtige Zahl, die das metaphysische Korsett sprengt und ganz praktisch zum Abzählen gebraucht wird. „Mit der Vier wird die Drei als Zählgrenze überschritten; ein Tabu gebrochen", schreibt Bernhard Großfeld. Dazu muss man wissen, dass in vielen Religionen ursprünglich ein Zählverbot ähnlich dem islamischen Bilderverbot existierte und viele Gottesnamen vier Buchstaben haben: „Gott", „JHWH" (יהוה), „Zeus" (Ζεύς) und auch das englische „Lord". Indem man die 4 aussprach, maßte man sich also göttliche Allmacht an.

Für Schimmel und Endres ist die 4 hingegen „die materielle Ordnungszahl", sie stiftet Ordnung und Orientierung: Oben, unten, rechts und links sind die gefühlten Dimensionen des menschlichen Körpers (vorne und hinten müsste man zur 6 ergänzen), die vier Himmelsrichtungen machen den Erdkreis navigierbar, und auch die Einsteinsche Raumzeit verfügt über vier Dimensionen.

Die Einteilung des Jahres in vier Jahreszeiten ist da schon weitaus weniger zwingend – in Indien etwa sind es mit Sommer, Winter und Monsun nur drei. Allenfalls gehen sie mit den vier in der Natur zu beobachtenden Mondphasen des Monats und den zwölf, also vier mal drei Monaten des Jahres einher. Aber es scheint einem menschlichen Grundbedürfnis zu entsprechen, einen Kreis wie eine Pizza Quattro Stagioni oder das Logo von BMW in Viertel zu unterteilen. Auch die vier Elemente der Alchemie wurden von Anfang an über die Gegensatzpaare „Feuer – Wasser" und „Luft – Erde" zu einem Koordinatenkreuz arrangiert.

Ein weiteres Viererraster, das wirkmächtig aus dunkler Vorzeit zu uns herüberragt, ist die auf Hippokrates von Kos, den Urvater der Medizin, zurückgehende Humoralpathologie. Danach stehen die vier Körpersäfte in Verbindung mit vier Grund-Wesensarten, den Temperamenten: Blut kennzeichnet den Sanguiniker, Schleim den Phlegmatiker, schwarze Galle korrespondiert mit dem Melancholiker, gelbe mit dem Choleriker. Obwohl wissenschaftlich längst widerlegt, glauben die Anthroposophen bis heute daran, und mit ihnen viele Alternativmediziner. Eigentlich verwunderlich, dass bei uns noch kein Wunderheiler auf die Idee gekommen ist, die Säfte- und Temperamentenlehre mithilfe der Blutgruppen 0, A, B und AB upzudaten und ihr so einen naturwissenschaftlichen Anstrich zu verpassen. In Japan ist der Volksaberglaube, man könne aus den Blutgruppen, den *ketsueki-*

gata, Rückschlüsse auf den Charakter ziehen, weit verbreitet und spielt bei der Partnerwahl eine große Rolle. Die Frauenzeitschriften dort sind voll von nach den vier Blutgruppen aufgeschlüsselten Horoskopen.

Wie schon erwähnt, war auch C.G. Jung ein großer Verfechter der „Quaternität" als archetypischer Struktur des Göttlichen und versuchte sogar, die christliche Trinität dahingehend zu pimpen, indem er die heilige Jungfrau Maria der göttlichen Dreifaltigkeit als gleichberechtigte vierte Größe zuschlug. Tatsächlich ist auch in der Offenbarung des Johannes bereits von den „vier Ecken der Welt" die Rede, an denen vier Engel stehen und die vier Winde festhalten. Aber nicht nur in der abendländischen Esoterik und im Christentum steht die 4 symbolisch für die Weltordnung, in vielen Kulturen auf unterschiedlichsten Zivilisationsstufen nahm die Erde das Bild eines Rechtecks an. „Für die Chinesen", berichten Schimmel und Endres, „war sie ein baldachinüberdachter Reisewagen und viereckig nicht nur in kosmologischer, sondern auch in planerischer Hinsicht: Felder, Häuser, Dörfer waren nach dem Prinzip des *fang* (Quadrat) aufgebaut." Bernhard Großfeld interpretiert den Übergang von der 3 zur 4 eher als kulturanthropologischen Sprung: „Der Nomade erlebt stärker die drei Dimensionen des Raumes, der Ackerbauer sieht eher auf die vier Seiten seines Landes."

Damit stehen wir mit der 4 wieder fest auf dem Boden des Rationalismus. Grundstücke und Landkarten in Quadrate und Rechtecke zu parzellieren, hat praktische Gründe. Vieles, was am Reißbrett entsteht – Häuser, LKW, Waschmaschinen –, ist viereckig oder hat zumindest eine viereckige Grundfläche, weil damit schlicht am einfachsten zu konstruieren ist. Vor dem Aufkommen der computergestützten Landmark-Architektur à la Zaha Hadid oder Frank Gehry waren auch Gebäude meist kubusförmig, weshalb wir pars pro toto von den „eigenen vier Wänden" reden. In Mannheim und den USA sind sogar die Innenstädte nach einem rechtwinkligen Blockraster aufgebaut, was sie zwar eintöniger macht, die Orientierung aber enorm erleichtert.

In der Vierer-Systematik finden wir uns zurecht. Deshalb sind viele Diagramme und Schaubilder als Koordinatenkreuze oder als Matrix mit vier Quadranten aufgebaut. Die bekannte Produktlebenszyklus-Matrix der Boston Consulting Group unterteilt das Produkt-Portfolio entlang der Achsen „Marktwachstum" und „Eigener Marktanteil" in die vier Kategorien „Poor Dogs", „Question Marks", „Stars" und

„Cash Cows". Bei TNS Emnid mappt man kulturelle Phänomene, Begriffe und Marken im sogenannten „semiometrischen Raum" zwischen den Polen „Individualität" und „Sozialität" sowie „Kontrolle" und „Lebensfreude". Das schöne Büchlein *50 Erfolgsmodelle*, das gespickt ist mit derartigen Welterklärungsgrafiken, hat auf dem Cover ein ganz ähnliches Kreuz mit den Polen „Ich" vs. „Andere" und „Handeln" vs. „Denken".

Bei Markenlogos, die auf der 4 basieren, spielt anscheinend weniger der bodenständige Charakter der 4 eine Rolle als vielmehr handfeste historische Gründe und Zufälligkeiten. Die vier Ringe von Audi versinnbildlichen nicht etwa die über vier Reifen vermittelte Bodenhaftung, sondern stammen noch von der Auto-Union, wo sie für die darunter zusammengefassten Marken Audi, DKW, Horch und Wanderer standen. Das Beiersdorf-Logo, entworfen in den 1970er Jahren, besteht aus dem Kürzel BDF und vier ausgefüllten Punkten. Damit repräsentiert es nicht etwa die vier Nivea-Punkte, die uns die Mutter früher auf Kinn, Stirn und beide Wangen getupft hat, sondern schnöde die ursprünglichen vier Geschäftsfelder Kosmetik, Pflaster, tesa und Pharma. Heute sind sie auf drei zusammengeschrumpft, „was für uns aber kein Anlass ist, unser prägnantes Logo zu verändern", wie ein Firmensprecher auf Nachfrage erläutert.

Auch wenn das semantische Potenzial oft verschenkt wird, kann man sagen: Die 4 ist so etwas wie das Nutztier unter den Zahlen, irgendwo zwischen freundlichem Vierbeiner, schnurrendem Viertaktmotor und stampfendem Viervierteltakt angesiedelt, geerdet, grundsolide und gutmütig.

... über 5 wissen wollten

„Give me five!", damit sind natürlich die fünf Finger der menschlichen Hand gemeint. 5 ist eine Handvoll. „Die Fünf überwindet von China kommend die Vier als Zählgrenze", rekapituliert Bernhard Großfeld, dadurch „wird die Hand grundlegende Zähleinheit". Die Fünffingrigkeit gibt es nicht nur beim Menschen, sondern – wenn man sich den genetischen Grundbauplan vor Augen führt – bei praktisch allen Wirbeltieren. Fünfer-Symmetrien wie bei Seesternen,

Schlüsselblumen und im Kerngehäuse des Apfels finden sich überall in der Natur. Schimmel und Endres gilt die 5 deshalb als die „Zahl des Lebendigen".

Der Astrologe Seni in Schillers *Wallenstein* hat aber noch eine andere Begründung dafür parat, warum Nummer 5 nicht nur lebt, sondern starke menschliche Züge trägt: „Fünf ist / Des Menschen Seele. / Wie der Mensch aus Gutem / Und Bösem gemischt, so ist die Fünfe / Die erste Zahl aus Grad' und Ungerade." Und für C.G. Jung war die 5 die Zahl des „natürlichen Menschen", weil sie ihn an die vier Gliedmaßen plus Rumpf erinnerte. Ein weiterer menschlicher Zug der 5 sind die klassischen fünf Sinne, auch wenn mit Temperatur-, Schmerz- und Gleichgewichtsempfinden inzwischen mindestens noch drei weitere identifiziert wurden – den sechsten und siebten Sinn für Paranormales und Straßenverkehr noch gar nicht mitgezählt. Selbst bei den Geschmäckern ist man mittlerweile bei der 5 gelandet: Neben süß, sauer, bitter und salzig ist „unami" – das Brizzeln am Gaumen, das rezenter Käse, getrocknete Tomaten und Geschmacksverstärker auslösen – inzwischen wissenschaftlich offiziell als fünfter Geschmackssinn anerkannt.

Die enge Verbindung der 5 zum Menschen prägt auch die traditionelle chinesische Medizin und die Lehre vom Feng Shui. Die Naturbeschreibung des Daoismus, der traditionellen chinesischen Philosophie, basiert auf fünf Elementen, die sich von den abendländischen dadurch unterscheiden, dass die Luft durch Metall ersetzt wird. Das „fünfte Element" ist bei ihnen nicht, wie im gleichnamigen Science-Fiction-Film von 1997, die Schauspielerin Milla Jovovich, sondern Holz. Wie beim Schnick-Schnack-Schnuck lassen sich die Elemente zyklisch aufeinander beziehen, und zwar etwa so: Erde saugt Wasser, Wasser löscht Feuer, Feuer schmilzt Metall, Metall schneidet Holz, Holz pflügt Erde, indem es sie mit seinen Wurzeln durchdringt.

Spontan zerfällt dieses ungerade Konstrukt im „Reich der Mitte" aber auch wieder in eine 4+1-Struktur, indem sich ein dominantes Zentrum herausschält: Die Erde regiert als wichtigstes Element alle anderen, so auch bei den traditionellen chinesischen fünf Jahreszeiten, die mit den Elementen korrespondieren. Den Übergang zwischen den auch uns vertrauten vier Jahreszeiten bildet jeweils eine 18-tägige Erdzeit, die dazu genutzt werden sollte, den Organismus energetisch in ein neues Gleichgewicht zu bringen – ihn zu erden.

Gestalterisch hat die 5 ihren stärksten Auftritt als fünfzackiger Stern, der dem gleichmäßigen Fünfeck eingeschrieben ist. Mathematisch besitzt dieser Pentagramm-Stern ein paar markante Eigenschaften, die ihn schon für die Pythagoräer zum Schlüsselsymbol machten: Alle Linien teilen sich wechselseitig im Verhältnis des Goldenen Schnitts (siehe Kapitel X). Auf die Spitze gestellt wird daraus der sogenannte Drudenfuß, weil er an den Fußabdruck nächtlicher Spukgeister, der Druden, erinnert. Ursprünglich ein Symbol zur Abwehr böser Geister und Dämonen, wurde daraus im Laufe der Zeit selbst ein satanistisches Zeichen.

Aufrecht stehend ist der Fünfzack ein universelles und ideologisch vielseitiges Symbol, das nicht nur das Logo von Converse-Turnschuhen und Heineken-Bier bildet, sondern vor allem in der Heraldik, auf Flaggen und Wappen, zur Geltung kommt: Der Stern ziert die Staatsflaggen so unterschiedlicher Länder und Regime wie Marokko, Vietnam, Puerto Rico, Kuba und bis 2004 auch die des Irak. Im Banner der USA symbolisiert die Anzahl von 50 Sternen die Teilstaaten, während die zwölf Sterne bei der EU nichts mit der Anzahl der Mitgliedsstaaten zu tun haben, sondern – siehe unten bei der 12 – die Harmonie der Völker Europas abstrakt symbolisieren.

Auch nach dem Kollaps des Realsozialismus steht der Rote Stern noch immer für eine sozialistische oder kommunistische Weltanschauung, als Klassifikationswerkzeug von Hotels hingegen für das genaue Gegenteil: für kapitalistischen Luxus, für einen Sehnsuchtsort, wo alle hinwollen und die wenigsten jemals waren. Hier wohnt wahre westliche und weltliche Noblesse an der Grenze zur Dekadenz. Fünf fünfzackige Sterne in einer Reihe sind dadurch so sehr zur Chiffre für begutachtete Qualität geworden, dass sie auf Amazon, Travel-Portalen und anderen Plattformen im Web ohne weitere Erklärung als Format für user-generierte Bewertungen eingesetzt werden. Bei Google tauchen sie inzwischen in den Suchergebnissen unter anderem für Cafés, Hotels, öffentliche Grünanlagen und Skilifte auf der Übersichtsseite

auf. Und Fünf Sterne deluxe war mithin der konsequente Name für eine Hamburger Deutschrap-Band, die das HipHop-Prinzip dekadenter Protzerei ironisch auf die Spitze trieb.

Die zweite wichtige ikonografische Anwendung der 5 hat mit einer natürlichen Gegebenheit zu tun, die zugegebenermaßen auslegungsfähig ist. Die fünf Olympischen Ringe symbolisieren die fünf Kontinente (wobei andere Zählungen auf sieben kommen, indem die Antarktis und die beiden Amerikas einzeln mitgerechnet werden). Die sechs Farben – das Weiß des Hintergrundes eingeschlossen – entsprechen laut Designer Pierre de Coubertin den Farben „sämtlicher Nationalflaggen der heutigen Welt". Bevor wir aber zur 6 übergehen, halten wir fest: Die 5 ist das Menschliche, Allzumenschliche. Da lässt man auch schon mal fünfe gerade sein.

Und wo wir gerade dabei sind, Nietzsche zu zitieren: Wie für alle guten Dinge gilt, sie „haben etwas Lässiges und liegen wie Kühe auf einer Wiese" – so gilt das auch für die 5.

... über 6 wissen wollten

Lief man um die Jahrtausendwende durch die Straßen von Berlin-Mitte, konnte man sicher sein, nach spätestens 50 Metern einer in weißer Farbe auf Plakatwände, Bauzäune und ausrangierte Kühlschränke gemalten 6 zu begegnen. Der „Sechsenmaler" alias Rainer Brendel hatte der Stadt in unermüdlichen nächtlichen Streifzügen seinen Stempel aufgeprägt. „Hier kann ich auf einen Schlag mehr als drei Millionen Menschen erreichen", ließ er die *Berliner Zeitung* wissen. Sein oberstes Ziel, bekannt zu werden, hat er zweifellos erreicht. Interessanter ist, was Brendel, der sich als Künstler Dildo nennt, als Begründung für seine Motivwahl anführt: Wegen der sexuellen Assoziationen, die die 6 hervorruft, gerieten die Menschen ins Nachdenken, und das würde wie auch immer geartete „Veränderungen" bewirken: „Diese Zahl ist für meine Zwecke einfach ideal."

Zweifelsohne haftet der 6 schon rein phonetisch etwas Anzügliches an (und wer davon frei ist, diesen Effekt schon einmal benutzt zu haben, der werfe den ersten Stein!). Im Englischen funktioniert das fast noch besser als im Deutschen. Die amerikanische Erfolgsserie *Sex and the City* etwa hat einen endlosen Rattenschwanz von Parodien, Persiflagen und Plagiaten unter dem Titel *Six and the City* inspiriert, wie sich per Google-Abfrage unschwer feststellen lässt. Trotzdem würde man der 6 nicht gerecht, wenn man sie nur auf ihr erotisches Äußeres reduzierte. Denn sie verfügt auch über innere Werte.

Im Schatten der menschlichen 5 und der magischen 7 hat die 6 ihr eigenes Refugium abgesteckt und besitzt einen subtilen Charme, der vor allem Mathematik-Ästheten in Entzücken versetzt. Das hat damit zu tun, dass die 6 die erste perfekte Zahl ist. Mathematisch ausgedrückt: Die Addition ihrer Teiler 1, 2 und 3 ergibt wieder die Zahl selbst. Der Heilige Augustinus hielt die 6 deshalb auch in religiöser Hinsicht für die perfekte Zahl und erörtert in seinem Opus magnum *Vom Gottesstaat* sinngemäß, die 6 sei an und für sich eine vollkommene Zahl. Das sei sie nicht deshalb, weil Gott alle Dinge in sechs Tagen erschaffen hätte, im Gegenteil: Gott hätte gar keine andere Wahl gehabt, eben weil die 6 vollkommen sei. Und das bliebe sie auch, selbst wenn Gott überhaupt nichts erschaffen hätte. Bei Schimmel und Endres ist die 6 ebenfalls die „vollkommene Welt-Zahl", und das Einzige, was aus heutiger deutscher Sicht überhaupt gegen sie spricht, ist die Assoziation mit der schlechtesten denkbaren Schulnote, dem gefürchteten „Sechser in Mathe" (der in der Schweiz hingegen die Idealnote darstellt, was wieder einmal zeigt, dass die Schweiz einfach das glücklichere Deutschland ist).

Vermutlich ist es diese mathematische Vollkommenheit, die die 6 als verdoppelte 3 zu einem beliebten Grundraster für Gestaltung macht, insbesondere für Listen und Layouts. Auf der Website des Bildwissenschaftlers Edward Tufte (edwardtufte.com) findet sich im April 2003 der Blog-Eintrag eines David A. Nash, der berichtet: „Ich begegne häufig Regeln mit ‚sechs' als magischer Zahl für Bulletpoints. Heute stolperte ich über eine erweiterte Regel des American College of Radiology. ‚Folge der 666-Regel: Verwende nicht mehr als sechs Worte pro Bulletpoint, sechs Bulletpoints pro Chart und nur sechs reine Textcharts hintereinander.'" Nashs lakonischer Kommentar lautet, dass die Einschränkung auf sechs Textcharts zwar ein Segen sei, dass demnächst aber wohl jemand einfordern würde, die sechs Worte pro Bulletpoint dürften jeweils nicht mehr als sechs Buchstaben haben. Mit anderen Worten: Man soll es mit dem Schematismus auch nicht übertreiben.

Die sechs Augen eines Würfels, wie sie die Mode- und Bijouterie-Kette Six im Logo verwendet, können wir noch gut erfassen, in anderer Anordnung wird es schon schwieriger. Das einzige bekannte Logo mit sechs Elementen ist das des japanischen Autoherstellers Subaru, das dem Sternenbild der Plejaden nachempfunden ist. Ein großer und fünf kleine Sterne versinnbildlichen darin die sechs Unternehmen, die sich 1953 zu Fuji Heavy Industries zusammengeschlossen haben. Aber das Markenzeichen zählt nicht gerade zu den Sternstunden prägnanten Logo-Designs, und die Tatsache, dass es sechs Sterne sind, erschließt sich, wenn überhaupt, erst auf den zweiten Blick.

Eine ähnliche 5+1-Struktur findet sich auf dem berühmten Wappen der Medici: Es zeigt einen gelben Rossstirnschild mit 5 roten Kugeln, die von einer blauen gekrönt werden. Die Kugeln, sogenannte „Palle", sollen Pillen darstellen, was auf die auch im Namen steckenden Wurzeln des florentinischen Adelsgeschlechts im Ärzte- oder Apothekerstand hindeutet. Ursprünglich, im 14. Jahrhundert, waren es einmal 12, zwischendurch acht Pillen, was anzeigt, dass die Zahl zumindest keinerlei repräsentative Bedeutung hatte. Die längste Zeit blieb es dann aber bei den sechs Kugeln, offensichtlich weil die optische Wirkung im Sechseck am überzeugendsten war. Die Anordnung der 6 als Sechseck findet sich in der Natur in Bienenwaben, Kristallen, Schneeflocken sowie in den Kohlenwasserstoff-Ringen wieder, die die Grundlage der organischen Chemie bilden – ohne Sechseck kein Leben, ließe sich verkürzt sagen.

Markanter und einprägsamer ist die 6 in der Form des Hexagramms, das aus zwei ineinander geschobenen Dreiecken gebildet wird. Besser bekannt als Davidstern, ziert es die Flagge Israels und ist das wichtigste Identifikationssymbol der Juden, während er durch das Naziregime als gelber „Judenstern" zum aufgezwungenen Stigma wurde. Für die Gnostiker des Christentums stand er für die Vereinigung von Christus mit Sophia, der Göttin der Weisheit. Auch hier klingt wieder die Verbindung von 6 und Sex an, was sich im Buddhismus fortpflanzt, wo das sternförmige Hexagramm das zentrale Symbol des Tantras ist, also der erotischen Spielart dieser Religion. In der Alchemie repräsentierte es – man achte auf den erotischen Subtext – das Chaos, das entsteht, wenn Wasser und Feuer sich vereinigen. Vielleicht wurde es deshalb im Mittelalter zum Brauerstern, dem Zunftzeichen der Brauer und Mälzer.

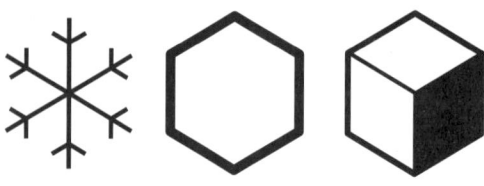

Einen noch wichtigeren Part in Kunst- und Kulturgeschichte hat die 6 in ihrer dreidimensionalen Form als Hexahedron, oder schlichter: als Würfel, der von sechs Flächen begrenzt wird. Die kubistische Grundform ist so etwas wie der elementare Bauklotz der Moderne – das hatten die Kubisten ganz richtig erkannt und auf Leinwand gebannt, indem sie die sie umgebende Welt in kleine Klötzchen fragmentierten. Über das Bauhaus wurde der „White Cube" zum Synonym für den steril-weißen Galerieraum in Würfelform. In der neu-minimalistischen alpenländischen Architektur lebt der Bauhaus-Kubismus als „Swiss Box"-Stil fort. Auch im Design ist der Würfel nicht totzukriegen. Nachdem Autos über Generationen immer rundgelutschter wurden, brachte Nissan Anfang 2010 den Cube auch bei uns auf die Straße, ein wie aus dem Manga entsprungenes Würfelauto, das in Japan längst zum Kultobjekt geworden ist.

Tatsächlich fällt es aus gestalterischer Perspektive schwer zu begründen, warum man im Einzelfall von der stapelbaren Kubusform abweichen sollte, auch wenn sie in emotionaler Hinsicht vielleicht nicht allzu viel zu bieten hat. Und wie der Würfel, so ist tendenziell auch der Charakter der 6, zumindest dort, wo sie nicht von Erotomanen gekapert wird: handlich wie ein Sixpack. Kubistisch. Praktisch. Gut.

... über 7 wissen wollten

Über die 7 allein kann man ein ganzes Buch schreiben. Reinhard Schlüter hat es getan und beleuchtet in *Sieben. Eine magische Zahl* knapp 200 Seiten lang voller Enthusiasmus alle Aspekte jener einzigen Zahl, die es an Bedeutung mit der 0, der 1, der 3 und der 10 locker aufnehmen kann: „Keine andere Zahl, kein Symbol kommt ihr an Mystik gleich, keine Religion und keine Hochkultur, in deren Mythologie die Sieben nicht einen bedeutenden Platz hat." Von den sieben Tagen der Woche über die sieben Weltwunder der Antike, den siebten Sinn, das tapfere Schneiderlein und seine „Sieben auf einen Streich", *Die Glorreichen Sieben* aus dem Western, Rudi Carrells Fernsehshow *Die verflixte Sieben* bis zum David-Fincher-Thriller *Se7en* – die Beispiele aus Religion und Märchen, Populärkultur und Alltag sind Legion.

Interessanter ist vielleicht die Frage, wo diese bedeutsame Sonderstellung herrührt. Die letzten beiden Zeilen der Tetraktys, dem Zahlendreieck der Pythagoräer, ergeben 7 und bilden das Komplement der 3 zur 10 – damit wäre das magische Trio beisammen. Als Summe aus der 3 und der 4 löst die 7 zudem deren Opposition zur höheren Synthese auf und wird von beiden Seiten symbolisch aufgeladen. Allerdings lässt sich dieses Argument auch umdrehen. Für Robert Fludd war die 4 genau deshalb bedeutsam, weil sie die Verbindung zwischen der heiligen 3 und der heiligen 7 stiftet. Die Heiligkeit der 7 aber ergibt sich aus der Bibel: Moses muss für Gott einen siebenarmigen Leuchter herstellen, in der Johannes-Offenbarung werden sieben Endzeit-Plagen angekündigt – wie keine andere Zahl durchzieht die 7 Altes und Neues Testament. Nur: Wie ist sie da hineingekommen?

Auch in anderen Kulturkreisen und früheren Epochen spielte die 7 schon eine herausragende Rolle. Buddha verbrachte sieben mal sieben, also 49 Tage unter dem Baum der Weisheit. Laut Reinhard Schlüter gehen Kulturforscher von einem mesopotamischen „Sieben-Urknall" im vierten vorchristlichen Jahrtausend aus: Die sumerischen Priester bauten siebenstufige Tempel und entfalteten ausgehend von dem als Siebengottheit verehrten Siebengestirn der Plejaden eine reichhaltige Mythologie: im Gilgamesch-Epos und anderen Aufzeichnungen wimmelt es von sieben Dämonen, sieben Helden, sieben Winden, sieben Weisheiten und sieben Stadttoren, um nur einige zu nennen. Über die nachfolgende Kultur der Babylonier verbreiteten sich die Siebener-Mythen in andere Weltgegenden und religiöse Kontexte. Eine Verankerung für die 7 in der Natur lieferten die sieben Wandelsterne, die als „Planeten" schon in der Antike bekannt waren, also Merkur, Venus, Mars, Jupiter und Saturn, ebenso Sonne und Mond.

Eine eher lose Verbindung der 7 gibt es ferner zur Dauer der vier Mondphasen eines Monats, woraus sich die Sieben-Tage-Woche ergibt. Schon die Babylonier und Ägypter teilten ihre Zeit so ein, durch die biblische Schöpfungsgeschichte wurde dieser Standard nur festgeschrieben und gilt heute fast weltweit. Die Ableitung der Wochendauer aus Zu- und Abnahme des Mondes kommt jedoch nur ungefähr hin: Eigentlich handelt es sich bei den Mondphasen um kontinuierliche Übergänge, was eher die These stützt, dass die 7 schon vorher da war und lediglich der Vorsatz maßgeblich, sie auch in den Mondkalender hineinzugeheimnissen, frei nach dem Motto: Was nicht passt, wird passend gemacht.

Ein anderer Erklärungsansatz für das 7-Phänomen speist sich aus der Hirnphysiologie, genauer: aus der „channel capacity", mit der George A. Miller seine „magical number seven" begründet (siehe Kapitel II). Wenn Peter Fischli und David Weiss in ihrem Büchlein *Findet mich das Glück?* fragten: „Ist sieben viel?", kann man ihnen unumwunden antworten: Ja. Wenn bei vier schon die Zählgrenze beginnt, dann sind sieben Objekte definitiv mehr, als wir auf einen Blick erfassen können. Bis sechs gibt der Spielwürfel ein Muster vor, wie sich Punkte arrangieren lassen, sodass wir sie wie Ziffern auf einen Blick lesen können. Für sieben Punkte gibt es kein eindeutiges gelerntes Muster mehr. Deshalb ist die 7 selbst zur Chiffre für „viele" geworden. „Pack Deine sieben Sachen!" – das ist nicht als Aufforderung gemeint, die exakte Anzahl von sieben Gegenständen einzupacken, sondern eine unbestimmte Menge an Habseligkeiten, am besten alle, die man für die anstehende Reise brauchen könnte.

Bernhard Großfeld sieht die Ursache für die exponierte Stellung der 7 in der altertümlichen Fingerzählweise mit dem Daumen als Zähler, wonach mit der 7 der erste Zählkreis vollendet ist. „Diese Zählweise erklärt, warum die Sieben als erste geschlossene Einheit, das heißt als runde Zahl gilt", schreibt er in *Zauber des Rechts*. „Über die Sieben hinaus beginnt das Unfassbare, also das, was wir mit den Fingern nicht begreifen können."

Dass sie in Religion und Rechtssystem häufig im Zusammenhang von Zeitzyklen und Altersstufen auftaucht, ist ein Merkmal der 7, das tatsächlich gut zu dieser Zählkreis-Herleitung passt. Die sieben fetten und mageren Jahre der Bibel sind nur ein Beispiel, der weit verbreitete Glaube an das verflixte siebte Jahr ein weiteres. Im Recht sind die Altersstufen in Siebener-Schritten angeordnet: Mit sieben Jahren beginnt die bedingte Geschäftsfähigkeit. Mit dem vollendeten 14. Lebensjahr ist man Jugendlicher und strafmündig nach dem Jugendstrafrecht. Bis 1975 begann die Volljährigkeit mit allen Rechten und Pflichten des Erwachsenen mit 21 Jahren, und in den USA darf man bis heute erst mit 21 Jahren Alkohol kaufen.

Die Theorie der durch Sieben-Jahres-Rhythmen strukturierten Lebensalter ist aber durchaus älter und weiter verbreitet als nur im Rechtssystem. Bei den Rittern des Mittelalters findet Bernhard Großfeld dieses Muster wieder: „Mit sieben Jahren begann der Dienst als Page, mit vierzehn wurde der junge Mann Knappe, mit 21 erhielt er den Ritterschlag." Schon der attische Dichter und Staatsmann Solon leitete um 600 vor Christus aus körperlichen Anzeichen wie dem Ausfallen der Milchzähne und dem Einsetzen der Pubertät ab, dass der Mensch sich alle sieben Jahre fundamental wandelt und ein jeweils neuer Lebensabschnitt beginnt. Über Philon von Alexandrien, der um die Zeitenwende herum in Ägypten lebte und jüdische Theologie mit griechischer Philosophie verband, verbreitete sich die Idee später im gesamten Mittelmeerraum.

In China gilt traditionell gleichermaßen der physiologische Siebener-Takt – allerdings nur für Frauen. Für Männer veranschlagt das *Huang Di Nei Jing*, das *Buch des Gelben Kaisers zur Inneren Medizin*, eines der ältesten Standardwerke der chinesischen Medizin, einen Zyklus von acht Jahren, was eine Ungleichzeitigkeit der Wendepunkte zwischen den Geschlechtern begründet. Frauen erreichen demnach mit 14 die Blüte der Geschlechtsreife, Männer erst mit 16. Der Höhepunkt der Entwicklung liegt bei der Frau bei 28 Jahren, beim Mann bei 32. Bei Frauen versiegt das Yin und damit die Lebensenergie mit 49, beim Mann ist erst mit 64 Schluss. Obwohl – oder gerade weil? – moderne Lebensstile und medizinischer Fortschritt dieses Schema überlagern, gewinnt der latent sexistische Determinismus, der aus den Weisheiten des mythischen Gelben Kaisers und seines Leibarztes und Ministers Qi Bo spricht, im Westen gerade viele Anhänger.

Passenderweise scheint sogar die avancierte Biologie den grundlegenden Befund zu bestätigen. „Alle sieben Jahre sind wir – rein rechnerisch – ganz neue Menschen", lesen wir etwa auf *Focus Online* über einem Beitrag zu neuesten Erkenntnissen aus der Zellforschung. Wissenschaftler fanden heraus, dass der menschliche Körper zwischen

zehn und 50 Millionen Zellen pro Sekunde abbaut und durch neue ersetzt, woraus sich dieses rechnerische Mittel ergibt. Allerdings unterscheiden sich die Taktungen einzelner Zellen stark. Während sich Gehirnzellen und Knochen fast gar nicht erneuern, werden Blutzellen sekündlich ausgetauscht. Die *Welt* interpretiert dieselben Zahlen deshalb weitaus weniger spektakulär: „Das Durchschnittsalter sämtlicher Zellen eines Erwachsenen dürfte bei sieben bis zehn Jahren liegen." Was das Heer von Personal Coaches und Psycho-Beratern nicht davon abhält, auf ihren Websites das Halbwissen von der alle sieben Jahre stattfindenden Runderneuerung zu reproduzieren – schließlich ist die Neuerfindung des Menschen auch ihr Geschäft.

Spinnt man den Gedanken weiter, dann müssten Hunde sich eigentlich im Jahresturnus einmal komplett erneuern, denn bekanntlich entspricht ein Menschenjahr sieben Hundejahren. Auch diese Praxisweisheit entspricht indes weniger der veterinärmedizinischen Lehrmeinung als der Tatsache, dass Menschen Jahre und Lebenszeit gerne in Siebener-Abschnitte einteilen.

Bleibt noch die Frage zu klären, ob die 7 eigentlich gut, schlecht oder gar böse ist. In der populären Ikonografie überwiegt eindeutig ihr Charakter als Glückszahl. Dort steht sie auf einer Stufe mit dem vierblättrigen Kleeblatt, dem Schornsteinfeger und dem Marzipanschweinchen, was auch erklärt, warum sie als Symbol neben Obst und dem Schriftzug „BAR" auf den Walzen von Glücksspielautomaten auftaucht. Im populären Aberglauben allerdings kommt auch die dunkle Seite der 7 zum Vorschein: Der zerbrochene Spiegel bringt sieben Jahre Unglück, das vergessene In-die-Augen-Schauen beim Zuprosten sieben Jahre schlechten Sex, vom „verflixten siebten Jahr" der Ehe gar nicht erst zu reden.

Angelegt ist der Doppelcharakter der 7 bereits in der religiösen Symbolik: „Interessanterweise tritt die Sieben sowohl in positiven als auch in negativen Konnotationen auf", schreibt Harald Haarmann. Es gibt den siebten Himmel, der auf den Talmud zurückgeht, wo der Himmel noch einmal unterteilt und das siebte Gewölbe das höchste ist. Und es gibt die sieben Todsünden, die nicht in der Bibel stehen, aber nach theologischer Auslegung aus den schlechten Charaktereigenschaften Eitelkeit, Geiz, Wollust, Rachsucht, Maßlosigkeit, Missgunst und Faulheit entstehen. Gutes wie Schlechtes kommt in Siebener-Packungen.

Die 7 ist demnach nicht nur ein Evergreen, sondern ein echter Allrounder und die Allzweckwaffe unter den Zahlen. Aber merke: Originell geht anders.

... über 8 wissen wollten

Gegen die alles überstrahlende Präsenz der 7 schmiert die 8 natürlich gehörig ab und fristet ein Mauerblümchen-Dasein. „Sie galt im Altertum als bedeutsame Glückszahl", schreiben Schimmel und Endres, aber das muss wohl längst in Vergessenheit geraten sein, denn „im Volksglauben spielt die Acht kaum eine Rolle".

Allenfalls kann sie sich darauf berufen, dass sie die 4 verdoppelt, wie ihrerseits die 4 als Verdopplung und Verstärkung der 2 auftritt. Aber das ist geliehener Glanz, der zu kaum mehr führt, als dass die 8 in der Windrose eine Rolle spielen darf. Die Einzigen, denen die 8, besonders in ihrer symbolischen Verdoppelung als 88, nicht egal ist, sind die Neonazis. Bei ihnen ist sie der Geheimcode für den achten Buchstaben des Alphabets. Die 88 steht damit als Kürzel für den verbotenen Gruß „Heil Hitler!", die 18 folglich – ganz jüdisch-kabbalistisch – für die Initialen ihres Führers.

Der Kinofilm *8 Mile* mit Rapper Eminem in der Hauptrolle trägt seinen Titel nach einer Straße in der heruntergekommenen Innenstadt von Detroit, die von 80 Prozent Schwarzen bewohnt wird, während Detroit insgesamt zu 80 Prozent weiß ist. Dadurch wurde sie zum Symbol für Rassenbarrieren in den USA. Der Straßenname mag Zufall sein, aber die Verteilung der Hautfarben liefert einen weiteren anschaulichen Beleg für die 80:20-Regel, wonach Grundgesamtheiten in Natur und Gesellschaft nach diesem Schlüssel zerfallen (siehe Kapitel I). Somit kommt der 8 als Komplement der 2 zur 10 zumindest mathematisch-naturwissenschaftlich eine Sidekick-Rolle zu.

Markant ist die 8 allein in typografischer Hinsicht: Wegen ihrer verschlungenen Form stand sie Namenspate für die Achterbahn, liegend erinnert sie an das Möbiusband und bildet als sogenannte Lemniskate das Symbol für „unendlich" (∞). Auch weckt sie anscheinend gerne anthropomorphe Assoziationen: In Großbritannien wird die 88 beim Bingo traditionell als „two fat ladies" ausgerufen.

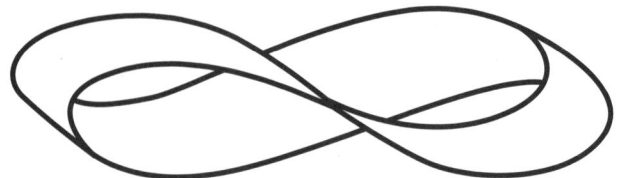

Ein ganz anderes Gewicht erhält die 8, wenn man nach China blickt, wo sie die alles beherrschende Glückszahl ist. Für Autokennzeichen und Telefonnummern, die viele 8en enthalten, werden in China nicht gerade achtstellige, aber doch erhebliche Geldsummen bezahlt. Wenn es um Preisgestaltung geht, entspricht in China die 8 dem, was bei uns die 9 ist, und kommt insbesondere bei Dingen zum Einsatz, die zum Verschenken geeignet sind. Eine Sofagarnitur kostet in China also gerne einmal 8.888 Yuan, umgerechnet rund 900 Euro.

Wir dürfen davon ausgehen, dass mit dem weltweiten Vormarsch Chinas auch die 8 in unsere hybride Populärkultur einsickern wird, so wie in jüngster Vergangenheit Halloween mit der Farbkombination Schwarz-Kürbisorange über uns kam. Erste Vorboten zeichnen sich bereits ab. So sieht man in einer Folge der *Terence Koh Show* auf You-Tube, wie das asiatisch-kanadische Kunst-Wunderkind zusammen mit dem Weltstar Lady Gaga 88 Perlen in eine Porzellantasse abzählt. Die Folge trägt den Titel „88 Pearls" und verweist auf den chinesischen Mythos der 88 Glücksperlen.

Fazit: Die 8 – eine alte Lady, die gerade ein paar neue Tricks lernt. Übrigens beträgt die Summe aller Euro-Scheine und Münzen zusammengenommen 888,88 Euro.

… über 9 wissen wollten

„Zwei mal drei macht vier, widde widde witt und drei macht neune," singt Pippi Langstrumpf in ihrem an Goethes „Hexeneinmaleins" erinnernden Titelsong und unterstreicht damit – mathematisch vielleicht nicht ganz korrekt, dafür aber umso eingängiger – den Fakt, dass sich die Bedeutung der 9 allein aus der 3 ableitet. „Die Zahl Drei ist die Wurzel der Neun, weil sie, ohne eine andere Zahl, durch sich selbst vervielfältigt, neun gibt, wie wir leichtlich sehen; denn dreimal drei ist neun", schreibt Dante in *Vita Nuova*. Dadurch erhält die „Herrin" 3 die 9 zur „Begleiterin".

Als quadrierte 3 wachsen der 9 gewisse magische Qualitäten zu, die eher ins Düstere, Okkulte spielen, was daher rührt, dass sie von der glatten 10 abfällt. Der vor Mystik, Tod und Teufel triefende Polanski-Thriller *Die neun Pforten* legt davon ein popkulturelles Zeugnis ab. Was ihre magische Aufladung angeht, hat die 9 Ähnlichkeiten mit der 7. Allerdings stammt diese bei der 9 eher aus heidnischer Tradition, weshalb sie der 7 mit deren stärkerem biblischen Rückhalt nicht standhalten konnte und verdrängt wurde. Verglichen mit der 7 ist die 9 also reinstes Hexenwerkzeug. Das könnte auch der Grund sein, warum Katzen im Angelsächsischen, wo der heidnisch-keltische Einfluss noch stärker ist, tendenziell eher über neun Leben verfügen – „You know that a cat has nine lives", singt John Lennon im Song „Crippled Inside", und auch in Shakespears *Romeo und Julia* ist davon die Rede. Die kontinentaleuropäische Katze christlich-antiker Tradition muss sich hingegen meist mit sieben Leben bescheiden.

Eine ähnliche Verschränkung von 7 und 9 finden wir bei „Wolke Sieben" und „Cloud Nine", wobei Letztere als geflügeltes Wort jüngeren Datums ist und sich erst seit den 1980er Jahren im angelsächsischen Sprachraum gegen die ebenfalls gebräuchliche „Cloud Seven" durchgesetzt hat. Womöglich war die Popularisierung durch die beiden gleichnamigen Alben von den Temptations und George Harrison hier maßgeblich. Vielleicht ist es aber auch einfach die stärkere Inflationsrate des Glücks im Angelsächsischen, die diese Tretmühle in Gang gesetzt hat. Schon hört man euphorisierte Amerikaner, die ihren Glücksgefühlen angemessen Ausdruck verleihen wollen, sagen, sie befänden sich auf „Cloud Ten".

Möglicherweise beruhen die im Deutschsprachigen ebenfalls, wenn auch weniger häufig anzutreffenden neun Leben einer Katze aber auch auf der Verwechslung mit der neunschwänzigen Katze. Gewissermaßen als symbolisches Gegenstück zur neunköpfigen Hydra aus der griechischen Mythologie handelt es sich dabei um eine Peitsche mit neun Enden, die heute nur noch in der Sado-Maso-Szene gebräuchlich ist.

Eine erotische Aufladung erfährt die 9 jedenfalls in Kombination mit der 6 als „Stellung 69", über deren Etymologie Wikipedia lakonisch feststellt: „Mit der Kombination beider Zahlen wird die entgegengesetzte Körperausrichtung der Beteiligten symbolisiert." Im Logo der Sexshop-Kette Beate Uhse wird diese Symbolik zitiert: Das e und das a bilden darin farblich hervorgehoben eine stilisierte 69. Eine gewisse Verbindung zum Sex hat die 9 aber auch ohne 6, nicht weil die äußere Form beider bei lebhafter Fantasie an ein Spermium denken lässt, sondern weil eine Schwangerschaft neun Monate dauert.

Ihren größten Auftritt in Pop und Alltag hat die 9 in ihrer Doppelrolle als 99. So beträgt die längste gesetzliche Laufzeit für das Erbbaurecht 99 Jahre. Wer 100 zu 99 verkürzt, spart eine Stelle. Vielleicht aus dieser ökonomischen Handhabung heraus hat sich die 99 verselbständigt als „irgendwie bedeutsam" – möglicherweise standen Nenas „99 Luftballons" hier Pate. In den USA hat die 99 seit kurzem deutlich an Prestige verloren: Als „99ers" bezeichnet man dort die Langzeitarbeitslosen, die seit einer Gesetzesänderung nur noch für maximal 99 Wochen staatliche Arbeitslosenunterstützung erhalten können. „99ers" hießen passenderweise eine Zeitlang auch die 99 Cent billigen Ham- und Cheeseburger bei Burger King. Im Reich der Discountpreise, Offerten und Sonderangebote regieren die 9 und ihre große Schwester, die 99, unangefochten (siehe Kapitel VIII).

Deshab haftet der 9 etwas Billiges an, wo sie mit dem Markt in Berührung kommt – der lasziv-schwülstige Duft einer käuflichen Konkubine.

... über 10 wissen wollten

In ihrer Allgegenwart ist die 10 ähnlich schwer in den Blick zu nehmen wie die 3 und die 7. Ein bisschen ergeht es einem mit ihr wie Augustinus mit der Zeit: „Wenn mich niemand fragt, weiß ich es. Wenn ich es jemandem erklären will, der fragt, weiß ich es nicht." Ähnlich ratlos schreibt Harald Haarmann: „Die Zehn mit ihren Potenzen (100, 1.000 usw.) manifestiert sich im Symbolschatz vieler Kulturen." Tatsächlich machte gerade das Allumfassende das Wesen der 10 für die Pythagoräer aus, für die sie sich als Summe aus der

Tetraktys herleitete und nicht etwa aus den zehn Fingern oder gar dem dezimalen Stellenwertsystem, das erst knapp 2.000 Jahre später wirklich nach Europa kam (siehe Kapitel V).

Von zentraler Bedeutung in der jüdischen Religion sind die Sephirot, die zehn Ziffern oder göttlichen Sphären des kabbalistischen Lebensbaumes, die über ihre festgesetzten Verbindungspfade die 22 Buchstaben des hebräischen Alphabets ergeben. Für die Bibel kommen einem natürlich sofort die Zehn Gebote, der Dekalog, in den Sinn. Das war es dann aber auch schon fast mit der 10 und den Religionen. Dass sie als Speerspitze des Dezimalsystems zum weltweiten Standard wurde, ist ein Beiprodukt der Neuzeit, ähnlich wie die Ausbreitung des Englischen als Weltsprache im Zuge der Globalisierung, nur aus anderer Richtung kommend.

Weil sie verglichen mit den schwerfälligen römischen Ziffern über ihre Potenzen mit müheloser Leichtigkeit hoch- und runterskaliert werden kann, wurde die 10 zur Chiffre für Unendlichkeit, für das ganz Große und das ganz Kleine. Der Kurzfilm *Powers of Ten*, den die Designer Charles und Ray Eames 1977 im Auftrag von IBM produzierten, zeigt eindrücklich, wie sich über die 10 der Makrokosmos des Universums mit dem subatomaren Mikrokosmos verbinden lässt. Dabei macht der Film nichts anderes, als ausgehend vom vertrauten Metermaß über eine Spanne von insgesamt 40 Zehnerpotenzen auf 10^{24} Meter heraus- und auf 10^{-16} Meter heranzuzoomen.

Dieser Bezug der 10 zur Unendlichkeit findet sich auch in einer populären Veranschaulichung der Ewigkeit, die ungeklärten, aber mit Sicherheit jüngeren Ursprungs ist, angeblich aus Japan stammen soll und sich im Internet in vielfältigen Versionen verbreitet. Danach streift ein kleiner Vogel – je nach Version – alle hundert, tausend oder Million Jahre einen großen Berg und wetzt seinen Schnabel daran. Wenn der Berg vollends abgetragen ist, sei die erste Sekunde der Ewigkeit vergangen. Die 1000 als Chiffre für „unendlich viel" liegt ebenso hinter den Märchen aus *Tausendundeine Nacht* wie hinter Hitlers „Tausendjährigem Reich", das auf die Ewigkeit angelegt war und endliche zwölf Jahre währte.

Dass man die 10 und ihre Potenzen verwendet, wenn man eigentlich ungefähre und unbestimmte Größenordnungen meint, kennzeichnet ihren Charakter als runde Zahlen. Die Praxis des Rundens stammt aus der Naturwissenschaft, in der je nach benötigter Präzision

eines Messwertes nur eine bestimmte Anzahl Dezimalstellen nach dem Komma angegeben werden muss. In der Ökonomie entsprechen dem die „glatten Summen", auf die man sich in Preisverhandlungen einfach verständigen kann oder die schlicht der Währungsstückelung entsprechen. Wie willkürlich diese Wahrnehmung letztlich ist, zeigt ein im Internet kursierender Witz, wonach für Informatiker die 8, die 32 und die 256 runde Zahlen sind, weil sie die Zweierpotenzen bilden. In der Binärschreibweise werden sie zu 100, 10000 und 100000000.

Dennoch hat die Praxis des Rundens auch auf den symbolischen Charakter der 10 abgefärbt: Sie weckt den Eindruck von Abgeschlossenheit und Vollendung, hat etwas Rundes und Glattes. Der Moment, wenn der Kilometerzähler im Tacho von 9.999 auf 10.000 springt, erscheint uns erhaben. Der Milleniumswechsel wurde entsprechend am 31. Dezember 1999 gefeiert, auch wenn das dritte Jahrtausend streng genommen erst am 1. Januar 2001 begonnen hat. Die gängige Zeiteinteilung in Dekaden und Säkula erlangt ihre besondere Bedeutung, wo es um Lebensalter, Jubiläen und Todestage geht. Deshalb feiern wir „runde Geburtstage", Hochzeiten und Gedenkfeiern besonders ausufernd, wenn sie auf 0 enden – oder wenn es sich um ein glattes Viertel von 10^2 handelt, also 25, 50 oder 75.

In den bis 1900 verbreiteten Bilderbogen-Darstellungen der „Stufenalter des Menschen" oder „Lebenstreppen" entspricht jede Treppenstufe, auf der das je alterstypische Idyll bebildert wird, zehn Jahren und nicht, wie in der chinesischen Medizin, sieben oder acht. Der Mittel- und Höhepunkt des Lebens liegt bei für die damalige Zeit optimistisch veranschlagten 50 Jahren, bevor es wieder hinabgeht ins Greisenalter, Siechtum und den Tod im biblischen Alter von 100 Jahren.

Ein weiterer wichtiger Anwendungsfall der 10 in der Populärkultur ist der Countdown, der üblicherweise bei 10 beginnt und auf 0 runterzählt. Erfunden hat ihn nicht etwa die NASA, sondern der deutsche Stummfilm-Pionier Fritz Lang für seinen 1929 gedrehten Science-Fiction-Film *Frau im Mond*, um darin den Start der Mondrakete spannungsreich zu inszenieren. Die Kulturwissenschaftler Ulrike Hanstein und Philipp Schulte schreiben: „Der inszenatorische Coup wurde zum markanten Vorspiel jedes realen Raketenstartes und so wiederum zum mitreißenden Motiv späterer SF-Filme."

Das US-Militär ließ es sich nicht nehmen, dieses Element auch bei der medialen Inszenierung der ersten Atomtests einzusetzen. Politisch explosive Wirkung entfaltete der Countdown in einem berüchtigten Wahlwerbespot, mit dem im US-Wahlkampf 1964 der Demokrat Lyndon B. Johnson seinen Kontrahenten angriff, den Hardliner Barry Goldwater, der den Einsatz von Nuklearwaffen in Vietnam nicht ausschließen wollte: Ein kleines Mädchen zupft ein Gänseblümchen und zählt dabei die einzelnen Blütenblätter. Als sie die 9 erreicht, ertönt im Hintergrund eine sonore Männerstimme, die von 10 herunterzählt bis zur 0 und damit zur unvermeidlichen Atombombenexplosion. Obwohl der heftig umstrittene Spot nur einmal lief, soll er nicht unerheblich zu Johnsons Wahlsieg beigetragen haben.

Dramaturgisch effektiv kommt der Countdown aber auch zum Einsatz, wenn es wie in Hitparadensendungen darum geht, den Gewinner oder das Highlight für das Ende aufzusparen. Die „Top 10" stehen synonym für die obere Spitze eines Rankings. Auch die in jüngster Zeit inflationären Rankings der hundert einflussreichsten, wichtigsten oder peinlichsten Menschen des Jahres nach dem Vorbild der jährlich aktualisierten „Times 100"-Liste der einflussreichsten Personen der Welt folgen dieser Logik. Viele Bewertungsraster fragen Werturteile auf einer Skala von 0 bis 10 ab, wobei 10 stets die volle Punktzahl oder Zustimmung signalisiert. Der viel zitierte Titel der Hollywood-Komödie *Zehn – Die Traumfrau* von 1979 konnte sich auf diesen gelernten Code stützen.

Ikonografisch spielt die 10 dennoch keine herausragende Rolle, eher schon die 100, die als ihre Verstärkung für 100-Prozentigkeit und damit Vollwertigkeit und ein nicht zu toppendes Maximum steht. Nicht von ungefähr wurden die exakt zehn Zentimeter langen King-Size-Zigaretten als Marke zu „Marlboro 100's". Wo es um den Zahlenwert der 10 geht, behauptet sich die römische Ziffer X als stärkeres Zeichen. Deshalb hieß etwa die zehnte Auflage von Apples Betriebssystem OS X und nicht OS 10. Allerdings besteht hier Verwechslungsgefahr, sowohl mit dem pornografische Inhalte kennzeichnenden „X-Rating" als auch mit der mathematischen Variablen für Unbekanntes, die in der Populärkultur für Mysteriöses und Parapsychologisches steht (*The X-Factor*, *Akte X*). Malcolm X war eben nicht der zehnte Spross aus einer Dynastie von Malcolms, sondern der als Malcolm Little geborene Bürgerrechtler und Nation-of-Islam-

Führer, der sich durch diesen *nom de guerre* interessant und gefährlich machen wollte. Beim inzwischen von Heineken aufgekauften und weltweit vertriebenen mexikanischen Bier Dos Equis stehen die zwei X im Logo dagegen tatsächlich für zweimal 10: 1897 erstmalig gebraut, sollte es ein Bier für das 20. Jahrhundert werden.

Wo die 10 als arabische Zahl ins Bild rückt, zerfällt sie in ihre Bestandteile, die Ziffern 1 und 0, die als Grundbausteine der Digitalisierung durch den symbolischen Raum geistern. *Nullen + Einsen* lautete etwa der deutsche Titel eines Buches von Sadie Plant über „digitale Frauen und die Kultur der neuen Technologien". Dennoch, wo 1 und 0, *on and off* im Spiel sind, ist auch die 10 immer mit anwesend. Passenderweise wird sie selbst in binärer Darstellung verdoppelt zu 1010. Auch im Binärraum, wo die einfache Folge 10 für die Basis 2 steht, bleibt die 10 also – eine runde Sache.

... über 11 wissen wollten

Auch wenn die 11 aufgrund ihrer schlanken Form, und weil sie ihn an zwei Pinguine erinnert, Erik Spiekermanns Lieblingszahl ist, hat sie historisch betrachtet doch ein gewaltiges Imageproblem, das nur ihrer ungünstigen Lage auf dem Zahlenstrahl geschuldet scheint. Eingekeilt von zwei übermächtigen Nachbarn, den Rundzahlen 10 und 12, sitzt die 11 zwischen allen Stühlen und gilt traditionell als unvollkommen, schräg und verquer. Während alle anderen Zahlen immer wenigstens eine gute Seite haben, schreiben Schimmel und Endres, sei bei der 11 wirklich Hopfen und Malz verloren, zumindest wenn man der mittelalterlichen Exegese folgen mag. Seni, der Astrologe aus Schillers *Wallenstein*, sekundiert: „Elf ist die Sünde, Elfe überschreitet die zehn Gebote."

Zur Strafe wurde die 11 wie ihre Schicksalsgenossin, die 13, von offizieller Seite her stets geschnitten. In Gesetzestexten etwa tauchen beide Zahlen nur bei der Durchnummerierung der Paragrafen auf. Auch in der Bibel kommt sie praktisch nicht vor. Die Rache der 11 ist der Karneval, in dem sich ja so manches Verdrängte und Verpönte eruptiv entlädt. Der Beginn der Karnevalssaison am 11.11. um 11:11 Uhr und der närrische Elferrat stehen symbolisch dafür, dass hier die alltägliche und gewöhnliche Ordnung aufgehoben wird. Und vielleicht ist es kein Zufall, dass im Stadtwappen der Karnevalshochburg Köln ausgerechnet elf schwarze Tropfen oder Tränen abgebildet sind, auch wenn es sich offiziell dabei um ein Stück Hermelin-Pelz handeln soll.

Dass die 11 auch außerhalb des Karnevals für lustvolle Entgrenzung und Exzess steht, zeigt die englische Redewendung „Up to eleven" oder „These go to eleven", womit gemeint ist, dass die gängige Zehner-Skala nach oben gesprengt wird. Sie geht zurück auf den Mockumentary-Film *This Is Spinal Tap* über eine fiktive Heavy-Metal-Band, deren getunte Marshall-Gitarrenverstärker bis 11 gingen, statt wie üblich bis 10.

Verschärfend kommt hinzu, dass die 11 die erste der Schnapszahlen ist (siehe Kapitel IV). In den letzten Jahren ist es zum Volkssport geworden, an solchen Daten zu heiraten, wohl weniger, weil es Glück bringt, sondern weil man dann zumindest den Hochzeitstag nicht mehr ganz so leicht vergisst. Das Jahr 2011 – übrigens eine Primzahl – ist voll von solchen Schnapszahldaten: 1.1.11, 11.1.11, 1.11.11 und, besonders einmalig: 11.11.11. Nimmt man allein die Zahl der Paare zusammen, die sich an diesen Daten das Jawort gegeben und dadurch eine positiven Bezug zur 11 haben, dann scheint ihr Image fast schon wieder rehabilitiert.

Die größte Fanbasis abseits der Jecken hat die 11 unter den Fußball-narren. „Die Elf" ist die Mannschaft, ein „Elfer" ein Strafstoß, und wer das nicht auf Anhieb kapiert, hat keine Ahnung von Fußball. Woher die 11 im Fußball kommt, ist dagegen unklar. Gut möglich, dass es vom Sport als entgrenztem und dem Zugriff der Herrschenden entzogenem Freiraum der Untertanen eine subversive Querverbindung zum Karneval gibt. Dagegen spricht, dass viele Feldsportarten wie Cricket, Feldhockey und American Football, die eher in nicht-karnevalesken Ländern verbreitet sind, ebenfalls elf Feldspieler pro Mannschaft vorsehen. Das Magazin *11 Freunde* jedenfalls braucht im Titel nicht zu erklären, dass es inhaltlich um Fußball geht, und für die Einführung des Kastens „Krombacher Elf" mit elf Bierflaschen war mit Sicherheit weniger die optimale Raumausnutzung ausschlaggebend als die Verbindung, die das Nationalgetränk ohnehin zum Nationalsport hat.

In Deutschland ist die 11 also längst zur Chiffre für Fußball geworden – und ihr Charakter entspricht damit ungefähr dem des ADS-gestörten Klassenkaspers, der aber ein guter Stürmer ist.

... über 12 wissen wollten

„Voll auf die 12!" – diese martialische und zunehmend auch im doppelt übertragenen Sinn gebrauchte Redewendung leitet sich vom Ziffernblatt der Uhr her, wo die 12 zuoberst thront und die Position des Kopfes markiert. Auch im Militär werden die Positionen der Stunden auf der Uhr benutzt, um vom subjektiven Standpunkt aus Richtungen anzuzeigen („Feind auf vier Uhr!"). Die Einteilung des Tages in zwei mal zwölf Stunden ist nicht zwingend durch die Natur vorgegeben, aber außerordentlich praktisch. So teilt sich das Ziffernblatt harmonisch in vier Quadranten à drei Stunden, und selbst die Stunde mit ihren zwölf mal fünf Minuten hat sich als praktikable Zeiteinheit erwiesen. Das Kontinuum der Farben wird über den Farbkreis ebenso in zwölf Grundfarben unterteilt wie das Kontinuum der Töne innerhalb einer Oktave zur Tonleiter aus zwölf Halbtonschritten. Selbst hinter der in Europa üblichen Stromspannung von 220 Volt, die in Wirklichkeit 240 Volt sind, schimmert die 12 als archaischer Referenzpunkt für willkürliche Festlegungen hindurch, deutlicher noch in den USA, wo der Nennwert der Netzwechselspannung 120 Volt beträgt.

Die Verbindung der 12 zum Kalender ist dagegen über die zwölf Monate des Jahres mehr oder weniger fest in der Natur verankert, auch wenn der Mondmonat vom kalendarischen Monat abweicht und das ganze Konzept an den Rändern ein wenig knirscht. Sonne und Mond sind nicht vollständig kompatibel, was die Menschen seit jeher gestört hat. Die aberwitzigsten mathematischen Konstruktionen wurden erprobt, um Sonnenkalender und Mondkalender zu synchronisieren, und der chinesische und jüdische Kalender sind bis heute hochkomplexe Lunisolarkalender. Der Julianische Kalender, auf dem später der Gregorianische aufbaute, akzeptierte die Tatsache, dass beide unversöhnlich nebeneinander herlaufen – was der 12 aber nichts anhaben konnte. Wie unser heutiges Jahr, so hängen auch die zwölf Tierkreiszeichen am Sonnen-, nicht am Mondkalender, wie man denken könnte.

Auf dem Olymp der Griechen saßen zwölf Götter. In der Bibel taucht die 12 nicht nur bei den zwölf Aposteln auf, sondern auch bei den zwölf Stämmen Israels, woraus sich für Juden und Christen ihr Symbolgehalt als Zahl guten Staatswesens und politischer Perfektion ableitet. Ihr biblischer Charakter als Zahl der Verkündung ergibt sich aus dem Bild, dass die göttliche Dreieinigkeit hinaus in die vier Ecken der Welt getragen wird. Der eigentliche Trumpf, mit dem die 12 sticht, sind denn auch ihre mathematischen Eigenschaften als verdreifachte 4 und verdoppelte 6. Ihre Teiler sind 1, 2, 3, 4 und 6. Nimmt man sie mal 5, landet man bei der 60, die ihrerseits eine gute Zahlenbasis abgibt, weshalb sie nicht nur hinter den Minuten, sondern auch hinter Sekunden und Gradzahlen steht.

Zwölf Elemente lassen sich in zwei Reihen à sechs, drei Reihen à vier, vier Reihen à drei und sechs Reihen à zwei zum Rechteck auslegen. Diese Vielseitigkeit macht die 12 enorm attraktiv für die Gestaltung von Rastern und Ordnungssystemen. Sie steckt im Ziffernblatt ebenso wie in den „Double Six"-Motoren von Jaguar und Daimler und hinter dem klassischen Foto- und TV-Bildformat 4:3. In der Typografie ist die gebräuchliche mittlere Schriftgröße von zwölf Punkt ein Cicero, eine Einheit, die es vom Bleisatz bis ins digitale Publishing fürs iPad geschafft hat.

Diese Alltagserprobtheit ist es, die das punktuelle Beharrungsvermögen der 12 gegen die übermächtig herandrängende 10 als Ordnung und Struktur stiftende Allround-Zahl ausmacht. Auch in Deutschland basierten die Längenmaße lange auf der 12: Zwölf Zoll waren ein Fuß, zwölf Fuß bildeten eine Rute. Das Dutzend war lange Zeit die maßgebliche Handelseinheit für Stückgut. Noch heute werden Bagels im traditionsreichsten Londoner Shop in der Brick Lane in Halbes-Dutzend-Schritten verkauft, 15 Dutzend kosten dort 45 Pfund. In hiesigen Supermärkten findet man lediglich noch den 6er-Karton für ein halbes Dutzend Eier, während die 10er- den 12er-Karton doch weitgehend verdrängt hat. Im US-Kriegsfilm *Dirty Dozen* von 1967 steht das dreckige Dutzend für ein zwölfköpfiges Spezialkommando und damit für eine gern gewählte Gruppengröße, die natürlich sofort an die zwölf Jünger Jesu denken lässt. Die 12 bildet eine Art natürliche Schwelle für Tischgesellschaften und ist eigentlich nur noch als runder Tisch zu arrangieren, was mit dem Charakter der 12 als Rundzahl korrespondiert. Deshalb sind Silberbesteck und Service, wie man sie zu Hochzeiten verschenkt, in aller Regel auf zwölf Personen ausgelegt. Für Wohn-Novizen tut es erst einmal auch das halbe Dutzend, weshalb es in den IKEA-Einsteiger-Sets von jeder Tellersorte genau sechs gibt.

Weniger bekannt ist, dass die 12 in der Geometrie die „Kusszahl" für den dreidimensionalen Raum ist: 12 ist die maximale Anzahl an gleich großen Kugeln, die dicht um eine 13te gepackt werden können, sodass alle Kugeln diese mittlere noch berühren. In der Fläche, etwa auf dem Billardtisch, ist 6 die Kusszahl. Auch wenn dieser sympathischen Eigenschaft im Alltag weniger Bedeutung zukommt, als man sich wünschen würde, hat sie doch erhebliche Implikationen, zum Beispiel für die Chemie.

Ein etwas anders gelagerter Charakter der 12 ergibt sich aus der Zerlegung in die menschliche 5 und die heilige 7: Die Kombination dieser beiden Aspekte verleiht der 12 menschliche Größe und Würde. Die ikonische Strahlenkrone aus der Heraldik hat zwölf Zacken in regelmäßigen Abständen, die in der zweidimensionalen Wappen-Darstellung auf sieben sichtbare Zacken reduziert werden. Aus dem Staatswappen Österreichs ist die Zackenkrone längst verschwunden, in der Europa-Flagge ist sie im Sternenkranz noch angedeutet: „Der Kreis der goldenen Sterne steht für die Solidarität und Harmonie zwischen den europäischen Völkern", lautet die offizielle Erläuterung auf der Website der EU: „Es gibt zwölf Sterne, weil die Zwölf traditionell das Symbol der Vollkommenheit, Vollständigkeit und Einheit ist."

Immerhin durfte auch der Bundestags-Adler, die „fette Henne", beim Umzug aus dem Bonner Wasserwerk in den Reichstag seine zwölf Federn behalten. Im offiziellen Logo der Bundesrepublik, das sich noch vom zwölffederigen Reichsadler des Heiligen Römischen Reiches Deutscher Nation herleitet, wurde das Federkleid zwischenzeitlich auf zehn, mittlerweile sogar auf acht Federn gestutzt. Im zähen Abwehrkampf der 12 gegen die 10 triumphiert als lachende Dritte hier die 8.

So ist das Wesen der 12: Ein wenig angestaubt, haftet ihr der schale Schwulst und Pomp der „guten alten Zeit" an. Aber auch wenn sie schon bessere Tage gesehen hat und die Jugend an ihrem Thron sägt, kann sie aus der Tradition und innerer Stärke heraus immer wieder überraschend neue Ressourcen mobilisieren – ein altersweiser Grandseigneur, der sich das Heft des Handelns nicht so einfach aus der Hand nehmen lässt.

Mit der 12 ist das runde Dutzend voll. Sie markiert den letzten Außenposten der „fundamentalen Zahlen" diesseits der Hundert, die dadurch gekennzeichnet sind, dass sie ein eigenes Wort für sich beanspruchen können, das nicht aus anderen Zahlwörtern zusammengesetzt ist. In der deutschen Rechtschreibung wird diese magische Grenze dadurch markiert, dass die Zahlen bis zwölf üblicherweise ausgeschrieben und danach als Ziffern dargestellt werden. Hinter der 12 beginnt das Reich des abstrakten Rechnens, in dem Zahlen nur noch aus mathematischen Gründen interessant sind – oder weil sie ins Raster der kulturellen Codierung, der Numerologie und selektiven Zahlenmagie fallen.

VII.
Numerologie, Pop
und Internet

Der Mai 2011 war ein schöner Monat. In Deutschland herrschten milde Temperaturen, allenfalls den Bauern war es für die Jahreszeit zu trocken. Dabei hätte es eigentlich ein Katastrophenmonat werden müssen: Der 13. war ein Freitag, und acht Tage später stand zu allem Überfluss der Weltuntergang auf dem Programm. Angekündigt war er für den 21. Mai 2011. Um Punkt 18:00 Uhr sollte es so weit sein. Zu diesem Zeitpunkt würden einige auserwählte Christen reinen Herzens in den Himmel auffahren, während der Rest der Menschheit zu einem infernalischen Jüngsten Gericht mit weltweiten Erdbeben und anderen Katastrophen verdammt wäre. Fünf Monate später, am 21. Oktober 2011, würde Gott dann das Universum komplett zerstören und das Ende der Welt besiegeln.

Der kalifornische Radioprediger Harold Camping, der dieses Endzeitszenario entwarf, hatte bereits 1970 die biblische Sintflut exakt auf das Jahr 4990 vor Christus datiert. Aus verschiedenen Bibelstellen kombinierte er, dass das Jüngste Gericht genau 7.000 Jahre später stattfinden müsste. Um ganz sicherzugehen, zog Camping, Chef des christlich-fundamentalistischen Medienimperiums Family Radio, das in über 40 Sprachen sendet und Jahr für Jahr einen zweistelligen Millionenbetrag an Spenden einsammelt, zusätzlich symbolische Zahlenbedeutungen zurate. Zählt man die Tage seit Jesu Tod und addiert 51, also die Anzahl der Tage vom 1. April bis zum 21. Mai, kommt man auf 722.500. Und das – man halte sich fest! – ist exakt das Ergebnis, das man erhält, wenn man die symbolischen Zahlen 5 mal 10 mal 17 mit 5 mal 10 mal 17 multipliziert. Oder, wie es der *San Francisco Chronicle* formulierte: „Sühne mal Vollständigkeit mal Himmel zum Quadrat."

Solche Rechnungen, von denen sich in Campings Schriften viele weitere finden, sind zwar gleißender Unsinn, aber enorm populär. Hinter ihnen steht die Überzeugung, dass Zahlen eine unabwendbare, schicksalsmächtige Rolle zukomme und jeder Buchstabe und jede Ziffer in der Bibel wortwörtlich zu verstehen seien. Wer in Zahlen und Daten einen Grund oder eine tiefere Bedeutung sucht, die sich buchstäblich entschlüsseln lässt, der landet schnell bei der Zwillingsschwester der Astrologie, der Numerologie, die in den verschiedensten Spielarten daherkommt.

Numerologisch berechnete Endzeitdaten, Numeroskope und die typischen Glücks- und Unglückszahlen sind wirkmächtige Ideen, die knapp unter der Oberfläche unserer scheinbar vollständig aufgeklärten Gesellschaft treiben und sich als Meme – Ideen, die sich durch Kommunikation und Mundpropaganda fortpflanzen und in den Köpfen der Menschen festsetzen – verbreiten. Befeuert werden sie von einer regelrechten Industrie von Apokalyptikern und anderen Propheten, die aus Zahlen Zukunft und Charakter eines Menschen, wenn nicht gleich das Schicksal der ganzen Menschheit herauszulesen versprechen. Wie im Fall Campings löst solcher Zahlenzauber regelmäßig mediale Hypes aus und produziert reale Effekte, auch wenn rational nichts daran ist.

Wir begeben uns hier auf das rutschige Terrain der Zahlenmystik und des Aberglaubens, in dem sich Versatzstücke aus religiösen Traditionen mit popkulturellen Codes, moderner Esoterik und idiosynkratischen Verschwörungstheorien zu einer unübersichtlichen Gemengelage verbinden. Heraus kommt die Zahlenmagie, die zum festen Kanon der kleineren und größeren Irrationalismen des Alltagslebens gehört.

13. Stock und verflixtes siebtes Jahr

„Jetzt schlägt's 13!" – in Edgar Allan Poes satirischer Kurzgeschichte *Der Teufel im Glockenturm* ist das nicht bloß eine Redewendung. Die einfältigen Bürger des Dörfchens Vondervotteimittiss haben einen streng reglementierten Tagesablauf, der ganz auf die im Zentrum der Gemeinde stehende Turmuhr geeicht ist. Eines Tages werden

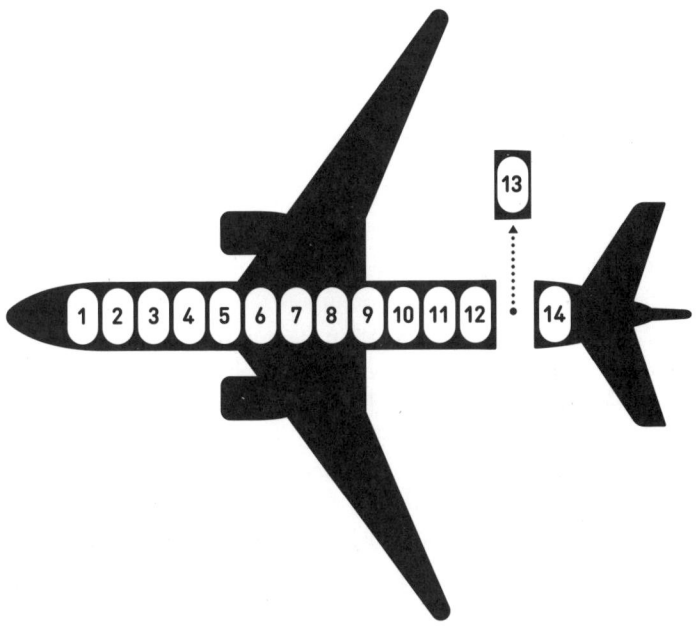

sie abrupt aus ihrer Ruhe aufgeschreckt, als eine kleine koboldartige Gestalt daherkommt, den Turmwächter überwältigt und – zum Entsetzen der zeitfixierten Einwohner – die Uhr 13-mal schlägt. Das Ende vom Lied: Die spießige Idylle versinkt im Chaos. Die 13 überschreitet die 12 und erschüttert die fundamentale symbolische Ordnung. Das ist der strukturelle Grund für die Aversion gegen sie: 13 sind genau eins zu viel für das harmonische Dutzend, die Einheit für Maß und Zeit. Die 13 wirkt dissonant, hat etwas Ungeordnetes, Anarchisches. Auch in Michael Endes Kinderbuchklassikern um Jim Knopf kommt so einiges wieder ins Lot, als die Seeräuber der Piratentruppe „Die Wilde 13" feststellen müssen, dass sie in Wirklichkeit nur zu zwölft sind und deshalb keinen Grund mehr haben, böse Dinge anzustellen.

Die 13 ist die prominenteste Unglückszahl, zumindest im Westen. Hotels haben kein 13. Stockwerk, in den Flugzeugen der Lufthansa fehlt die Sitzreihe 13 – wie übrigens auch die 17. Reihe, denn die gilt den Italienern und Brasilianern als Unglückszahl. Im Terminal 4 des Londoner Flughafens Heathrow fehlt sogar das 13. Gate. Und damit das niemandem unangenehm auffällt, hat man die Gates 12 und

14 an entgegengesetzte Enden des Terminals gebaut. Folgte das 14. direkt auf das 12. Gate, hätte es mancher als unglückseligen 13-Ersatz empfunden.

Mit schöner Regelmäßigkeit erscheinen zudem an jedem Freitag, den 13. in den Zeitungen aufs Neue Artikel, die von der Verbreitung des Aberglaubens berichten und seine Wirksamkeit mit den aktuellsten Unfall-Statistiken zu widerlegen oder bekräftigen suchen. Die verbreitete Furcht vor der 13 findet sogar in unseren sprachlichen Gewohnheiten ihren Niederschlag. Stanislas Dehaene zählte in einem umfangreichen Korpus von Texten die Zahlwörter aus und kam zu dem Ergebnis, „dass die Zahl 13 in allen westlichen Gesellschaften weniger oft vorkommt als 12 oder 14. Dies beruht anscheinend auf dem Aberglauben vom Teufelsdutzend, der der Zahl 13 böse Kräfte zuschreibt. [...] In Indien, wo dieser Aberglaube unbekannt ist, kommt die Zahl 13 nicht weniger häufig vor als ihre Nachbarn."

Harald Haarmann schreibt in seiner *Weltgeschichte der Zahlen*: „Solche Negativreaktionen mag man als abergläubisch abtun, viele Symbolwerte von Zahlen sind allerdings an alte religiöse und mythologische Vorstellungen gebunden, die einfach durch ihr traditionsreiches Eigengewicht das Wertungssystem vieler Menschen berühren." Doch ausgerechnet für die unselige 13, die populärste aller Unglückszahlen, gilt das trotz vieler gegenteiliger Behauptungen nicht, denn sie wurde erst im modernen und zugleich traditionsversessenen 19. Jahrhundert geboren. Mit dem britischen Historiker Eric Hobsbawm gesprochen: Es handelt sich bei ihr um eine „erfundene Tradition".

Der Entstehung des 13er-Mems und den mit ihr verbundenen Ursprungsfiktionen ist Nathaniel Lachenmeyer in seiner verdienstvollen und unterhaltsamen Kulturgeschichte *13 – The Story of the World's Most Popular Superstition* akribisch nachgegangen. Erste Erkenntnis: In der christlichen Tradition galt sie – mit Verweis auf die Abendmahlsgemeinschaft von Jesus und den zwölf Jüngern – als Glück versprechend. So wurde im Mittelalter eine Reihe von Klöstern von jeweils 13 Mönchen gegründet. Das änderte sich aus Gründen, die auch Lachenmeyer nicht restlos erhellen kann, im 19. Jahrhundert: Nun galt es auf einmal als Unglückszeichen, wenn sich 13 Personen um einen Tisch versammelten. Einer müsse, folgt man der gängigsten Version, binnen Jahresfrist sterben, denn – so die nun allgemein akzeptierte Begründung: Beim letzten Abendmahl war man mit dem

verräterischen Judas zu dreizehnt gewesen, und anschließend sei Jesus bekanntermaßen ans Kreuz genagelt worden.

Zweite Erkenntnis: Im 19. Jahrhundert dominierte der Glaube an die 13 als schlechtes Omen fast ausschließlich im Zusammenhang mit der Tischgesellschaft. Diese fixe Idee war so populär, dass sich gegen Ende des Jahrhunderts eine eigene Gegenbewegung gründete: Am Freitag, den 13. Januar 1881 versammelten sich in New York im Saal 13 des Knickerbocker House dreizehn wagemutige Männer unter Führung des Bürgerkriegsveteranen Captain William Fowler zum ersten Dinner des *Thirteen Club*. Die Dreizehnertischgesellschaft hatte sich zum Ziel gesetzt, die Macht der 13 auf den Prüfstand zu stellen, und forderte ihr Schicksal zusätzlich heraus, indem sie auch alle anderen ungeschriebenen Regeln des Aberglaubens brach, etwa kein Salz zu verschütten. Nach wenigen Jahren hatte dieser Club der Rationalisten mehrere Ableger und einige hundert Mitglieder, zu denen neben Vertretern der New Yorker High Society auch fünf US-Präsidenten als Ehrenmitglieder zählten. Im viktorianischen Zeitalter blühten eben nicht nur spiritistischer Geisterglaube, Okkultismus und mystische Vorstellungen, es war auch die Hochzeit eines beinharten Positivismus, der diese Überzeugungen als einen der modernen Zeit unwürdigen Humbug entlarven wollte.

Heute sind solche Clubs nicht mehr vonnöten. So stellt die Kölner Society-Gastronomin Claudia Stern fest: „Die Zahl 13 spielt bei der Ausrichtung von Tischgesellschaften keine Rolle mehr." Das ist allerdings weniger der den Aberglauben zersetzenden Arbeit der

Thirteen Clubs zuzuschreiben, als vielmehr einer Mutation des 13er-Mems, die Anfang des 20. Jahrhunderts aufkam und im Laufe einiger Jahrzehnte die Tischgesellschaft vollständig verdrängte und sich zum vorherrschenden 13er-Aberglauben emporschwang: Die Rede ist vom Freitag, den 13. Denn, so Lachenmeyers dritte Erkenntnis, die Vorstellung vom Unglück, das einen am Freitag, den 13. ereilt, ist noch jüngeren Datums. Hauptverdächtiger ist ein gewisser Thomas W. Lawson, Börsenspekulant und Schriftsteller, der 1907 mit seinem Roman *Friday the Thirteenth* den Grundstein für das neu erfundene Hirngespinst legte.

Während man im 19. Jahrhundert, sich in langer Tradition wähnend, auf das Abendmahl verwies, grassierte im 20. Jahrhundert eine Reihe von ebenso haltlosen alternativ-esoterischen Begründungen für die böse 13, die sich auf die nordische Mythologie, den Hexensabbat, den Mondkalender oder die Ermordung der Tempelritter bezogen. Auch das Tarot wurde angeführt, denn in ihm ist die 13 dem Tod zugeordnet. Eine popkulturelle Frischzellenkur erhielt Freitag, der 13. im Jahr 1980 durch den gleichnamigen Horrorfilm, dessen Arbeitstitel noch *Long Night at Camp Blood* lautete. Der zog einen Boom von *Slasher*-Streifen nach sich und erlebte insgesamt elf *Sequels*. In Spanien wurde Freitag, der 13. durch den Film überhaupt erst als Unglückstag populär und machte dem dort bis dato vorherrschenden Dienstag, den 13. Konkurrenz.

Der Volkskundler Gottfried Korff erklärt den Wirkungsmechanismus der 13 so: „Es ist ein ‚Aberglaube aus zweiter Hand‘, um es mit einer Formulierung Th. W. Adornos zu sagen, ein medial vermittelter Aberglaube, der immer wieder neue Fabulate braucht, um der durchrationalisierten Moderne das Dekorum eines irritierenden Kitzels zu verschaffen. In diesem Zusammenhang war die Kombination der 13 mit dem Schwarzen Freitag, vorzugsweise mit dem von 1929, höchst effektiv." Denn dass der Beginn der Weltwirtschaftskrise ausgerechnet auf einen Freitag, den 13. fiel, wurde sofort in einen Beleg für die Stichhaltigkeit des 13-Glaubens umgemünzt. Das funktioniert natürlich auch im Alltag, denn der Glaube an die 13 ist eine klassische *self-fulfilling prophecy*: Wer daran glaubt, der interpretiert jedes Stolpern als Wirkung der bösen Zahl. *Urban legends* und die wiederkehrenden Medienberichte tun ihr Übriges, um den Mythos der 13 am Leben zu halten – selbst wenn sie über ihn spotten.

Korff nennt Umfragen, nach denen zwischen 24 und 33 Prozent der Deutschen an die Wirkung der 13 glauben, und zitiert *Die Zeit*, derzufolge die 13 bei der Etagen-Nummerierung von immerhin 40 Prozent aller Hochhäuser ausgelassen wird. In Korffs Augen hat die Statistik das übernommen, „was früher Bibel, Zahlenmystik oder Zahlenallegorese leisteten: die Beglaubigung der Bedeutung der 13". Die Überzeugungskraft dieser Beglaubigungen scheint zwar immer mehr zu schwinden, aber das Wissen um die Bedeutung der 13 bleibt lebendig. So zieht Lachenmeyer das Fazit: „Die Kenntnis, dass die Leute die 13 für unglückbringend halten, ist nahezu universell, selbst wenn die Zahl der Menschen, die tatsächlich diesem Aberglauben anhängen, immer weiter schrumpft." Die 13 scheint in der Tat ihre beste Zeit als unglückverheißende Schreckenszahl hinter sich zu haben. Neue Freunde hat sie in der Gothic- und Metal-Szene gefunden – wo sie jedoch ein Schattendasein neben der satanischen 666 fristet.

Das Pendant zur 13 ist die 7, die im Westen den Status einer universellen Glückszahl mit hoher symbolischer Überdetermination hat (siehe Kapitel VI). Auch sie hat jedoch ihre dunklen Seiten, so in den sieben Posaunen und den sieben Plagen in der Offenbarung des Johannes, die die Apokalypse einleiten, außerdem im „verflixten siebten Jahr" der Ehe. Inzwischen unterbietet die Statistik diesen Wert jedoch knapp, und Scheidungsraten erreichen heute schon nach vier bis sechs Jahren ihren Höchststand. Die Realität nähert sich anscheinend allmählich dem Vorschlag an, den Goethe hellsichtig seinen Eduard in den *Wahlverwandtschaften* aussprechen lässt, die Ehe ab Werk auf fünf Jahre zu beschränken. Dieser Zeitraum sei „eben hinreichend, um sich kennenzulernen, einige Kinder heranzubringen, sich zu entzweien und, was das Schönste sei, sich wieder zu versöhnen". Selbst da, wo das verflixte siebte Jahr nicht zur *self-fulfilling prophecy* wird, ist es als weit verbreitetes Sprichwort wirksam. Und Paare, die danach noch zusammen sind, bestätigen die Regel, indem sie sich dafür auf die Schulter klopfen, das siebte Jahr wider Erwarten unbeschadet überstanden zu haben.

Was im Westen die 7 und die 13, sind den Japanern und Chinesen die 8 und die 4. Glück und Unglück hängt hier am Gleichklang von Wörtern: Die 4 ist verrufen, da sie ausgesprochen genauso klingt wie das Wort für „Tod". Das führt dazu, dass man in fernöstlichen Hotels

keine Zimmer mit der Nummer 4 findet und es in vielen Häusern kein viertes Stockwerk gibt, eine Praxis, die dem Aufzughersteller Otis zufolge in diesen Ländern sogar verbreiteter ist als das Auslassen des 13. Stockwerks im Westen.

Die 8 gilt in China dagegen als die absolute Glückszahl, denn im Chinesischen klingt 8 – „ba" – so ähnlich wie „fa", das Wort für „reich werden". Ein gehäuftes Vorkommen der 8 verspricht gehäuftes Glück und Reichtum. So werden Deals und Verträge unter Geschäftspartnern gerne am 8. eines Monats unterzeichnet. Kein Wunder, dass selbst die ansonsten des Aberglaubens unverdächtige kommunistische Führung Chinas dem symbolischen Sog der 8 nachgab und den Startschuss für die Olympischen Spiele in Peking auf den 8.8.2008 um 20:08 Uhr legte.

Im Sub-Sahara-Afrika ist die verbreitetste Glückszahl übrigens noch eine andere. „In Kamerun", sagt die Lausanner Stadtplanerin Aurelie Barbier, die dort zahlreiche Entwicklungsprojekte umgesetzt hat, „ist die 9 die symbolträchtigste und stärkste Zahl. Auf dem Land bilden immer neun weise Männer den Ältestenrat. Viele Rituale basieren auf der neunfachen Wiederholung. Zum Beispiel wird die Braut zur Hochzeit neunmal aufs Bett gedrückt."

Schicksalszahlenspiele

Man kann den Glauben an Glücks- und Unglückszahlen, die kleinen Rituale um sie herum und die Diagnose der Triskaidekaphobie – also der krankhaften Furcht vor der Zahl 13 – für harmlose Folklore halten. Es gibt aber durchaus schwere Fälle: Menschen, die sich von persönlichen Schicksalszahlen leiten lassen und aus ihrem Geburtsdatum oder den Buchstaben des eigenen Namens ihre „Charakterzahl" errechnen.

Der Komponist Alban Berg etwa hielt die 23 für seine Schicksalszahl. Auslöser war vermutlich ein Asthma-Anfall, der ihn im Alter von 23 Jahren am 23. Juli 1908 ereilte. Seitdem spielte die 23 für ihn eine große Rolle, er nahm in seiner Korrespondenz immer wieder Bezug auf die Zahl und ihre Auswirkungen, schloss viele musikalische Werke an einem 23. ab und baute die Zahl verschlüsselt in seine Kompositionen ein. Damit war der österreichische Komponist nicht alleine, wie Wolfgang Gratzer in seiner Studie *Zur „wunderlichen Mystik" Alban Bergs* aufgezeigt hat. Um 1900 war der Glaube an eine schicksalsmächtige Wirkung von Zahlen weit verbreitet, insbesondere in den damals populären Strömungen des modernen Okkultismus wie etwa der Theosophie, aus der später Rudolf Steiners Anthroposophie hervorging.

Die 23 hatte es auch dem Arzt und frühen Mitstreiter Sigmund Freuds Wilhelm Fließ angetan. Er war durch Beobachtungen in der Natur und bei der Auswertung von Patientendaten auf zwei vermeintlich grundlegende Zyklen gestoßen, einen 23-tägigen männlichen und einen 28-tägigen weiblichen Zyklus. Diese Rhythmen und ihre Überlagerungen prägten seiner Ansicht nach das menschliche Leben in vielen Bereichen. Damit wurde Fließ zum Urvater der halbgaren Theorie der Biorhythmen (nicht zu verwechseln mit den biologischen Rhythmen der Chronobiologie), die sich in der New-Age-Welle der 1970er und 1980er Jahre großer Beliebtheit erfreute. Wer an die Macht der Biorhythmen glaubt, der zählt ausgehend vom Tag seiner Geburt Perioden von 23, 28 und 33 (diese Zahl kam später noch hinzu), berechnet ihre Überschneidungen und leitet daraus gute, schlechte und kritische Tage für sein Leben ab.

Von dort ist es nur noch ein kleiner Schritt, und man steht mit beiden Beinen vollends in den Untiefen von numerologischer Metaphysik und esoterischer Zahlenmystik. Ihre Anhänger praktizieren oft einen wilden Eklektizismus und schöpfen dabei aus den unterschiedlichsten Quellen – allen voran das Mutterschiff aller Zahlenmystiker: die Kabbala, die die vielfältigen und verschlungenen mystischen Traditionen und Geheimlehren des Judentums umfasst.

Im hebräischen Alphabet sind die 22 Buchstaben zugleich Zahlen. Jeder Buchstabe repräsentiert einen bestimmten Zahlenwert – die ersten neun Buchstaben von *Aleph* bis *Tet* stehen für die Zahlen von 1 bis 9, die folgenden neun Buchstaben für die vollen Zehner von 10 bis 90 und die letzten vier Buchstaben für die Hunderter 100, 200, 300 und 400. Jedes Wort lässt sich also auch als Zahl lesen, indem man die Zahlenwerte der einzelnen Buchstaben addiert. Die kabbalistische Methode, solche Zahlenwerte von Buchstaben und Wörtern zu berechnen und mit anderen Wörtern mit gleichem Zahlenwert in Beziehung zu setzen, um ihre geheime Bedeutung zu entschlüsseln, macht zwar nur einen geringen Teil der Kabbala aus, hat aber ihr populäres Bild stark geprägt.

So will in Darren Aronofskys Film π (*Pi*) eine Gruppe von kabbalistischen Rabbinern dem genialen Mathematiker Max Cohen eine mysteriöse 216-stellige Ziffernfolge entlocken, hinter der sie den wahren Namen Gottes vermutet. Auch Cohen ist von der Zahl besessen, auf die er durch Zufall gestoßen war; scheint sie doch eine Art Weltformel zu sein, mit der sich Muster in der Natur oder die Kursbewegungen an den Aktienmärkten vorhersagen lassen. Doch sein Freund und Lehrer Sol Robeson warnt ihn: „Wenn du die 216 finden willst, kannst du sie überall finden. 216 Schritte von deiner Straßenecke zu deiner Haustür. 216 Sekunden, die du im Aufzug verbringst. Wird etwas zur fixen Idee, filtert man alles andere heraus und sieht überall nur noch das. 320, 450, 22 ... was auch immer. Du hast dir die 216 ausgesucht und wirst sie überall finden. Nur, Max ... sobald du wissenschaftliche Exaktheit aufgibst, bist du kein Mathematiker mehr, sondern ein Numerologe."

Die Interpretation von Worten und Texten durch Zahlenwerte, sei es eine Thora-Stelle oder der eigene Name, heißt Gematrie. Sie eröffnet endlose Kombinationsmöglichkeiten von Buchstaben, Zahlen und Bedeutungen; die Assoziationen und Deutungen können frei fließen, weil sich fast immer Korrespondenzen zwischen Wörtern über gleiche Zahlenwerte herstellen lassen. Der Altphilologe Franz Dornseiff kam in seiner klassischen Untersuchung über *Das Alphabet in Mystik und Magie* zu dem Schluss: „Wer sich die Mühe des Ausrechnens nimmt, wird sehen, es stimmt lächerlich oft." Und falls nicht, wird gerne auch mal die Schreibweise abgeändert.

Die heute populären Formen der Numerologie verwenden unterschiedliche Systeme, um den Buchstaben Zahlen zuzuordnen, die nur noch das Grundprinzip mit der kabbalistischen Methode teilen. Aus den Zahlenwerten der Buchstaben von Vornamen und Nachnamen wird durch Quersummenbildung eine einstellige „Namenszahl" destilliert – es sei denn, man landet bei den Schnapszahlen 11, 22 oder 33, die gelten nämlich als „Meisterzahlen" mit besonderer spiritueller Bedeutung. Diesen Namenszahlen werden dann, ähnlich den Tierkreiszeichen in der Astrologie, bestimmte Eigenschaftsprofile zugewiesen. Auf der Website des bekannten Astrologen Winfried Noé finden sich Kurzdeutungen. So verfügt ein Mensch mit der Namenszahl 6 angeblich über „Schönheitsempfinden, Harmoniebedürfnis, Verantwortungsbewusstsein, Kameradschaft und Gutherzigkeit, aber auch mangelnde Zivilcourage, Genusssüchtigkeit, mangelndes Organisationstalent und Selbstgefälligkeit." Und über die 33 steht dort: „Nur sehr wenige Menschen haben die Meisterzahl 33. Sie zeigt außerordentlich hohe spirituelle Fähigkeiten an." Eltern sollten also bei der Namenswahl gut überlegen und vorher rechnen, damit aus dem Nachwuchs auch garantiert ein Wunderkind wird. Zusätzlich wird aus dem Geburtsdatum auf die gleiche Weise eine „Charakterzahl" gebildet, der dann auch wieder irgendwelche Persönlichkeitsmerkmale entsprechen sollen. Die Numerologie lockt mit dem Versprechen „Mit den Zahlen sich selbst erkennen" – so der Untertitel eines aktuellen Numerologie-Handbuchs – und bedient mit ihren Zahlenspielereien den großen Markt esoterischer Sinnsuche.

Die zweite Großbaustelle der Zahlenesoteriker ist der Weltuntergang. Vorstellungen vom Ende der Zeiten gibt es in vielen Kulturen. Kein Wunder, dass oft versucht wurde, dessen genauen Zeitpunkt zu berechnen. Besonders eifrig darin war man im Judentum und im Christentum; Robert Kaplan schreibt zum christlichen Milleniarismus in seiner *Geschichte der Null*: „Je entfernter der letzte Tag war, desto hoffnungsvoller konnte man sich mit ihm befassen. Natürlich sollte er nicht so entfernt sein, um zu entmutigen, oder so nahe, um zu enttäuschen, aber er sollte in einer gemäßigten Zeitzone liegen, wenigstens eine Generation entfernt, aber nicht weiter als drei oder vier." Insofern war der eingangs erwähnte Harold Camping wohl einfach zu ungeduldig und muss nun damit leben, dass er mit seiner Untergangsprophezeiung Schiffbruch erlitten hat.

Doch die nächste große Weltuntergangswelle rollt bereits mit aller Macht auf uns zu. Die nächste Endzeitparty ist auf den 21. Dezember 2012 terminiert. Schuld daran sind diesmal die sagenumwobenen und in Esoterikzirkeln hoch angesehenen Maya, die beeindruckende astronomische Beobachtungen anstellten und über eine fortgeschrittene Mathematik verfügten. Sie zählten nicht dezimal, sondern mit einem Zwanzigersystem und konnten mit der 0 umgehen (siehe Kapitel II). Am wichtigsten aber: Sie entwickelten ein komplexes Kalendersystem. Die Maya, deren Kosmologie übrigens dreizehn Himmel kennt, die jeder von einem eigenen Gott beherrscht werden, unterteilten die Zeit mit mehreren unterschiedlichen Kalendern. In der sogenannten Langzählung notierten sie die Tage seit dem Anbe-

ginn aller Zeiten. Archäologen datieren dieses Ursprungsdatum der Maya-Kosmologie zumeist auf den 11. August des Jahres 3114 v. Chr. Die Zählung erfolgte in Zyklen: 20 Tage (*kin*) sind ein Monat (*unial*). 18 Monate sind ein Jahr (*tun*) von 360 Tagen. Und die Jahre wurden ebenfalls in 20er-Zyklen gezählt: 20 *tun* sind ein *katun*. Und 20 *katun* sind ein *baktun*, also 400 Jahre oder 144.000 Tage. Das Erscheinungsdatum dieses Buches, der 29. August 2011, würde in der Mayarechnung geschrieben als 12 *baktun* 19 *katun* 18 *tun* 11 *unial* 18 *kin*, oder kurz 12.19.18.11.18.

Daneben gab es noch einen an das Sonnenjahr angelehnten Kalender, *haab* genannt, bei dem am Jahresende 5 Schalttage eingefügt wurden, um auf 365 zu kommen, sowie einen religiösen Kalender, den *tzolkin*, der in einer komplizierten Kombinatorik von 20 Tageshieroglyphen und den Zahlen 1 bis 13 auf eine Länge von 260 Tagen kam. Kombiniert man diese unterschiedlichen Kalender miteinander, ergeben sich durch Überschneidung neue Zyklen. So wiederholt sich alle 18.960 Tage – das entspricht 52 *haab*- und 73 *tzolkin*-Jahren – der gemeinsame Beginn von *haab* und *tzolkin*. Ein Tag, der mit grausamen Menschenopfern begangen wurde.

Am 21. Dezember 2012 wird nun ein besonders großer Zyklus vollendet, es schließt sich der dreizehnte 400-Jahres-Zyklus; die Langzählung springt um auf 13.0.0.0.0. Und sie koinzidiert an diesem Tag zum ersten Mal seit ihrem Beginn wieder mit einer bestimmten Kombination des *tzolkin*, die die Schöpfung symbolisiert, weshalb die Zählung wieder auf 0.0.0.0.0 zurückgesetzt wird. Dieses vermeintliche Ende des Mayakalenders löste bei Verschwörungstheoretikern und Esoterikern eine wahre Flut von Buchveröffentlichungen und Websites zum damit aber nun wirklich und hundertprozentig sicher eintreffenden Weltuntergang aus, der mit pseudoastronomischen Theorien unterfüttert wird – so soll ein bis dato unbekannter Planet angeblich mit der Erde kollidieren. Wahlweise wird auch die Rückkehr von Außerirdischen, die von den Maya als Götter verehrt worden seien, oder der Aufstieg der Menschheit in eine vollkommen neue Bewusstseinsdimension vorhergesagt. Angeblich fänden sich nicht nur bei den Maya Weissagungen zum ominösen 21.12.2012, sondern auch bei den Hopi und in den Schriften von Nostradamus. Das Datum markiert den aktuellen Kristallisationskern esoterischer Untergangs- und Erlösungsfantasien. Durch Roland Emmerichs Doomsday-Film

2012 wurde dieses Szenario massentauglich und die mediale Hysterie weiter angeheizt.

Strukturell ist der Endzeitglaube der Maya ganz anders gefasst als der der christlichen Apokalyptiker. Kaplan verdeutlicht den Unterschied so: „Die Maya fürchteten [...], dass die Zeit linear wäre und daher enden könnte. Um dies zu verhindern, zwängten sie ihr einen exakt umrissenen Zyklus nach dem anderen auf, in der Überzeugung, sie so immer weiter nach vorne zu treiben. Die Christen dagegen waren sich sicher, dass die Zeit linear war und daher in einem Jüngsten Tag enden werde, an dem sie zu ihrem Gott in die Zeitlosigkeit eingehen würden."

Solche feinen Unterschiede stören die 2012-Anhänger jedoch nicht weiter, Hauptsache, der Zeitpunkt des Endes ist irgendwie berechenbar und kommt mit einem ordentlichen Paukenschlag daher. Weitere Bestätigung finden die Untergangspropheten denn auch durch folgende im Internet kursierende krude Rechnung: 11.9.2001 + 11.3.2011 = 22.12.2012, oder anders gesagt: Terroranschlag in New York plus Tsunami in Japan gleich Weltuntergang. Wer mit solchen Absurditäten nichts anfangen kann, aber dennoch tiefer in die kalendarischen und astronomischen Geheimnisse der Maya einsteigen will, dem sei die nüchterne und verständliche Darstellung auf der Website faszination2012.de empfohlen.

Der Künstler Loren Madsen hat auf seiner Website web.me.com/lorenmadsen die unterschiedlichsten apokalyptischen Prophezeiungen, die das Ende der Welt beschwören, zusammengetragen. Ein Blick auf seine Zeitleiste zeigt: Das Ende ist immer nah. Ob die Maya, die Bibel, die Thora, kabbalistische Werke, die Schriften des Nostradamus oder andere Quellen als Grundlage herangezogen werden: Numerologische Argumente lassen sich für jedes beliebige Jahr konstruieren. Auch nach dem 21. Dezember 2012 wird die Erde also noch viele Male untergehen.

Pop- und Geek-Zahlen

Zahlenmagie ist ein Pop-Phänomen, nicht erst, seit Madonna sich als Anhängerin einer postmodernen Variante der Kabbala geoutet hat.

Die 666 etwa hat die typische Karriere einer magischen Zahl hingelegt: Gestartet als ein apokrypher Außenseiter in der Offenbarung des Johannes, rätselten schon die frühen Christen, wer sich wohl hinter der „Zahl des Tieres" verbergen könnte. Denn, so die apokalyptische Schrift, „es ist eines Menschen Zahl, und seine Zahl ist Sechshundertsechsundsechzig". Die bei Hebräern wie Griechen verbreitete Technik, Zahlen mit Buchstaben zu schreiben, eröffnete ein reizvolles kombinatorisches Suchspiel: Welche Buchstaben ergeben als Zahl 666 und zugleich einen passenden Namen? Jede Menge Kandidaten kamen in Frage, und in den vergangenen zwei Jahrtausenden hat sich jede Epoche den ihr passenden Bösewicht zurechtgerechnet. In der historischen Bibelforschung seit dem 19. Jahrhundert kam man zu der Überzeugung, Johannes selbst habe mit seiner Zahl den Christenschlächter Kaiser Nero chiffriert adressieren wollen. Im Mittelalter und in der Reformationszeit wurden sittenverdorbene Päpste, ketzerische Gegenpäpste, missliebige Herrscher und andere Bösewichter mit der 666 identifiziert. Für einen ordentlichen Karrieresprung sorgte im 20. Jahrhundert ihr größter Fan: der dunkle Esoteriker, Libertin und Begründer der Magick-Philosophie, Aleister Crowley. Er machte sich die Zahl zu eigen und firmierte selbst als „Das Große Tier 666". Mit seiner Umarmung der 666 katapultierte er sie in die Sphären des Pop: Referenzen auf Crowley finden sich bei den Beatles ebenso wie bei Led Zeppelin oder Black Sabbath, und die 666 avancierte zur Lieblingszahl des Heavy Metal, dessen Platten-Cover sie regelmäßig ziert. „The Number of the Beast" heißt ein bekanntes Album von Iron Maiden, woher wohl auch der Spruch „667 – Neighbour of the Beast" auf T-Shirts oder als Aufkleber an der Wohnungstür rührt.

Eine makabre Bedeutung im Pop hat die 27 erlangt. „Live fast, die young and leave a good-looking corpse" heißt seit jeher die Karriereanweisung, um unsterblichen Ruhm zu erlangen. Als „27 Club" werden die Rockmusiker und Pop-Idole bezeichnet, die in diesem Alter starben. Angeführt wird die Liste von Brian Jones, Jimi Hendrix, Janis Joplin und Jim Morrison, die alle zwischen 1969 und 1971 mit 27 Jahren ums Leben kamen, sowie von Kurt Cobain, der sich 1994 selbst tötete. Doch die Mitgliederliste des „27 Club" ist sehr viel länger, sodass der Autor Eric Segalstad und der Illustrator Josh Hunter in *The 27s: The Greatest Myth of Rock & Roll* die Musikgeschichte entlang des Lebens und Sterbens von mehreren Dutzend 27ern schreiben konnten. Und auch Kim Frank, ehemaliger Sänger der Band *Echt*, thematisiert in seinem Debütroman *27* die Obsession mit dem Fluch der Todeszahl des Pop.

Echte oder vermeintliche Wurzeln in Religion oder historischer Überlieferung sind nicht zwingend notwendig, damit sich Zahlen tief in das popkulturelle Zahlengedächtnis der Gegenwart einschreiben können. In George Orwells Roman *1984,* dessen Titel durch einen Dreher generiert wurde – Entstehungsjahr: 1948 –, führt schon die Erwähnung von „Zimmer 101" zu Panikattacken bei den Gefangenen. In dem Folterzimmer mit dieser Nummer erwartet jeden Menschen seine ganz persönliche Hölle. Angeblich stammt die Inspiration für die Zahl 101, mit der Orwell dem je individuellen Schrecken eine allgemeingültige Chiffre gegeben hat, von der Nummer eines Sitzungsraums der BBC, für die Orwell arbeitete, und in dem er stundenlange Meetings von ermüdender Langeweile über sich ergehen lassen musste. Stasi-Chef Erich Mielke dagegen – so berichtet Anna Funder, Autorin des Reportagebuchs *Stasiland* – war so fasziniert von Orwells Überwachungsfantasie, dass er in der Zentrale seines Spitzelapparats extra ein ganzes Stockwerk umbenannt haben soll, nur damit über der Tür seines Büros die Orwellsche 101 prangen konnte. Für amerikanische College-Studenten verheißt die 101 hingegen gemischte Gefühle zwischen Lernfreude und Prüfungsangst, da die Universitäten ihre einführenden Grundlagenkurse mit dieser Nummer versehen – etwa *Number Psychology 101* –, eine Praxis, die im angloamerikanischen Raum so verbreitet ist, dass sie zur stehenden Redewendung geworden ist, wo es um die Vermittlung von *basics* geht.

Ein neuer fröhlicher Zahlenglaube hat sich mit dem Aufkommen des Computers entwickelt, der kaum von spekulativer Numerologie und wabernder Zahlenesoterik affiziert ist, sondern sich vorwiegend aus mathematischen Spielereien, Insider-Witzen und popkulturellen Referenzen speist. Nerds frönen ihrer ganz eigenen Zahlenmystik, und die Subkulturen des Internet spülen bislang gänzlich unbekannte Symboliken an die Oberfläche.

So wurde die 23 zur modernen Verschwörungszahl schlechthin. Erstaunlicherweise ist sie die erste Zahl, die in der umfassenden vergleichenden Untersuchung zur kulturellen und religiösen Symbolik der Zahlen von Endres und Schimmel keinen Eintrag hat. Vielleicht hat gerade der Umstand, dass sie eine Zahl ohne kulturhistorische

Signifikanz ist, dazu geführt, dass sich um die 23 in der jüngeren Vergangenheit eine eigene Verschwörungsmythologie entwickeln konnte.

Verantwortlich dafür ist der *acid head* und Bestsellerautor Robert Anton Wilson, der Ende der 1960er gemeinsam mit Robert Shea die Trilogie *Illuminatus!* schrieb, die rasch zur Kultlektüre der Counterculture avancierte und später unter Hackern viele Fans fand. Für die satirische Saga um den aus der Aufklärungszeit stammenden Geheimbund der Illuminaten und dessen angebliche Weltverschwörungen erfanden die beiden eine eigene Numerologie, in deren Zentrum die 23 und die 5, also die Quersumme aus 23, als Zahlen des Bösen stehen. Inspiriert wurde Wilson dabei von William S. Burroughs, einem anderen großen Drogenschriftsteller, der die Kurzgeschichte *23 Skiddoo* schrieb. Der Titel ist ein amerikanischer Slang-Ausdruck für „hau ab, solange es noch geht". Wilson sammelte jede Menge persönliche, historische und kulturelle Referenzen auf die 23, die er in die Trilogie einarbeitete sowie in einem Artikel mit dem Titel „The 23 Phenomenon" präsentierte, den er 1977 im Magazin *Fortean Times* veröffentlichte – selbstredend in der 23. Ausgabe.

Damit trat Wilson eine Welle los, die bis heute anhält, wie man etwa auf der Website die23er.de nachlesen kann. Wer Zahlen sucht, der findet sie, und so ist es kein Wunder, dass Verschwörungsfans die 23 überall dingfest machen, angefangen bei den 23 Messerstichen, mit denen Cäsar ermordet wurde, über die 23 Atombombentests, die die USA auf dem Bikini-Atoll durchführten, bis zu den Anschlägen von 9/11, die sich numerologisch auch prima mit der 23 in Verbindung bringen lassen, denn schließlich gilt: 9 + 11 + 2 + 0 + 0 + 1 = 23. Dass man dafür die 2001 in ihre Bestandteile zerlegen muss und die 11 nicht – egal! Die 23 ist so etwas wie die große, böse Schwester der 13. Die wiederum findet man neben der Illuminaten-Pyramide mit dem allsehenden Auge gleich elfmal auf der amerikanischen 1-Dollar-Note. Das dürfte allerdings weniger geheimen Machenschaften als vielmehr der Tatsache geschuldet sein, dass die USA bei ihrer Gründung aus 13 Bundesstaaten bestanden.

Tragisches Opfer von Wilsons Paranoia-Parodie wurde der deutsche Hacker Karl Koch, der all das viel zu ernst nahm und sich immer tiefer in vermeintliche Verschwörungszusammenhänge verstrickte. Überall sah er die ominöse 23. Bei seinen Hacks ließ er sich mit dem KGB ein und kam am 23.5.1989 im Alter von 23 Jahren unter ungeklärten

Umständen zu Tode. Der Zeitgeist der 1980er Jahre und die Kultur der damaligen Hackerszene wurden später von Hans-Christian Schmid in seiner Verfilmung der Ereignisse, *23 – Nichts ist so wie es scheint*, atmosphärisch dicht in Szene gesetzt.

Von der dunklen Episode um Karl Koch abgesehen, gehen Geeks aber zumeist entspannt mit Zahlen und Ziffern um. Mit der sogenannten Leetspeak hat die Netzkultur ihren eigenen typografischen Soziolekt entwickelt. Buchstaben werden dabei durch Ziffern mit ähnlicher Gestalt ersetzt. So wird aus „Leet" (was sich vom englischen „elite" herleitet) die Zeichenfolge „1337". Leetspeak ist eine typografische Spielerei, so wie die auf dem von Computern verwendeten Standardzeichensatz basierende ASCII-Art oder die inzwischen ubiquitären Emoticons. Zugleich handelt es sich um einen Insidercode, eine Sprache für die Eingeweihten, die in den Frühzeiten der Netzkultur entstand. Außerdem ist Leetspeak nicht einfach maschinenlesbar, es lässt sich damit die automatische Blockierung einzelner Wörter umgehen, was sich später die Spam-Industrie mit Ziffern-Buchstaben-Kombinationen wie „8uy" oder "/1agra!" zunutze machte. Einige Ausdrücke, etwa „n00b" und „pr0n", die Leet-Begriffe für „newbie" und „porn", sind in den letzten Jahren in den Mainstream der Netzkultur eingesickert. Und selbst Facebook bietet bei den Spracheinstellungen inzwischen Leetspeak zur Auswahl an.

Die Informatik kennt sogar „magische Zahlen" in einem ganz säkularen Sinn. Die ganz spezifische Zeichenfolge, mit der unterschiedliche Dateiformate immer beginnen und anhand derer sie identifiziert werden können, wird magische Zahl genannt. Wo alles aus Zahlen besteht, kann es manchmal hilfreich sein, bestimmte Werte sofort zu erkennen. So kommt bei der Fehlersuche in Programmen häufig die Zahl 3.735.928.559 zum Einsatz, die in der zur Darstellung von Speicherinhalten verwendeten hexadezimalen Schreibweise als 0xDEAD-BEEF für das menschliche Auge bei etwas Übung sofort lesbar wird.

Ebenfalls in den für Laien undurchschaubaren Tiefen der Betriebssysteme versteckt sich die Systemzeit, die erst in ein für den Menschen lesbares Format übersetzt werden muss. Und natürlich einen Anfangszeitpunkt benötigt. Die Systemzeit des Betriebssystem Unix (auf dem auch das Open-Source-System Linux und das Apple-Betriebssystem OS X beruhen) begann beispielsweise am 1. Januar 1970 um 0:00 Uhr. Weil es für Computer praktischer zu rechnen ist, zählt das

Betriebssystem die seitdem vergangene Zeit fortlaufend in Sekunden und speichert den jeweilige Wert in einer 32-Bit-Variablen ab, also einer Binärzahl, die aus einer Folge von 32 Einsen und Nullen besteht.

Weltweit feiern die Nerds Partys, wenn die Systemzeit mal wieder einen runden Wert erreicht hat. Zuletzt war es am 13. Februar 2009 so weit: Um 23:31:30 Uhr erreichte die Unixzeit einen Wert von 1234567890 Sekunden. Merken Sie sich am besten schon einmal die nächsten signifikanten Daten vor: 1342177280, in hexadezimaler Schreibweise 50000000 (13. Juli 2012 um 11:01:20 Uhr), 1500000000 (13. März 2017 um 02:40:00 Uhr), 2000000000 (18. Mai 2033 um 03:33:20 Uhr) und 2147483647, also $2^{31} - 1$ (19. Januar 2038 um 03:14:07 Uhr). Der letzte Termin könnte übrigens spannend werden, da es hier zum Jahr-2038-Problem kommen wird. 2147483647 ist der höchste mit einer 32-Bit-Variablen kodierbare Wert, danach kommt es zu einem Überlauf, der Wert springt um auf -2147483647 und wir werden zurückgebeamt in das Jahr 1901.

Vielleicht wird aber auch gar nichts passieren und es geht ähnlich glimpflich aus wie beim sogenannten Millenium- oder Y2K-Bug, der Ende der 1990er Jahre eine veritable Medienhysterie auslöste: Am 1. Januar 2000, so hieß es, würden weltweit die Computersysteme zusammenbrechen, weil die Programmierer in den 1970er Jahren wenig vorausschauend nur eine zweistellige Jahreszahl in den Betriebssystemen vorgesehen hatten, die bei der Umstellung auf das neue Jahrhundert versagen und alles zum Absturz bringen würde.

Auch bei Versionszahlen von Software beweisen Programmierer Zahlen-Humor. So nähert sich die seit vielen Jahren nur noch in Details verbesserte Schriftsatz-Software LaTeX des Mathematikers Donald E. Knuth langsam, aber stetig der Kreiszahl Pi an: Jeder neue Release erhält eine weitere Stelle von Pi angehängt. Bei der ebenfalls von Knuth entwickelten Software Metafont geschieht das Gleiche, nur dass die Versionszahl hier die Eulersche Zahl e ist. Knuth ordnete schon vor Jahren an, dass bei seinem Tod die Weiterentwicklung der Programme eingestellt und die Versionszahlen endgültig auf Pi und e umgestellt werden sollen: „Von diesem Moment an werden alle ‚Bugs‘ permanente ‚Features‘ sein."

Eine weitere symbolisch bedeutsame Zahl der Netzkultur ist die 419 als Chiffre für den Lagos-Spam, der bereits in der technischen Vorzeit verbreitet war, als das Fax noch als avanciertestes Kommunikationsmedium galt. Sie wissen schon: der unbekannte, aber vertrauenswürdige afrikanische Geschäftsmann, der mit Ihrer Hilfe ein verwaistes Millionen-Erbe aus dem Land schaffen möchte und Ihnen dafür in gebrochenem Englisch einen hohen Anteil verspricht. Die vor allem im Englischen gebräuchliche Bezeichnung „419-Spam" (oder auch „419-Scam") rührt vom entsprechenden Paragrafen des nigerianischen Gesetzbuches her, der diese Aktivitäten eigentlich unterbinden soll. Auf der Website 419eater.com wird der Spieß umgedreht, und Witzbolde, die sich scheinbar auf die dubiosen Angebote einlassen, führen die Spammer der Nigeria-Connection auf unterhaltsame Weise vor.

Zwei der wichtigsten Maßzahlen für die digitale Kommunikation sind 160 und 140 – die maximale Zeichenzahl für SMS einerseits, für Twitter-Nachrichten andererseits. Für die 160 zeichnet der Ingenieur Friedhelm Hillebrand verantwortlich, der Mitte der 1980er Jahre für die Bundespost an einem System für die Übertragung von Textnachrichten zwischen Funktelefonen bastelte, die es damals nur als klobige Kästen in den Autos von Ministern und Großindustriellen gab. Die Bandbreite war begrenzt, und nur mit ein paar technischen Tricks gelang es Hillebrand und seinen Kollegen, das Limit von ursprünglich 128 verfügbaren Zeichen auf 160 Zeichen zu schrauben. Um zu überprüfen, ob das für sinnvolle Nachrichten ausreichend wäre, zählten sie einfach die Zeichenzahlen auf einer Reihe von Postkarten, von Telex-Nachrichten und von per Fax übermittelten Botschaften aus – mit dem Ergebnis, dass solche Mitteilungen häufig aus weniger als 150 Zeichen bestehen. Heute sind 160 Zeichen der weltweite Goldstandard der mobilen Text-Kommunikation, in dessen Grenzen sich alles sagen lässt. Twitter, das auch per SMS mit Updates befüllt werden kann, reduzierte die Zahl auf 140, da 20 Zeichen für den Nutzernamen reserviert sind.

Der höchste Zahlengott der Geeks ist aber die 42, die sogar noch über der Wilsonschen 23 thront. Auch wer in seiner Jugend nicht *Per Anhalter durch die Galaxis* gelesen hat, den inzwischen ein wenig in die Jahre gekommenen Klassiker des Nerdhumors von Douglas Adams, hat mit großer Wahrscheinlichkeit schon einmal von dieser Zahl gehört, handelt es sich doch um eines der bekanntesten Meme der Popkultur. Die Zahl 42 ist die ebenso lapidare wie enigmatische Antwort, die der Supercomputer „Deep Thought" in Adams' Roman nach 7,5 Millionen Jahren Rechenzeit auf die Frage „nach dem Leben, dem Universum und dem ganzen Rest" ausspuckt. „Sie wird euch bestimmt nicht gefallen", bemerkt der Computer noch, bevor er sie verkündet. Wie sich herausstellt, war einfach die Frage zu unpräzise. Um also die zu 42 passende Frage zu finden, wird ein noch größerer Supercomputer gebaut: der Planet Erde, der jedoch fünf Minuten vor Ende der Berechnungen einer galaktischen Umgehungsstraße weichen muss.

Wie die 23 ist die 42 ein Witz, der mit den Sinnerwartungen spielt, die an Zahlen gestellt werden – ob nun aus numerologischem Aberglauben oder der agnostisch-mathematischen Überzeugung, dass die Wahrheit der Welt in den Zahlen steckt. Dennoch oder vielleicht gerade deswegen hat die 42 als Antwort auf die Frage nach dem Sinn des Lebens unter Adams' Lesern endlose Diskussionen um ihre mögliche Bedeutung provoziert – und wird nicht zuletzt in den Fortsetzungen des Romans von Adams selbst immer wieder thematisiert. Es wurden jede Menge obskure Theorien ventiliert, weshalb Adams gerade sie gewählt habe und nicht irgendeine andere Zahl. Der Douglas-Adams-Fan Peter Gill verspricht Aufklärung in seinem kürzlich erschienen Buch mit dem affirmativen Titel *42 - Douglas Adams' Amazingly Accurate Answer to Life, the Universe and Everything.* Doch nachdem er eine ebenso uferlose wie eklektische Sammlung des Vorkommens von 42 in den unterschiedlichsten Lebensbereichen, vom Mikrokosmos bis in die Tiefen des Weltalls, ausgebreitet hat, kommt auch Gill über die üblichen, im Internet kursierenden Erklärungen nicht hinaus.

In der Encyclopedia Dramatica, der sarkastischen Variante von Wikipedia für die Subkulturen des Netzes, in der ständig das eigene Nerdtum persifliert wird, hat die 42 ihren Zenit bereits überschritten. So heißt es über die Nachgeborenen, die *Per Anhalter durch die Galaxis* erst durch die Verfilmung von 2005 kennengelernt haben und kennerhaft auf alle möglichen und unmöglichen Fragen „42" zur Antwort geben: „Sie checken nicht, dass der Witz schon seit Jahrzehnten tot ist und von Anfang an nicht besonders lustig war."

Adams selbst hat sich allen Deutungsversuchen verweigert und immer nur geäußert, dass die Zahl für ihn keine besondere Signifikanz habe. So schrieb er 1993 auf der Usenet-Liste alt.fan.douglas. adams: „Die Antwort darauf ist sehr einfach. Es war ein Witz. Es sollte eine Zahl sein, eine gewöhnliche, ziemlich kleine Zahl, und ich habe halt diese gewählt. Binäre Repräsentation, Basis dreizehn, tibetische Mönche sind alle kompletter Unfug. Ich saß an meinem Schreibtisch, starrte in den Garten und dachte ‚42 ist es‘ und schrieb es. Das war's." In einem frühen Interview gab er dann doch etwas mehr preis: „Ich wollte eine gewöhnliche, alltägliche Zahl und wählte 42. Es ist eine Zahl, die einem keine Angst einjagt. Es ist eine Zahl, die man mit nach Hause nehmen und seinen Eltern präsentieren kann." Eine Zahl, die sich verhält wie ein ordentlich gekämmter Schwiegersohn – das ist eine Erklärung, mit der zumindest wir sehr gut leben können.

Und allen Deutungswütigen sei gesagt: Die Adamssche 42 saugt als leeres Zeichen ständig neue Interpretationen, Assoziationen und mögliche Referenzschnipsel an und produziert so semantischen Überschuss. Damit wird sie zur Chiffre für das Funktionieren von Zahlenmagie überhaupt: Die Zahlen selbst haben keinerlei verborgene Bedeutung, abgesehen von der, die wir ihnen verleihen. Macht man sich das bewusst, kann man mit ihnen jede Menge Spaß haben.

VIII.
Fokale Punkte

Stellen Sie sich vor, Sie müssen sich an einem bestimmten Tag mit einer anderen Person in New York treffen und haben weder Ort noch Uhrzeit mit ihr vereinbart. Was würden Sie tun? Vor dieses Problem stellte der US-Ökonom und Konfliktforscher Thomas C. Schelling Ende der 1950er Jahre, als es noch keine Mobiltelefone gab, seine Studenten. Es ging ihm dabei um die Erforschung kooperativen Verhaltens und eine empirisch-experimentelle Grundierung der Spieltheorie, jenes Zweigs der Wirtschaftswissenschaften, der die Welt als große Schachpartie begreift.

Das überraschende Resultat in diesem Fall lautete, dass sich tatsächlich und trotz fehlender Kommunikation über die Hälfte der Paarungen an besagtem Tag in Manhattan treffen würden – und zwar um 12 Uhr mittags am Informationsstand mit der großen Uhr in der Grand Central Station. Das Empire State Building war ebenfalls ein beliebter Treffpunkt. Kein Wunder: In der Ursprunsbedeutung ist das „landmark building" ja nichts anderes als eine topografische Markierung, eine Kerbe im ansonsten glatten Raum.

Schelling, der für seine Arbeiten später den Wirtschaftsnobelpreis erhielt, nannte diese kulturell gelernten – realen oder abstrakten – Orte, von denen man mit hoher Wahrscheinlichkeit annimmt, dass andere sie ebenfalls wählen würden, „fokale Punkte". Damit lieferte er die Erklärung, warum es auch in anderer Hinsicht möglich ist, sich zu treffen, ohne sich zu verabreden. Für Revolutionen wie zuletzt Anfang 2011 in Nordafrika ist die Existenz fokaler Punkte als Kristallisationskerne von zentraler Bedeutung für das Gelingen. Man brauchte sich nicht groß abzustimmen, um zu wissen, dass die Proteste in Kairo jeden Tag auf dem Tahrir-Platz stattfinden würden. „Die meisten Situationen", schreibt Schelling in seinem Standardwerk *The Strategy of Conflict* von 1960, „beinhalten irgendeinen Hinweis für koordiniertes Verhalten, irgendeinen fokalen Punkt für die Erwartung jedes

Teilnehmers, was der andere von ihm erwartet, dass er erwartet, was erwartungsgemäß zu tun sei."

In einem aufschlussreichen Experiment aus der Spieltheorie im Zusammenhang mit fokalen Punkten und Zahlen bittet man zwei Personen, eine beliebige Zahl zu nennen, und belohnt beide, wenn die Zahlen identisch sind. In 40 Prozent der Fälle entscheiden sich beide für die 1 und können den Gewinn einstreichen. Lässt man allerdings einen der beiden Beteiligten über die Regeln im Unklaren und bittet ihn lediglich, eine Zahl zu nennen, wird mit Abstand am häufigsten die 7 genannt. Die 1 kommt dann nur an vierter Stelle. Mit anderen Worten: Die 7 besitzt absolut die größte Wichtigkeit. Geht es aber darum, sich nonverbal abzustimmen, schiebt sich die 1 als naheliegender fokaler Punkt in den Vordergrund. Spieltheoretiker

sprechen von „Salienz", wenn Punkte oder Schlüsselreize buchstäblich hervorspringen und unsere Aufmerksamkeit beanspruchen.

Beim Ultimatumspiel, einem Standardexperiment der Spieltheoretiker, geht es darum, dass ein Spieler eine bestimmte Summe erhält und zwischen sich und einem anderen Spieler aufteilen muss. Der zweite Spieler kann das Angebot akzeptieren – oder ausschlagen, wodurch beide leer ausgehen. Auch wenn der experimentell ermittelte Durchschnittswert der Ergebnisse nahe beim Goldenen Schnitt liegt (siehe Kapitel X), bedarf jede Verteilung, die von der naheliegenden Fifty-fifty-Lösung abweicht, einer Begründung. Das macht, sobald man die Probanden darüber kommunizieren lässt, die Mitte zum fokalen Punkt. Bei allen anderen Verteilungen müsste eine Antwort auf die Frage gefunden werden: Wenn nicht die Hälfte, was sonst? Und warum? Mathematische Schlichtheit übt anscheinend einen starken Magnetismus aus, wobei in diesem Fall auch Grundannahmen über Fairness ins Spiel kommen. Die Mitte, das ist da, wo man sich trifft – im konkreten wie im metaphorischen Sinn.

Halbe und Runde

Mithilfe des beschriebenen Verteilungsspiels lässt sich plausibel machen, warum im Dezimalsystem die 5 und die 50 als Zahlen der Ausgewogenheit und des vernünftigen Mittelmaßes wahrgenommen werden, aber auch als Scheidepunkte, von denen aus die Dinge unterschiedliche Richtungen einschlagen können. Mit Abstrichen gilt das auch für die 6, die als halbes Dutzend ein ähnliches Schicksal teilt. Man müsste hier also streng genommen von fokalen Punkten zweiter Ordnung sprechen, die dadurch Bedeutung erlangen, dass sie genau die Hälfte einer markanten Größe – des fokalen Punktes erster Ordnung – bilden. Kein Wunder, dass die sozialistischen Planwirtschaften immer mit 5-Jahres-Plänen operierten: So konnte man die permanente Illusion aufrechterhalten, dass man zwar noch nicht auf dem Niveau des Westens angekommen, aber auf einem guten Weg sei.

Im Guten wie im Schlechten verkörpern die Halbzahlen die Eigenschaften des Mittelmaßes. Wie stark die Mitte insbesondere in der deutschen Geistesgeschichte emotional und symbolisch besetzt ist, hat

der Historiker Herfried Münkler in *Mitte und Maß. Der Kampf um die richtige Ordnung* herausgearbeitet: „Die Mitte gilt als ein Ort der Sicherheit und der Beständigkeit", schreibt er in der Einleitung. „Während links und rechts Gefahren drohen und sich die Avantgarde in unerkundete Gebiete vorwagt, verspricht die Mitte Ausgleich, Wohlstand, Frieden." Gut möglich, dass etwas von diesen Konnotationen im kollektiven Unbewussten auf die Charakteristika der typischen Halbzahlen abgefärbt hat und uns die 5 und die 6 deswegen vernünftig, friedlich und sympathisch erscheinen.

Die Römer kannten neben den Zehnern, Hundertern und Tausendern auch das V für die 5, das L für die 50 und das D für 500 als gleichberechtigte Zahlensymbole. Im Zuge der großen Vereinheitlichung nach der Französischen Revolution bekamen die Halbzahlen erneut eine Sonderrolle bei der Einführung des metrischen Systems zugesprochen. Stanislas Dehaene schreibt: „Obwohl jede Potenz von Zehn einen eigenen Namen erhielt – Millimeter, Zentimeter, Dezimeter, Meter und so weiter –, war der Abstand zwischen diesen Einheiten doch zu groß, als dass sie im Alltag tauglich waren. Deshalb verfügten die französischen Gesetzgeber, dass jede Dezimaleinheit ihr Doppel und ihre Hälfte haben solle." Daraus ergibt sich die Reihe 1, 2, 5, 10, 20, 50, 100, deren Alltagstauglichkeit sich schon daran zeigt, dass bis heute das Bargeld der meisten Währungen nach dieser Stückelung unterteilt ist. „Sie spricht unseren Zahlensinn an, weil sie sich einer exponentiellen Folge annähert und doch nur kleine runde Zahlen enthält", notiert Dehaene dazu – klein deshalb, weil die Ziffern 6, 7, 8 und 9 bei der Bildung dieser Reihe nicht auftauchen.

Mit „rund" aber benennt Dehaene genau jene gefühlte Alltagsqualität, die sich auch an der Häufigkeit ablesen lässt, mit der diese Zahlen in gesprochenen und geschriebenen Texten auftauchen. Die gängige Einteilung des Bargeldes spiegelt sich im verbalen und schriftlichen Zahlengebrauch wider, wo die runden Summen durch ihre signifikante Häufigkeit hervorstechen. Laut Dehaenes Untersuchungen zählen im Abschnitt zwischen 10 und 100 über verschiedene Sprachen und Kulturen hinweg demnach die 12, die 15, die 20 und die 50 zu den runden Zahlen. „Glatte Summen" sind demnach Beträge, die sich an dieser Stückelung orientieren oder sich leicht daraus zusammensetzen lassen. Allgemein gilt: Stückelung und Anordnung erzeugen fokale Punkte. Bei der Uhrzeit ergeben sie sich aus der Viertelung

① ② ⑤ ⑩ ⑳ ㊿ ① ② | 5 |

| 10 | 20 | 50 |
| 100 | 200 | 500 |

des Ziffernblattes. 20:15 Uhr ist also eine „runde Uhrzeit", nicht weil dann das Abendprogramm im Fernsehen beginnt, sondern weil wir sie als „Viertel nach acht" oder, wie in manchen Gegenden, „Viertel neun" ausdrücken können.

Die stärksten fokalen Punkte oder „rundesten Zahlen" auf dem abendländischen Zahlenstrahl bilden aber die kleinen Vielfachen von 10 und die glatten 10er-Potenzen. Die runden 10er, 100er und 1.000er beanspruchen scheinbar aus eigenem Recht eine besondere Bedeutung. Was eine Zahl rund macht, hängt, wie Bengt Sigurd in seinem Aufsatz „Round Numbers" darlegt, wesentlich von der Zahlenbasis ab. In der dezimal geprägten Kultur ist das die 10, während zum Beispiel in Frankreich noch Spurenelemente des normannischen Vigesimalsystems mit der Basis 20 durchscheinen („quatre-vingt-dix"). Bei Schätzungen, ungefähren Angaben und unbestimmten Mengen bilden die Vielfachen dieser Basis den naheliegenden Näherungswert und Referenzpunkt. Sie haben gewissermaßen ein Hinterland, das sie bei Bedarf spielend eingemeinden können. Die Aussage „9 ist im Wesentlichen 10" ist also zutreffend, während das Gegenteil nicht stimmen würde.

Oft sind auch sprachliche Einfachheit oder Konventionen maßgeblich, wenn wir unbestimmte Anzahlen auf runde Zahlen reduzieren. Deshalb hat man dem Kind etwas „schon hundertmal gesagt", ohne dass es darauf gehört hätte. Deshalb hat man sich im Schlager „tausendmal berührt", ohne dass etwas passiert ist. Und deshalb hatte man so großen Respekt vor dem Millenniumswechsel, bei dem – wir erinnern uns – mutmaßlich nicht nur jeder Computer abstürzen, sondern gleich die ganze Welt hätte untergehen sollen.

Überhaupt liegt die Tatsache, dass wir Geschichte in mundgerechte Einheiten von Jahrhunderten und Dekaden einteilen, von den „Roaring Twenties" und „Swinging Sixties" sprechen, einzig und allein in der Prominenz des Dezimalsystems begründet. Dadurch verdichten sich historische Ereignisse, die in einem solchen Abschnitt liegen, retrospektiv zu einer einheitlichen Gestalt, während die Überlappungen tendenziell aus dem Blick geraten – was durchaus nicht immer erkenntnisfördernd ist. So spricht etwa der Historiker Eric Hobsbawm vom „kurzen 20. Jahrhundert", das von der russischen Revolution 1917 bis zum Mauerfall 1989 reicht. Geschichtliche Ereignisse und sinnfällige Epochen halten sich nicht unbedingt an das Raster des Dezimalsystems – und man ist nicht nur als Historiker mitunter gut beraten, der Gravitation mathematischer Schlichtheit zu trotzen.

Manchmal befördert die seltsame Attraktion runder Zahlen regelrecht unvernünftige Ambitionen. Wie sonst erklärt sich, dass der über eine Million Euro teure Bugatti Veyron als schnellster straßenzugelassener Seriensportwagen ausgerechnet mit 1.001 PS auffährt? Unwahrscheinlich, dass die Entwickler zufällig bei diesem Wert gelandet sind. Vielmehr fängt, wenn die 1.000er-Grenze einmal durchbrochen ist, das Märchenwunderland an, das wir aus *Tausendundeine Nacht* kennen. Wer diese Regionen betritt, kann getrost alle Vernunft fahren lassen.

Magnetische Schwellenwerte

Selbst im vermeintlich durchrationalisierten Wirtschaftsleben der Börsen spielen fokale Punkte eine bedeutende Rolle. Der große Ökonom John Maynard Keynes hat den Aktienmarkt einmal mit einem seltsamen Schönheitswettbewerb verglichen, bei dem es nicht darum geht, das schönste Model zu küren, sondern auf das zu setzen, das die Mehrheit der anderen Jurymitglieder für das schönste hält. Das Beispiel veranschaulicht, warum Anleger sich nicht unbedingt an realwirtschaftlichen Vorgaben und den Fundamentaldaten der Unternehmen orientieren, sondern versuchen, bei ihrer Einschätzung von Aktien die Meinung und das Verhalten anderer Marktteilnehmer zu antizipieren.

In der Praxis zeigt sich die Relevanz dieser Überlegungen im realen Verlauf von Aktienkursen und Indizes, die an bestimmten Schwellenwerten hängenbleiben, als wären diese klebrig oder magnetisch. Börsianer sprechen von Widerstandslinien, wo es unwahrscheinlich ist, dass ein Wertpapier oder der Gesamtmarkt diesen Schwellenwert nach oben durchbricht, von Unterstützungslinien, wo ein Kursverfall scheinbar automatisch abgebremst wird. Oft liegen diese Linien bei runden Werten, Hundertern oder Tausendern. So hing der DAX zum Jahresanfang 2011 hartnäckig an der Widerstandslinie von 7.000 Punkten fest, bevor er sie nach oben hin überschritt.

Chartanalysten behandeln diese Linien, als wären es natürliche Gegebenheiten, wie etwa die topografische Oberfläche einer Landschaft mit ihren Tälern und Steigungen. Dabei ist die einzige Begründung, warum sie überhaupt existieren, die Psychologie der Marktteilnehmer. Weil hinreichend viele Anleger davon überzeugt sind, dass diese Schwellenwerte eine Bedeutung haben, bekommen sie erst eine. Anleger passen ihr Verhalten entsprechend an, und die Kurse benehmen sich in den Bereichen um diese Linien herum tatsächlich anders. Ein schöner Beleg dafür, dass eine Situation dann real ist, wenn Menschen sie für real halten, egal wie die objektiven Gegebenheiten im Hintergrund aussehen mögen.

Es gibt Situationen, in denen wir uns diesen Mechanismus zunutze machen und Vorteile aus dem unvernünftigen Magnetismus der runden Zahlen ziehen können: einerseits, indem wir selbst ihn durchschauen und uns dagegen wappnen, andererseits, indem wir in unser Kalkül einbeziehen, dass und wie der Magnetismus bei anderen wirkt. Ein unmittelbarer Anwendungsfall sind Online-Auktionen auf Ebay, bei denen man selbst einen Maximalpreis festlegen kann, der aber bis zum Auktionsende verborgen bleibt. Ist man Höchstbieter, zahlt man am Ende nur einen minimal, also um eine Preisstufe höheren Betrag, als der Nächstbietende zu zahlen bereit gewesen wäre. Ökonomisch gesprochen handelt es sich dabei um eine *second-price sealed-bid auction* oder Vickrey-Auktion. Wie bei spieltheoretischen Entscheidungsproblemen generell erhöht man dabei seine eigenen Erfolgsaussichten drastisch, indem man das Verhalten der anderen Wettbewerber richtig antizipiert. Das heißt, auch die Drift der Gegenseite in Richtung fokaler Punkte einzukalkulieren.

Bietet man auf Ebay etwa auf einen getragenen, aber in gutem Zustand befindlichen Orfina-Chronografen aus den 1980ern, dessen Wert grob geschätzt bei 1.000 Euro liegt, was sich zufällig auch gerade mit der individuellen Zahlungsbereitschaft für diese Uhr deckt, dann ist man gut beraten, nicht exakt 1.000 Euro als Höchstgebot einzugeben. In dem Fall wird man nämlich mit allergrößter Wahrscheinlichkeit knapp überboten, und die Auktion endet irgendwo unterhalb von 1.100 Euro. „Hüten Sie sich vor prominenten Zahlen!", rät der Wirtschafts- und Finanzwissenschaftler Christian Rieck auf seiner Website Spieltheorie.de, die sich unter anderem ausführlich mit der Frage „Wie viel soll man eigentlich bei Ebay bieten?" befasst. Die 1.000 Euro entsprechen laut Rieck vermutlich gar nicht unbedingt der wahren Zahlungsbereitschaft, sondern sind aufgrund des Dezimalsystems nur die prominenteste Zahl in dieser Region und damit ein fokaler Punkt, bei dem man einrastet.

Riecks Empfehlung lautet: „Um auf ein sinnvolleres Gebot zu kommen, addieren Sie daher eine Zufallszahl zu Ihrer groben Wertschätzung dazu. Wie groß diese Zufallszahl sein sollte, hängt von der Genauigkeit ab, mit der Sie Ihre Wertschätzung ermitteln können. Je genauer, desto kleiner die Zufallszahl." Bei einer zehnprozentigen Unsicherheit über die eigene Zahlungsbereitschaft biete sich also eine zufällige Zahl im Bereich bis 1.100 Euro an, aber eine, die nach Möglichkeit „schön krumm" ausfallen solle. Tatsächlich wechselte besagte auf Ebay beobachtete Orfina-Uhr schlussendlich für 1.092,17 Euro den Besitzer. Das Problem bei der Angelegenheit ist – wie häufig in Spielsituationen, wo ein Handelnder die Erwartung von Entscheidungen anderer einbeziehen muss –, dass die Mitbieter ja keineswegs dumm sind und sich meistens einer darunter findet, der ein ähnlich schlaues Kalkül anlegt wie man selbst. So schaukeln sich beide gegenseitig hoch, und am Ende zahlt man doch mehr, als man ursprünglich beabsichtigt hatte – oder wird überboten.

9er-Preise

Die fokalen Punkte liefern auch eine elegante Erklärung für die allgegenwärtigen 9er-Preise, also jene, die knapp unterhalb einer runden Zahl auf 99, 95 oder 90 enden. Im Englischen heißen sie „charm prices", weil Kunden mit ihnen umgarnt und eingelullt werden sollen. Die Psychologie dahinter liegt scheinbar auf der Hand: Weil Menschen – zumindest im Westen – Zahlen von links nach rechts lesen, steht vorne eine niedrigere Anfangsziffer: 3,99 statt 4,00. Außerdem wird die naheliegende Preisschwelle, der fokale Punkt, unterboten. Beginnt der Preis mit einer 9 wie in 9,95, vermeidet man zudem bei minimalem Abschlag eine ganze Dezimalstelle, was rein optisch schon weniger Raum einnimmt und dadurch wie ein niedrigerer Preis wirkt.

Empirisch lässt sich nachweisen, dass insbesondere bei Supermarkt-Preisen die magische 9 die am häufigsten vorkommende Ziffer ist – und das mit großem Abstand. Eine aufschlussreiche Auszählung aus dem Jahr 1998, bei der stichprobenartig 10.000 Kassenbon-Positionen unterhalb von 10,00 DM ausgewertet wurden, ergab, dass viele Zahlenkombinationen als Preise praktisch überhaupt nicht vorkommen, während andere als fokale Preise deutlich hervorspringen. So beläuft sich knapp jeder fünfte Preis entweder auf 0,99 oder 1,99. Die häufigsten zehn Ziffernkombinationen zusammengenommen machen über die Hälfte der real vorkommenden Preise aus. Alle davon enthielten eine oder mehrere 9en. Bis heute dürfte sich daran nicht viel geändert haben, auch wenn der Trend bei den Nachkommastellen weg von der allzu windigen 99 und hin zur 95 oder 90 zu gehen scheint.

Die historischen und regionalen Ursprünge dieser Art der Preisgestaltung liegen im Dunkeln. Erste Hinweise in der absatzwirtschaftlichen Literatur finden sich in den 1930ern. Das diffamierende und glücklicherweise ausgestorbene Synonym „Judenpreise" aus dem völkisch-deutschen Volksmund deutet indes auf eine länger zurückreichende Tradition hin. Mit dem Siegeszug der Massenkultur scheint sich das Phänomen in allen Industrieländern verbreitet zu haben, wobei der traditionelle Verbreitungsschwerpunkt bei Low-Involvement-Produkten liegt, billigen Artikeln des täglichen Bedarfs. Deshalb assoziiert man die Ikonografie der 9er-Preise automatisch mit einer gewissen marktschreierischen Ästhetik, hierzulande auch „Schweinebauch-Werbung" genannt.

In den USA scheint dagegen eine noch größere generische Nähe zum Angebot der Fast-Food-Gastronomie zu bestehen. Ein Fakt, den sich die Tex-Mex-Kette Taco Bell im Rahmen ihrer 2008er-Tiefpreis-Kampagnen werblich zunutze machen wollte, indem sie den US-amerikanischen Rapper 50 Cent bat, sich in „79 Cent", „89 Cent" oder „99 Cent" umzubenennen. (Der fand das gar nicht lustig, lehnte ab und antwortete auf eine Verwendung seines Namens mit einer deutlich kostspieligeren Anwaltsklage, die beiden Seiten jedoch einiges an PR einbrachte.)

Der französische Werber Frédéric Beigbeder hat der gängigen Auspreisungspraxis und der damit assoziierten vulgären Konsumpsychologie 2001 mit seinem Roman *39,90* ein Denkmal gesetzt. Nicht von ungefähr entsprach der Titel – wie beim französischem Original *99 francs* – auch dem gebundenen DM-Ladenpreis des Hardcovers. Bei deutschsprachigen Publikumsverlagen sind anscheinend auf sämtlichen Niveaus vom edlen Hardcover für 24,90 € bis zum billigen Taschenbuch für 8,95 € die Cent-Endungen 90 und 95 zum Standard geworden. Seltener und eher im Segment der Krimis und Unterhaltungsromane findet man die 99 oder glatte Beträge, noch seltener krumme Summen wie 6,70 €.

Nicht nur im niedrigpreisigen Segment von Fast Food, Lebensmitteln, Büchern und schnelldrehenden Konsumartikeln kommen „gebrochene Preise", so die offizielle deutsche Bezeichnung, zum Einsatz. Bei Kleinwagen spielt die Schallmauer von 10.000 Euro offensichtlich eine große Rolle. Für 9.990 Euro finden sich im Internet aktuelle Angebote unter anderem für den Fiat Punto Evo, den Daewoo Kalos, den Skoda Fabia, den Peugot 206+ und den Dacia Sandero Stepway.

Apples iTunes-Store war unter anderem deshalb so erfolgreich, weil er als Standardpreis 99 US- und Euro-Cent für ein Musikstück etablierte. Als Amazon 2007 seinen E-Book-Reader Kindle vorstellte, war eines der Haupt-Verkaufsargumente, dass keines der digitalen Bücher aus dem Kindle-Store mehr als 9,99 Dollar kosten würde. Weil es in den USA keine Buchpreisbindung gibt, konnten selbst im Hardcover deutlich teurere Neuerscheinungen quersubventioniert und zu diesem Preispunkt angeboten werden. Das Pricetag „$ 9.99" wurde zum fokalen Punkt für E-Book-Pricing in den USA und zum Zankapfel in der Debatte darum, was der angemessene Preis für digitale Bücher sei. Inzwischen haben sich mehrere Verlagshäuser gegen das Preisdiktat durch Amazon gestemmt und versucht, Preise über 10 Dollar für ihre E-Books durchzusetzen. Aber die magische Schwelle erweist sich, einmal im Bewusstsein der Buchkäufer verankert, als hartnäckig und langlebig.

Warum sind die 9er-Preise so verbreitet, wo doch der psychologische Trick dahinter hinlänglich durchschaut ist und runde Preise in mancher Hinsicht praktischer wären? Schließlich sind die krummen Summen der Grund dafür, dass sich unsere Hosentaschen und Portemonnaies permanent mit Kleingeld-Münzen füllen, die als eigenständige Zahlungsbeträge längst keine Rolle mehr spielen. In der wissenschaftlichen Literatur gehen die Meinungen über die Sinnhaftigkeit dieser Preisgestaltung deutlich auseinander, schon deshalb, weil die Existenz und Wirksamkeit psychologischer Preisschwellen umstritten ist. Die experimentelle Empirie dazu ist widersprüchlich und sagt zudem wenig darüber aus, wie sich Konsumenten in realen Entscheidungssituationen verhalten würden.

Gerade diese Unsicherheit ist aber der Grund dafür, dass sich 9er-Preise so hartnäckig halten, auch wenn ihnen nicht mehr als psychologischer Aberglaube zugrunde liegen mag: Weil die Preisgestalter hinsichtlich der Sensibilität ihrer Kundschaft gegenüber Schwellenwerten völlig im Dunkeln tappen, empfiehlt sich allein aus der konservativen Abwägung heraus ein Festhalten an der Konvention. Jedes Ausscheren aus dem Herdenverhalten würde das unabsehbare Risiko eines Nachfrageeinbruchs bergen – so wie Blaise Pascal aus rationalistischen Erwägungen heraus lieber an Gott glaubte, weil er das Risiko, nicht an ihn zu glauben, für den Fall, dass er doch existierte, höher einschätzte, als im umgekehrten Fall die Verluste der vergeblichen Liebesmühe.

Und paradoxerweise zieht der Trick bei uns Konsumenten, obwohl wir ihn durchschauen. Denken wir aktiv darüber nach, erscheinen 9er-Preise auf der Ebene der Einzelofferte manipulativ und unseriös. Doch sie entfalten spätestens dort ihre Wirkung, wo es um die Beurteilung des gesamten Geschäftes geht. Die Kölner Handelsforscher Lothar Müller-Hagedorn und Ralf Wierich haben 2005 eine groß angelegte Studie *Zur Wahrnehmung und Verarbeitung von Preisen durch Konsumenten* durchgeführt, bei der sie 1.200 Probanden Fotos von Supermarktregalen für Zahnpasta mit unterschiedlichen Arten der Auspreisung zeigten und sie um eine Einschätzung baten. Dabei zeigte

sich, „dass glatte und unübliche Preise im Vergleich zu auf 9 endenden Preisen verschlechternd auf das Preisgünstigkeitsurteil wirken". Und weil die wenigsten Verbraucher sich wirklich die Mühe machen, Preise über ein breites Sortiment von Zahnpasta bis Blauschimmelkäse hinweg zu vergleichen und sich eine Übersicht zu verschaffen, interpretieren sie Imagefaktoren und äußerliche Marker als Indizien für die Preisgünstigkeit eines Sortiments oder des gesamten Ladens. Wenn „wenig oder keine Informationen über die Preisgünstigkeit bestimmter Angebotspreise" vorliegen, so stellt Wolfgang Diller in seinem Standardwerk *Preispolitik* fest, finde häufig „eine Urteilsgeneralisierung vom Preisimage des Geschäftes" auf die Vorteilhaftigkeit einzelner Angebote statt. Wir fallen also auf das schiere Image und die äußere Anmutung des Billigen herein, obwohl – wie andere Studien belegen – die Angebote und Geschäfte mit den 9er-Preisen meist nicht zu den billigsten im Markt gehören. Merke: Nicht alles, was billig daherkommt, ist es auch.

Björn Harste, der als Betreiber eines SPAR-Supermarktes in Bremen Neustadt seine Gedanken zu Themen aus Handel und Konsum im Blog Shopblogger.de veröffentlicht, wartet mit einer deutlich abgehangeneren Erklärung für das Phänomen der 9er-Preise auf, die wieder den Bogen zurück zur kulturellen Konvention fokaler Punkte schlägt: „Die Kunden sind nun mal in den letzten Jahrzehnten in diese Richtung erzogen worden. Wenn ein durch die Kalkulation entstandener Preis von z.B. 1,62 € an der Ware stehen würde, wären viele Kunden sehr irritiert."

Die schlichte Botschaft der 9er-Zahlen über die Höhe des zu entrichtenden Betrages hinaus wäre demnach die Information, dass es sich dabei um einen Preis handelt. Um einen Preis, über den man nicht weiter nachzudenken braucht, weil er sich an die Gepflogenheiten hält und dem Genre des Einzelhandelspreises vollumfänglich entspricht. So sieht das auch der Typograph Erik Spiekermann: „Das ist inzwischen so eine Art Code geworden: Mit 99 oder 98 muss es ein Preis sein. Keine Temperatur, keine lebendige Größe, sondern ein Preis." Jede andere Form der Preisgestaltung wäre erklärungsbedürftig, machte uns stutzig und würde unnötige Fragen aufwerfen – 9er-Preise erklären sich von selbst. Sie wirken, als wären sie immer schon da gewesen, als hätten Gott oder die Natur sie gemacht. Eben ein ganz normaler Preis. Punkt.

IX.
Geld und Preise

Geld und damit Preise sind merkwürdige Zwischendinge, irgendwo auf der Grenze zwischen den Ländern Mediokristan und Extremistan angesiedelt, die wir in Kapitel I besichtigt haben. Deshalb gerät die Zahlenpsychologie hier in eine Grauzone. Zum einen haben wir eine sehr konkrete und anschauliche Vorstellung davon, was Geld bedeutet, wenn wir es als Münzen in der Tasche haben, als Scheine aus dem Geldautomaten ziehen, im Geschäft oder Restaurant damit bezahlen. Bei Bargeld haben wir ein gutes Gefühl für den Wert, den es verkörpert, und eine plastische Idee davon, welche Mühen es gekostet hat, es zu verdienen. Anders sieht es schon beim sogenannten Buch- oder Giralgeld aus: „Geld auf einem Bankkonto ist etwas Wichtiges, aber nichts Physikalisches", schreibt Nassim Nicholas Taleb. „Es kann jeden beliebigen Wert annehmen, ohne dass dafür Energie verausgabt werden müsste. Es ist bloß eine Nummer!"

Diesen kategorialen Unterschied bestätigt auch der Galerist Gerd Harry Lybke, genannt Judy, aus eigener Erfahrung: „600 Euro tun manchmal mehr weh als 6.000, weil man 600 Euro noch in bar auf den Tisch zählen kann. Das dauert richtig lange. 6.000 Euro zu überweisen ist dagegen eine abstrakte Kontobewegung." Bei bargeldlosem Zahlungsverkehr und Zahlungen per Kreditkarte sitzt das Geld lockerer, weil die unmittelbare Anschauung fehlt – einer der Gründe, warum in den USA, wo jeder Bürger im Schnitt 7,6 Kreditkarten besitzt, der private Schuldenstand sehr viel höher liegt als im Rest der Welt und die Anzahl der Privatinsolvenzen steigt. Die jüngere Hirnforschung wartet mit einer insgesamt wenig überraschenden Erklärung dieses Phänomens auf, dass nämlich Geldausgeben das Schmerzzentrum im Gehirn, die sogenannte Insula, aktiviert. Allerdings tut es das stärker, wenn wir reales Geld ausgeben. Bei Überweisungen und Kreditkartenzahlungen tritt dieser Effekt in weitaus geringerem Maße auf.

In der ökonomischen Theorie gilt hingegen frei nach Gertrude Stein: Ein Euro ist ein Euro ist ein Euro – egal in welchem Aggregatzustand, ob Scheine oder Münzen, digital oder analog. Für Ökonomen bildet Geld ein allgemeines Äquivalent zu allen anderen Waren, ein Äquivalent, das sich laut Georg Simmel gerade wegen seiner „Farblosigkeit und Indifferenz" zum „Generalnenner aller Werte" eignet. Für den *homo oeconomicus* wäre jede qualitative Unterscheidung von Geld nicht nachvollziehbar und irrational – und doch wird genau die von Menschen im Alltag andauernd getroffen. Psychologisch spielt es eine erhebliche Rolle, woher das Geld stammt, das wir ausgeben, und in welcher Darreichungsform wir damit hantieren.

Die Princeton-Soziologin Viviana Zelizer hat die unterschiedlichen subjektiven Qualitäten von Geld im Alltag erforscht, für die die Ökonomie blind ist. In ihrem Buch *The Social Meaning of Money* beschreibt sie, welch gravierenden Unterschied es im privaten Bereich für Menschen macht, ob das Geld vom regulären Gehaltsscheck stammt, aus einer Erbschaft oder aus einem Lottogewinn kommt und in welche Kanäle es fließt. Auch wenn das Geld letztlich über dasselbe Konto fließt, wird es im Kopf mit einer „moralischen Ohrmarke" versehen – ähnlich wie beim Ökostrom, der zusammen mit dem Atomstrom aus derselben Steckdose kommt. In der Vorstellung werden so bestimmte Beträge und mental geschnürte Geldbündel mit einer Bedeutung aufgeladen, die sie für bestimmte Verwendungsweisen prädestiniert: Das ererbte Geld von Tante Anni bleibt für die Altersvorsorge auf dem niedrig verzinsten Sparkonto liegen, auch wenn es ökonomisch natürlich sinnvoll wäre, damit erst einmal den überzogenen Dispo auf dem Girokonto auszugleichen.

Selbst auf der Ebene des politischen Diskurses und der administrativen Praxis finden sich diese differenzierten Widmungen wieder: Die Gelder aus der Ökosteuer fließen in die Senkung der Lohnnebenkosten, und jene aus dem Emissionshandel sollen ausschließlich zur Förderung erneuerbarer Energien zur Verfügung stehen. Allein die Tatsache, dass man hier von Geldern im Plural spricht, deutet schon darauf hin, dass es sich bei Geld in unserer Vorstellung – und damit auch im alltäglichen Umgang – um alles andere als ein homogenes und unpersönliches Gut handelt.

Unsere Einstellung zum Geld schwankt nicht nur mit der Art und Herkunft, mit unserer Vorstellung, um welches Geld es sich dabei handelt, sondern natürlich auch mit der absoluten Höhe des verfügbaren Vermögens. Zwar macht Geld nur bis zu einer bestimmten Grenze glücklich: Der ebenfalls in Princeton lehrende Ökonom Angus Deaton legte zusammen mit dem Wirtschaftsnobelpreisträger und Veteran der Verhaltensökonomie Daniel Kahneman in einer vielbeachteten Studie aus dem Jahr 2010 dar, dass das subjektive Glücksgefühl unter US-Amerikanern zwar mit dem Einkommen wächst, aber bei einer Schwelle von 75.000 US-Dollar, umgerechnet 60.000 Euro, Jahreseinkommen abgeregelt ist. Jenseits dieses Wertes nimmt das emotionale Wohlbefinden wieder ab, wohl auch, so die Autoren der Studie, weil es jenseits dieser Schwelle immer weniger gelingt, Zeit für die wichtigen Dinge des Lebens wie Familie und Gesundheit freizuschaufeln. Aber die Zahlungsbereitschaft wächst natürlich mit der Höhe des frei disponiblen Einkommens.

Oder anders ausgedrückt: Auch wenn sie betonen, dass sie ihr Vermögen „nicht vom Ausgeben" haben, sitzt bei Reichen das Geld üblicherweise lockerer. Für potente Kunstsammler etwa, weiß Judy Lybke aus Erfahrung, „ist eine hohe Zahl weniger eine abschreckende Schwelle, sondern ein Zustand der eigenen Befindlichkeit". Es hängt eher von Laune, Stimmung und Tagesform ab, ob sie bereit sind, einen bestimmten Betrag für ein Kunstwerk zu investieren, als von strikt ökonomischen Erwägungen. Astronomisch viel Geld für ein Objekt der Begierde auf den Tisch zu blättern, ohne dabei mit der Wimper zu zucken, kann also durchaus als befriedigender Akt der Selbstbestätigung funktionieren. Schon Thorstein Veblen stellte gegen Ende des vorletzten Jahrhunderts in seiner *Theorie der feinen Leute* fest, dass die Reichen und Wohlhabenden bestimmte Konsumgüter kaufen, nicht obwohl, sondern gerade weil sie teuer sind – und weil andere das wissen und beobachten können.

Preispsychologie 101

Aber auch wir Otto Normalsterblichen unterliegen in unserer Zahlungsbereitschaft situativen und stimmungsbedingten Schwankungen. Im Urlaub geben wir bereitwilliger Geld aus als im Alltag, und eine gehobene Stimmung kann ebenso zum Geldausgeben verführen wie eine depressive, die sich im sogenannten „kompensatorischen Konsum" niederschlägt. Die Amplituden können durchaus beachtlich sein, weshalb eine ganze Industrie sich auf die Außerkraftsetzung und geschickte Manipulation unseres Urteilsvermögens geworfen hat.

Der größte Fisch im Teich ist das 1985 vom Bonner Wirtschaftsprofessor Hermann Simon und zwei seiner Doktoranden gegründete Beratungsunternehmen Simon, Kucher & Partners, das sich auf Preisstrategien spezialisiert hat und heute über 500 Mitarbeiter an Standorten weltweit beschäftigt. SKP berät Blue-Chip-Unternehmen aus allen Branchen von Nestlé über Microsoft, Nokia und Mercedes bis zu BMW und Volkswagen, wie sie ihre Preispolitik zum eigenen Vorteil optimieren können. „Setzen Sie durch, was Ihnen zusteht!", heißt die klare Botschaft an potenzielle Auftraggeber auf der deutschen Unternehmenswebsite. Wo herkömmliche Werbeagenturen branchenexklusiv arbeiten, berät das Unternehmen mit einem Jahresumsatz von über 100 Millionen Euro in manchen Sparten gleich eine ganze Handvoll Anbieter und dürfte die einzige Agentur sein, die jemals gleichzeitig für Coca-Cola und Pepsi gearbeitet hat. „Der Einfluss von SKP auf die Preise von so ziemlich allem, was wir kaufen, ist ebenso wenig bekannt wie atemberaubend", schreibt William Poundstone in seinem Buch *Priceless. The Myth of Fair Value* über die neuen geheimen Verführer, die nicht am Markenimage schrauben, sondern am Preis.

Die wachsende Bedeutung und Beachtung des Themas *Pricing* jenseits des billigen 9er-Tricks geht auf eine neuerliche Allianz von Psychologie und Wirtschaftswissenschaften zurück: In den 1980er Jahren taten sich Wissenschaftler beider Lager zusammen und formten die neue Disziplin der Verhaltensökonomie. Ihr erklärtes Programm ist es, das rationalistische Menschenbild des *homo oeconomicus*, das die längste Zeit die Wirtschaftstheorie regiert hat, sturmreif zu schießen. Der erwähnte Daniel Kahneman hat im Verbund mit Amos Tversky in einer Reihe verblüffender Experimente mit realen Testpersonen demonstriert, wie manipulierbar das menschliche Entscheidungsverhalten insbesondere in Bezug auf Preise ist. Das neue Paradigma, das sie geschaffen haben, fasst William Poundstone so zusammen: „In der neuen Preispsychologie sind die Werte schlüpfrig und kontingent, so verschwommen wie die Bilder in einem Jahrmarkt-Spiegelkabinett."

Die klare Botschaft aller neueren Forschungsergebnisse – und die finale Abfuhr für das ökonomisch-rationale Menschenbild: Kunden haben letztlich keine Ahnung, was etwas wert ist und was sie in der Folge dafür zu zahlen bereit sein sollten.

„Kohärente Arbitrarität" haben der MIT-Verhaltensökonom und Bestsellerautor Dan Ariely und zwei seiner Forscherkollegen diesen zwiespältigen Sachverhalt getauft: Inseln vernünftigen und schlüssigen (kohärenten) Verhaltens inmitten eines Ozeans der Willkür (Arbitrarität). Insbesondere dort, wo die wahren Kosten eines Angebots undurchsichtig sind wie bei Pauschalreisen, Strompreisen oder Mobilfunk-Tarifen, geraten wir als Konsumenten ins Schwimmen und suchen nach Anhaltspunkten. Haben wir uns erst einmal auf ein bestimmtes Setting eingegrooved, finden wir uns dann einigermaßen treffsicher im vorherrschenden Preisgefüge zurecht. Zur Veranschaulichung kann man sich vorstellen, man würde blind im Aufzug eines Hochhauses fahren und beim erstbesten Stopp aussteigen: Man kann erfolgreich durch die Räume navigieren, hat aber nur eine vage Idee davon, in welchem Stockwerk man sich befindet.

Den Akt der willkürlichen Verortung – das Drücken des Knopfes im Fahrstuhl – nennt man „Anchoring": Es wird ein Anker gesetzt, der zum Fixpunkt der Kohärenz wird. Das Interessante daran ist, dass nicht nur ein kostspieliges Ambiente, Raumbeduftung und Ähnliches als solche Anker funktionieren können, sondern beliebige, in keinem Zusammenhang stehende Zahlen. In einem berühmt gewordenen Experiment ließ Arielys Forscherteam Testpersonen Preisschätzungen für diverse alltägliche Güter wie Pralinenschachteln, Computermäuse und Weinflaschen abgeben, allerdings erst nachdem sie die letzten beiden Ziffern ihrer Sozialversicherungsnummer notiert hatten. Diese Nummer kennt jeder Amerikaner auswendig, und die Werte der letzten beiden Ziffern können frei variieren. Diejenigen, deren notierte Zahl in der oberen Hälfte, also zwischen 50 und 99 lag, schätzten die Preise signifikant höher ein als der Rest – bei Objekten mit großer Preisspanne wie einer Flasche Côtes du Rhône sogar bis zu doppelt so hoch.

Anker und Lockvögel

Schon Tom Sawyer hatte erkannt, dass es für die Schubumkehr bei der Zahlungsbereitschaft nur der richtigen Inszenierung bedarf, und von anderen Geld dafür eingesammelt, dass sie an seiner Stelle den Zaun streichen durften. Auch Autoverkäufer und Marketingexperten wissen schon länger um den anzapfbaren Wankelmut des Menschen und haben ihre auf Praxiswissen basierenden Tricks über die Jahrzehnte immer weiter verfeinert. Die Verwissenschaftlichung der Irrationalität lieferte ihnen aber neues Futter und hat die Tür aufgestoßen für eine systematische Manipulation unseres Kaufverhaltens durch die Preispsychologie. Preispolitik wurde so von einer nachrangigen Disziplin im Unternehmen zum heimlichen Star im Marketing-Mix.

Nun wird nicht mehr nur bei der Erzeugung von Markenimages auf das Unbewusste zugegriffen, auch die Preisgestaltung weist neuerdings einen direkten Draht zu unseren verborgenen Wünschen, Sehnsüchten und Ängsten auf. Den letzten Schlüssel dazu liefert in jüngster Zeit das Neuromarketing, das die verhaltensökonomisch beobachtbaren Reaktionen auf bestimmte Stimuli hirnphysiologisch nachweisen und untermauern will. „Obwohl ein Preis nur eine Zahl ist", schreibt William Poundstone, „kann er doch ein komplexes Set von Emotionen hervorrufen – etwas, das nun auch im Hirnscanner sichtbar wird."

In ihrem Buch *Codes. Die geheime Sprache der Produkte* berichten die Marketingexperten und Hirnforscher Christian Scheier, Dirk Bayas-Linke und Johannes Schneider von einem Experiment am California Institute of Technology, bei dem Versuchspersonen ein identischer Rotwein einmal als „billige" Variante für 10 Dollar, einmal als Luxus-Wein für 90 Dollar verabreicht wurde. Nicht nur schmeckte der angeblich teurere Wein den Probanden subjektiv besser, im MRT zeigte sich, dass auch das Belohnungszentrum im Gehirn durch die Preisinformation stärker aktiviert wurde. Die Erklärung: „Preise haben zwar nichts mit der Produktleistung (hier: Geschmack) zu tun, verändern aber – wie ein Placebo – die Wirkung des Produktes im Gehirn." Weil das Preissignal als Code für Qualität interpretiert wird, wird es Teil des Konsumerlebnisses und verändert die psychologische Wirkung des Produkts.

Umgekehrt sieht es aus, wenn der Preis tatsächlich entrichtet werden muss. Das dazu passende Experiment stammt von Forschern der Cornell Universität, die in einem realen Restaurant drei unterschiedliche Menükarten ausgelegt hatten. Einmal waren die Preise numerisch mit Eurozeichen ausgewiesen („10,00 €"), einmal ohne („10") und einmal ausgeschrieben („zehn Euro"). Die Forscher hatten erwartet, dass die unscheinbare schriftliche Darstellung am meisten Umsatz generiert. In Wahrheit gaben diejenigen Tische im Schnitt fünf Euro mehr aus, die nur mit den nackten Zahlen ohne Verweis auf die Währung konfrontiert waren. Die Neuromarketing-Forscher folgern daraus: „Das Eurozeichen ist für das Gehirn also ein Code für Preis und damit für Schmerz, und Schmerz gilt es zu vermeiden bzw. zu reduzieren." Tatsächlich findet man in gehobenen Restaurants immer häufiger diese schlichte Art der Auspreisung mit nackten Zahlen, während sich die Fast-Food- und System-Gastronomie eher anderer Verschleierungs- und Verwirrungstaktiken wie undurchsichtiger Kombi-Menüs befleißigt.

Überhaupt bilden Restaurants eine Art Paralleluniversum, prädestiniert für preispsychologische Perfidien. Wer eintritt, lässt offenbar alle Vernunft fahren und gibt den kritischen Zahlenverstand zusammen mit dem Mantel an der Garderobe ab. Das hatte schon der in allen zentralen Belangen des Lebens unbedingt maßgebliche Douglas Adams festgestellt und die Bistr-O-Matik als neue Subdisziplin der Mathematik ausgerufen, in der gänzlich eigene Gesetzmäßigkeiten gelten: „Wie bereits Einstein beobachtete, dass Zeit kein Absolutum ist, sondern von der Bewegung des Betrachters im Raum abhängt, und dass Raum kein Absolutum ist, sondern von der Bewegung des Betrachters in der Zeit abhängt, so hat man nun erkannt, dass die Zahlen nicht absolut sind, sondern von der Bewegung des Betrachters in Restaurants abhängen."

Mit welchen Tricks und Finten dort gearbeitet wird, erläutert William Poundstone anhand einiger typischer Speisekarten, deren optimierte Ausgestaltung in den USA von hochdotierten *Menu Consultants* praktiziert wird und längst eine Wissenschaft für sich ist. Danach erfüllt das teuerste Gericht auf der Karte, Filet vom Kobe-Rind oder getrüffeltes Hummercarpaccio für über 100 Dollar, die Funktion eines *anchors*. Es muss gar nicht geordert werden, sondern dient einzig dazu, die Maßstäbe zu verzerren. Daneben erscheinen Gerichte für 30 Dollar regelrecht günstig, auch wenn der Preis sachlich keineswegs angemessen ist – und der Kunde freut sich über seine

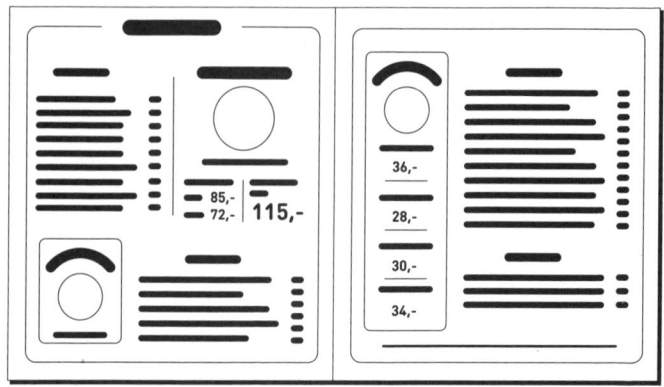

vermeintlich günstige Auswahl. Deshalb werden die sogenannten „Stars", beliebte Gerichte mit hoher Profitmarge, auf Speisekarten gerne in unmittelbarer Nähe dieses Ankers platziert und stechen so durch den grellen Kontrast besonders ins Auge. Weniger profitable Speisen, die ein Restaurant gleichwohl vorhalten muss, um die Stammkundschaft nicht zu verprellen – Poundstone nennt sie „Ackergäule" –, werden dagegen im „Speisekarten-Sibirien" versteckt, wo selten ein Blick darauf fällt. So lassen sich alleine über typografische Arrangements auf geduldigem Papier die Umsätze drastisch steigern, ohne dass sich an der Küche etwas verändern muss.

Anker finden sich nicht nur in der Gastronomie, sondern werden in allen Feldern des Konsums eingesetzt, besonders im Luxus- oder Premium-Segment. Die Krokoleder-Handtasche für 9.000 Euro im Schaufenster von Prada lässt den Schlüsselanhänger für 100 Euro wie ein Schnäppchen erscheinen. Neben dem Maybach aus dem Hause Daimler ab 310.000 Euro wirkt die S-Klasse für 80.000 Euro wie ein sparsamer Kompromiss. Betritt man die TV-Abteilung eines Saturn oder Media-Markts, fällt der Blick als Erstes auf einen monströsen Flachbild-Fernseher mit 3-Meter-Bildschirmdiagonale, der um die 30.000 Euro kostet. Kein Mensch hat jemals diesen Fernseher gekauft. Aber unsere Intuition dafür, was ein angemessener Preis für einen Fernseher ist, liegt in Scherben, sobald wir den Trumm passiert haben.

Im Handel, wo man es mit breit aufgefächerten Segmenten zu tun hat, erfüllen solche Anker die Funktion von Lockvögeln oder *decoys*.

Bei Lockvogel denken wir an Billigangebote, die in großen Schütten vor dem Geschäft oder im Eingangsbereich herumstehen und uns in den Laden locken sollen, wo wir dann garantiert noch etwas anderes kaufen. Die raffinierten Lockvogel-Angebote funktionieren aber in genau entgegengesetzter Richtung. Ohne selbst Umsatz zu generieren öffnen sie das Spektrum und verzerren das Preisgefüge. Führt ein Händler nur zwei Espressomaschinen mit ähnlichem Leistungsprofil, aber unterschiedlichem Preis im Sortiment, wird das Gros der Kundschaft sich automatisch für die billigere Offerte entscheiden. Fügt er nun eine teurere Luxusvariante hinzu, wird er davon zwar nur wenige Exemplare losschlagen, dafür aber signifikant mehr von der mittleren und so seinen Ertrag steigern. Kunden lassen sich unbewusst von der größeren Auswahl beeinflussen und wählen den mittelteuren Kompromiss.

Nicht nur als Wähler, auch als Konsumenten haben wir eine natürliche Tendenz zur Mitte. Wir nehmen nicht das allerbilligste und greifen eher zum zweitteuersten als zum teuersten Angebot, wenn wir unter Unsicherheit entscheiden müssen. Das Hinzufügen von irrelevanten Alternativen macht sich diesen Effekt zunutze. Ein Gutteil des Überangebots käuflicher Waren, das uns täglich gegenübertritt, besteht aus irrelevanten Alternativen: Chimären, Trugbilder und Sirenen, die uns vom Pfad der ökonomischen Tugend abbringen sollen.

Wie kann man sich dagegen schützen? Als erstes kann man sich natürlich die zugrunde liegenden Mechanismen bewusst machen und mit wachem Auge durch die Warenwelt gehen. Aber das Perfide am *Anchoring* ist – das haben viele verhaltensökonomische Experimente gezeigt –, dass es auch bei vollem Bewusstsein funktioniert. William Poundstone schlägt als einzig wirksames Antidot vor, hart gegenzusteuern und dabei vorsätzlich übers Ziel hinauszuschießen. „Consider the opposite!", ziehe das Gegenteil in Betracht!, schlägt er vor. Man könnte zum Beispiel bewusst nach Gründen suchen, die gegen einen Preis sprechen: „Machen Sie ein Spiel daraus: Versuchen Sie, so viele Gegenargumente wie möglich zu finden." Wahrscheinlich hat Dan Ariely recht mit seinem zum geflügelten Wort gewordenen Buchtitel *Denken hilft zwar, nützt aber nichts*. Aber den Versuch, mit kritischem Bewusstsein Entscheidungen zu treffen, sollten wir dennoch weiter unternehmen.

The Art of Pricing

Wenn schon im Wunderland der Warenwelt nichts so ist, wie es scheint – wie sieht es dann erst in jenen luftigeren Regionen aus, wo Werte vollständig vom Materiellen losgelöst sind und Preise frei flottieren? Das Ende der Fahnenstange markiert der Kunstmarkt. Dort richten sich Preise weder nach dem für ein Kunstwerk verausgabten Materialaufwand noch nach der investierten Arbeitszeit noch nach der Konkurrenzsituation – jedes Kunstwerk ist anders. Wenn sich das freie Spiel der reinen Preispsychologie irgendwo beobachten lässt, dann hier. Es herrscht ein großes, unübersichtliches Angebot an Kunst, die auf den Markt drängt. Mehr noch als an der Börse sind die Werte am Kunstmarkt rein spekulativer Natur. Ein Objekt oder Gemälde hat meist keinerlei funktionalen Gebrauchswert. Deshalb gilt der Grundsatz: Ein Kunstwerk ist exakt so viel wert, wie jemand anderes bereit ist, dafür zu bezahlen. Auf Auktionen werden Zigmillionen für die Arbeiten zeitgenössischer Top-Künstler wie Jeff Koons, Gerhard Richter oder Andreas Gursky aufgerufen. Gleichzeitig sind neun von zehn Kunstwerken in dem Moment wertlos, wo sie die Galerie verlassen, weil sie ihren vom Galeristen gesetzten Preis niemals wieder auf dem Sekundärmarkt werden behaupten können.

Deshalb ist das Festlegen von Preisen in Galerien selbst eine Kunst, die viel Fingerspitzengefühl erfordert und ganz eigenen Regeln folgt. So richten sich die Preise für Gemälde und Fotografie oft nach den Abmessungen, obwohl das Flächenmaß streng genommen keine Auskunft über die Qualität beinhaltet. Leinwände sind teurer als Zeichnungen und Gouachen. Höhere Auflagen sind naturgemäß billiger als Unikate – multipliziert man den Preis mit der Auflagenhöhe, können sie allerdings deutlich mehr Umsatz generieren als ein einzelnes Werk. Vor allem dürfen die Preise eines Künstlers im Zeitverlauf niemals sinken, das käme einem Eingeständnis des Scheiterns gleich. Eher noch bleibt der Galerist auf den Arbeiten sitzen oder der Künstler scheidet ganz aus dem Markt aus, als dass die Preise bei einer Einzelausstellung niedriger lägen als bei der davor.

Der Kultursoziologe Olav Velthuis, der in seinem Buch *Talking Prices* die symbolische Bedeutung von Preisen auf dem Markt für zeitgenössische Kunst untersucht, spricht von „pricing scripts", vorgegebenen Pfaden für den Verlauf der Preiskurve, denen alle Beteiligten am

Markt stillschweigend folgen. Wie das Taxameter im Taxi aus Strecke und Zeit den Preis bildet, fließen hier die Faktoren Zeit, Nachfrage nach den Werken und Reputation des Künstlers oder der Künstlerin in die Preisgestaltung ein. Damit die Preiskurve glaubhaft die Geschichte vom unaufhaltsamen Aufstieg eines Genies erzählt, sei ein Anstieg von zehn bis zwanzig Prozent von Ausstellung zu Ausstellung das absolute Minimum. „Skripte geben dem Preismechanismus Struktur, Konsistenz, Stabilität und damit Vorhersagbarkeit", schreibt Velthuis. „Sie vermeiden und bekämpfen Verwirrung unter potenziellen Käufern über den ökonomischen Wert zeitgenössischer Kunst."

Die Preise, die man in Galerien antrifft, bilden deshalb ein ureigenes Genre. Judy Lybke, Gründer von EIGEN+ART mit Standorten in Leipzig und Berlin, insgesamt 18 Mitarbeitern und Künstlern wie Neo Rauch oder Martin Weischer im Portfolio, hat als in der DDR gelernter Maschinenbauer eine Affinität zu Zahlen – und zum Geld. Er gilt als begnadeter Verkäufer – das Label Leipziger Schule, ein genialer Marketingstreich, geht auf seine Kappe – und sieht sich selbst zuerst als Händler. Ein Galerist, der Kunstwerke behält, hat seinen Beruf verfehlt, findet er.

Was ist also ein guter Preis für ein Kunstwerk, Herr Lybke? Generell gilt: „Solange man mehr Leute hat, die bereit sind, einen Preis für ein Kunstwerk zu bezahlen, als Kunstwerke, ist man auf der richtigen Seite." Weil die Preise sich nur in eine Richtung bewegen können, sollte man klugerweise niedrig anfangen und das Preisniveau bedächtig nach oben steigern: „Jeder Künstler fängt unten an, bei 500 Euro, vielleicht auch bei 200 Euro." Gebrochene Preise, wie man sie aus dem Supermarkt kennt, haben in der Galerie nichts verloren, „es sei denn, sie sind selbst konzeptioneller Bestandteil einer Arbeit", dann könne man sich auch einen Preis von 99 Euro vorstellen. Andererseits verbieten sich auch allzu glatte Beträge: „Ob man an ein Werk 1.000 oder 1.200 ranschreibt, das macht schon vom reinen Klang her einen großen Unterschied." Der typische Kunstpreis unterhalb von 10.000 Euro endet also auf glatten Hundertern, nicht auf glatten Tausendern.

Wenn es eine zahlenpsychologische Faustregel gibt, die Lybke aus seiner durch langjährige Kunstverkäufer-Praxis geschulten Intuition heraus anbieten kann, dann ist es die: „Der Preis muss nachgedacht aussehen." Davon abgesehen offeriert Lybke ein Set an idiosynkratischen Regeln, die gleichwohl unmittelbar einleuchten. Psychologisch

wichtig für die Beurteilung des Preises sei weniger die Zahl, die vorne steht, sondern die dahinter: „Man agiert im unteren Preissegment mit der Zahl an zweiter Stelle, um die davor zu verschleiern. 1.200 klingt wie 200. 1.800 klingt wie ein ordentlicher 800er-Preis. Von daher klingt 2.200 eigentlich nach weniger als 1.900. 2.800 signalisiert mir, dass ich volle 800 Euro ausgebe. Da stehe ich als Käufer auch meinen Mann. 2.100 dagegen ist fast ein bisschen mickrig, genauso wie 1.100 und 3.100. 3.600, also 36 ist da schon besser, sechs mal sechs, das klingt vertraut, nach Wohlfühlpreis. Bei 31 weiß kein Mensch, woher die Zahl kommt."

Neben der Anmutung von viel oder wenig transportieren die aufgerufenen Zahlen an zweiter Stelle aber auch unterschwellige Botschaften über das Kunstwerk, den Künstler, den Galeristen und den Käufer. Die 5 etwa „baut eine Brücke", das heißt: Ein Preis von 1.500 oder 3.500 eignet sich für einen Künstler, der mit seinem Werk gerade am Scheideweg steht. „Die 8 nimmt einen ernst", wohingegen die 1 eher vom Unwillen des Galeristen zeuge. Preise wie 3.100 oder 6.100 zeigen: „Der will diesen Preis gar nicht und will die Arbeit auch eigentlich nicht verkaufen. Der hasst es überhaupt, das Zeug zu verkaufen." Besonders angetan haben es Lybke dagegen die 9 und die 4: „Wer einen Preis von 1.900 oder 3.900 aufruft, der hält sich und dich als Käufer für intellektuell." Deshalb eigne sich die 9 auch besonders für schwierige konzeptionelle Arbeiten: „Das klingt gebrochen, hat sich noch nicht so eingefunden. Da kann man selbst noch mit kreativ sein." Ein ähnliches Schicksal als anspruchsvoller Schwellenwert nah an der Intellektualität teilt die 4, allerdings, wie es scheint, nur in bestimmten Segmenten. Zum Mitschreiben: „1.400 geht, 2.400 geht, 3.400 geht nicht. 4.400 ist gar nicht möglich. 5.400 geht nicht. 6.400 ginge. 7.400 geht nicht. 8.400 geht nicht. 9.400 geht nicht. 10.400 ginge vielleicht." Interessanterweise kommen die 3 und die 7, die überall sonst eine zentrale Rolle spielen, in Lybkes Zahlenreihe gar nicht vor.

Jenseits der 10.000 spielt die Hunderterstelle dann sowieso eine untergeordnete Rolle, und andere Sprungstufen kommen ins Spiel: „Zwischen 12.000 und 16.000 Euro ist ein guter Preis für eine größere Leinwand eines halbwegs bekannten Künstlers. Danach kommen 22.000, 30.000, 36.000. Dann geht es bei 60.000 wieder los. Bei 120.000 ist noch einmal eine Schallmauer. Das nächste Level ist

240.000 bis 280.000. Danach kommen dann 350.000, 600.000 und so weiter." In diesen Regionen wird die Luft allerdings sehr dünn, und es gibt weltweit nur ein paar Dutzend Künstler, bei denen sich diese Preise überhaupt im Primärmarkt der Galerien durchsetzen lassen. Deshalb ist es schwierig, hier Regeln abzuleiten, die über einen *educated guess* hinausgehen. Allerdings fällt bei Lybkes Ausführungen auf, dass die genannten Zahlen häufig Vielfache aus der 6er-, beziehungsweise 12er-Reihe sind. Deshalb ist 2.400 vielleicht nicht nur ein guter Preis, weil da „Weihnachten drinsteckt", wie Lybke vermutet, sondern womöglich auch, weil die 12 sich in ihr wiederfindet.

Offensichtlich herrscht überall dort, wo runde 10er-Vielfache willkürlich und nicht gut genug ausgedacht wirken, eine Tendenz zum archaischen Duodezimalsystem. Es liefert gerade, glatte Beträge, die hinreichend vom Dezimalraster abweichen, aber dennoch selbstverständlich und vertraut anmuten, die irgendwie mit dem Jahreskalender, dem Kosmos und dem Universum in Einklang zu stehen scheinen.

Diese Beobachtung lässt sich nicht nur auf dem Kunstmarkt machen, sondern überall dort, wo große Summen aufgerufen und zur freien Verhandlungsmasse werden. Schriftgestalter Erik Spiekermann bestätigt das aus Erfahrung: Glatte Tausenderbeträge „wirken verdächtig". Dagegen tendieren Agenturtagessätze für Designer, aufgeschlüsselt nach Reinzeichnung, Konzeption und Art-Direktion, zu der Staffel 600, 1.200 und 1.800 Euro. Mehr als 2.000 Euro lassen sich im Designbereich schwer durchsetzen, bei Consultants ist diese Skala hingegen nach oben offen. Bei Roland Berger fügen sich die Berater-Tagessätze im unteren Bereich mit 1.200, 1.800 und 2.400 genau ins Raster, während sie im Segment der Senior-Berater und Partner, wo es eh nicht mehr so genau darauf ankommt, zu den glatten Tausendern tendieren. Hochschulprofessoren, die ihr schmales C4-Gehalt mit freier Beratungstätigkeit aufbessern, berechnen, wenn sie ordentlich hinlangen, gerne einen Tagessatz von 3.600 Euro.

Auch beim Volumen von Projekten zeichnet sich ein Duodezimal-Raster ab, auch wenn es in der Praxis häufig von anderen Einflüssen wie Budget-Restriktionen überlagert wird. Das kleinste Projekt in der Agentur von Erik Spiekermann beginnt etwa bei 6.000 Euro, vorher lohnt es sich nicht, die Arbeit überhaupt aufzunehmen. 12.000 Euro sind ein eher realistischer Einstiegspreis, das eigentliche Gravitationszentrum bilden aber 60.000 Euro, ohne dass Erik Spiekermann das ursächlich erklären könnte: „Um ein Corporate Design einigermaßen vernünftig zu konzipieren, brauche ich 60.000. Um es umzusetzen, noch mal 120.000. Immer wenn ich so'n Ding sehe, sage ich aus dem Augenwinkel: 60.000. Dann kalkulieren die zwei Tage lang, und dann sind es 58.000 oder 64.000."

Der Blogger und Social-Media-Berater Sascha Lobo kann diese Größenordnungen aus eigener Anschauung als Projektemacher bestätigen, bringt als Begründung aber den Unschärfebereich zwischen Dezimal und Duodezimalsystem ins Spiel. Zwar würden sich die Budgets eigentlich an den Schwellen 50.000, 100.000, 250.000 und so weiter orientieren, aber „wer 50.000 zahlt, zahlt auch 60.000, wer bereit ist, 100.000 auszugeben, gibt auch 120.000 aus." Selbst wenn man am Ende bei den Schwellenwerten landet, sei es auf jeden Fall sinnvoll, mit den höheren Werten in die Verhandlungen einzusteigen.

Es gibt kein Gesetz, das dieses Bauprinzip für Tagessätze und Budgets auf dem freien Markt vorschreiben würde. Aber wenn Sie schon immer einmal Ihre Honorar-Ansätze nach oben anpassen wollten oder ein größeres Projektvolumen verhandeln müssen und sich lästige Diskussionen und Nachverhandlungen ersparen wollen, sind Sie mit einem Vielfachen der 6 wahrscheinlich gut beraten. Sechs sells, probieren Sie es aus!

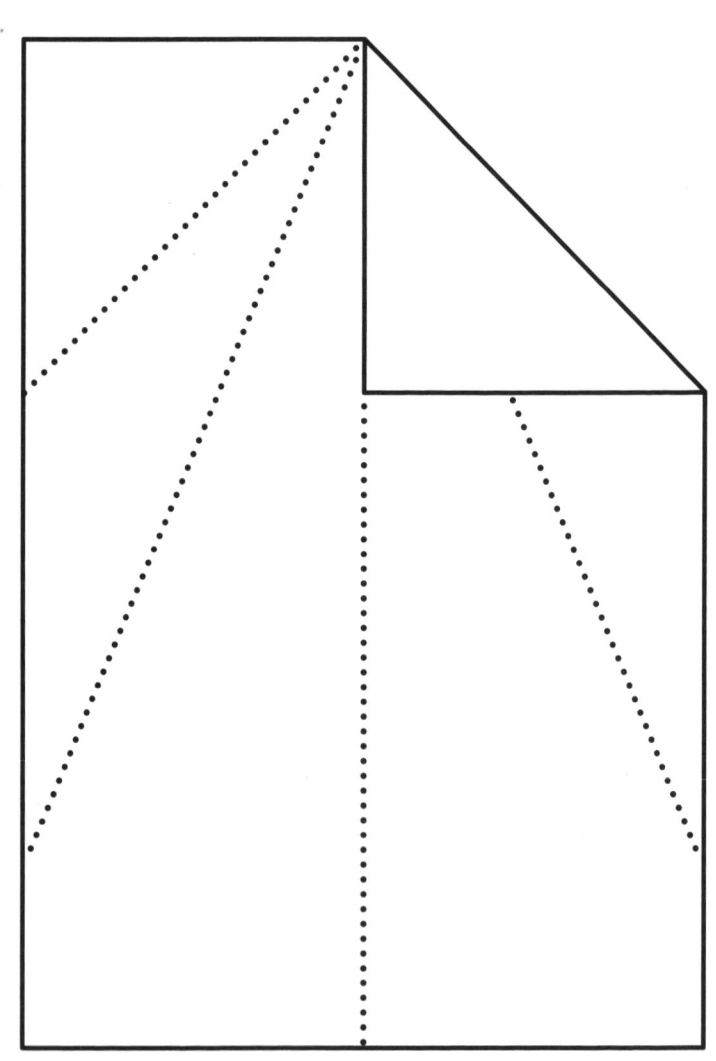

X.
Proportionen
und Schönheit

Manchmal wundert man sich, dass Dinge zusammengehen, in-, neben- oder aufeinander passen, die gar nichts miteinander zu tun haben. Warum passt die Scheckkarte genau in die Klarsichtfolienumhüllung einer Zigarettenschachtel? Warum passen DVD-Hüllen genau in die kleinen Fächer des Billy-Regals? Die Begründung: unsere schöne bunte Warenwelt ist viel weniger vielfältig und artenreich, als es auf den ersten Blick den Anschein hat. Denn hinter den meisten dieser vermeintlichen Zufällen verbirgt sich die DIN-Norm 476, die Papierformate regelt und 1922 vom Deutschen Institut für Normung festgesetzt wurde.

Auslöser für die Bestrebungen zur Vereinheitlichung war die Papierknappheit nach dem Ersten Weltkrieg: Man hoffte, durch die Standardisierung der Formate den Beschnitt zu vermeiden. Ausgearbeitet hat sie der Berliner Ingenieur Walter Portsmann – und dabei unter der Hand einen der wichtigsten weltweiten Standards gesetzt: das DIN-A4-Blatt. Wenn wir an ein Blatt Papier denken, stellen wir uns ein A4-Blatt vor, Billionen und Aberbillionen Bögen sind weltweit davon im Umlauf. Wie das Dezimalsystem hat es sich als internationaler Standard, kodifiziert in der ISO-Norm 216, fast weltweit durchgesetzt, nur in den USA, Kanada und Mexiko hält man noch an den eigenen traditionellen Formaten fest.

Mit 210 mal 297 Millimetern ist das A4-Blatt genauso breit wie das wesentlich ältere Folio-Format, von dem sich der Foliant ableitet, aber gut drei Zentimeter kürzer. Diese Kürzung wurde fällig, um die Forderung zu erfüllen, dass alle Formate der Reihe durch Verdopplung und Halbierung verlustfrei ineinander überführbar sein sollten. Portsmann konnte sich bei der Entwicklung auf die Vorarbeiten seines Mentors, des Chemie-Nobelpreisträgers Wilhelm Ostwald, stützen. Der hatte 1911 das „Weltformat" entwickelt, das ebenfalls der Idee der „Restlosigkeit" folgte und Teil des größeren Projekts war, die „energetische Buchhaltung in der Welt" in Ordnung zu bringen; anfangen wollte er damit bei den Büchern. Auf der Schweizer Landesausstellung von 1914 kam das Format zum Einsatz, seine Verbreitung sollte aber auf die Schweiz beschränkt bleiben, weil es nicht in die damals gängigen Aktenordner passte.

Ähnliche Bestrebungen zu nahtlos ineinander überführbaren Formaten hatte es schon zur Zeit der Französischen Revolution gegeben. Im Zuge der erfolgreichen Umstellung auf das metrische System und erfasst vom revolutionären Elan, war man darauf aus, jeden Lebensbereich durchzurationalisieren – was in diesem Fall aber versandete. Der Erste, der diese Überlegungen zum Thema Papierformat zu Papier brachte, war allerdings Georg Christoph Lichtenberg. 1786 formulierte er in einem Brief an den Philosophen und Ökonomen Johann Beckmann die Forderung nach der „geometrischen Ähnlichkeit" für Papierformate: „Die kleine Seite des Rechtecks muss sich nämlich zu der großen verhalten wie 1:$\sqrt{2}$ oder wie die Seite des Quadrats zu seiner Diagonalen. Die Form hat etwas angenehmes und vorzügliches vor der gewöhnlichen."

Allerdings kann Lichtenberg nicht als eigentlicher Erfinder des Seitenverhältnisses gelten: 1:$\sqrt{2}$. Inspiriert dazu hat ihn das vorgefundene Papier, auf dem der Brief entstand und das genau diese Eigenschaften aufwies. „Sind den Papier=Formen machern (sic!) wohl Regeln vorgeschrieben, oder ist diese Form durch Tradition nur ausgebreitet worden? Und wo stammt diese Form, die wohl nicht durch Zufall entstanden ist, her?", fragt Lichtenberg in seinem Brief weiter, ohne jedoch eine Antwort zu erhalten. Die Praxis des Papiermachens war anscheinend immer schon schlauer als die Gelehrten, die erst mit der Nase darauf gestoßen werden mussten.

Heute kennt jeder das Lichtenberg-Verhältnis aus dem Copyshop. Beim Kopierer ist $\sqrt{2}$ (1,41), also 141 Prozent, der Zoomfaktor für das Vergrößern von A5 auf A4 oder A4 auf A3. Beim Verkleinern sind es entsprechend 71 Prozent. Würden Kopierer die Fläche und nicht die Kantenlänge anzeigen, würde auf dem Display „200%" und „50%" stehen – was uns etliche Fehlversuche und Unsummen an Lehrgeld erspart hätte. Dennoch haben wir uns inzwischen irgendwie an die krummen Zahlen gewöhnt. Der Druckerfabrikant Brother machte den Zoomfaktor 141 Prozent kürzlich gar zur Werbebotschaft für seine Multifunktionsdrucker, die auch A3-Formate verarbeiten können. Auf der Website brother141.de werden die mentalen Vorteile des größeren Formats gepriesen: „141% ist eine Einstellung. Es geht um Ambition, Antrieb, Energie und Ausdauer." Auch wenn wir uns durch die flächendeckende Verbreitung von A3-Druckern noch ein gutes Stück weiter vom papierlosen Büro entfernen würden, erscheint es nicht ausgeschlossen, dass A3 das neue A4 wird und es irgendwann auch iPads in diesem Format geben wird, mit denen man beim Sitznachbarn im Flugzeug aneckt wie heute mit der Tageszeitung.

Porstmann, jedenfalls, beließ es nicht bei der geometrischen Ähnlichkeit, die bewirkt, dass ein Blatt nach dem Falten dasselbe Seitenverhältnis aufweist wie vorher, sondern passte das Ganze ins metrische System ein, indem er das Format A0 bei einer Fläche von einem Quadratmeter verankerte. Ein A4-Blatt hat demnach genau die Fläche von 1/16 oder 0,0625 Quadratmetern. Wenn wir das standardmäßige 80 g/m²-Papier verwenden, wissen wir, dass ein Bogen exakt 5 Gramm wiegt. Drei Seiten können in Deutschland also problemlos ohne Nachwiegen für 55 Cent Porto verschickt werden, bei vier Seiten wird die 20-Gramm-Grenze überschritten und der Brief kostet 90 Cent.

Neben der A-Reihe, die vor allem bei Druckwerken und Papierbögen von der Visitenkarte (A8) bis zum großflächigen Werbeplakat („18 Eintel", also 18 mal A1) zum Einsatz kommt, entwickelte Porstmann flankierende B-, C-, D- und E-Reihen. Die B- und C-Reihe gelten für Kuverts und Mappen, die E-Reihe für Klarsichthüllen und Aktendeckel, D umfasst die Sonderformate. Viele Industrieprodukte von der DVD-Hülle bis zum Billy-Regal orientieren sich an diesen Standards, was erklärt, weshalb DVDs so genau in dessen Fächer passen. Gemeinsam ist all diesen Formaten, dass sie dem Prinzip der Selbstähnlichkeit gehorchen, dem „Silver Rectangle", wie das Lichtenberg-Verhältnis seltsamerweise nur im Englischen genannt wird – meist verbunden mit einem Seufzen darüber, wie viel praktischer dessen Formateigenschaften gegenüber dem sperrigen US-amerikanischen Letter-Format sind. Erik Spiekermann hält das DIN-Format zwar für „eine ästhetische Katastrophe", sieht seine Vorzüge aber ebenfalls darin, dass es „unglaublich praktisch" ist. Mit der Bezeichnung als „Silbernes Rechteck" wird darüber hinaus angedeutet, dass es sich beim Seitenverhältnis des DIN-Formats dezidiert nicht um die Proportionen des Goldenen Schnitts handelt, was häufig angenommen wird.

Saitenverhältnisse und Sphärenklänge

Dass Seitenverhältnisse Probleme bereiten, wenn sie aus der Selbstähnlichkeit ausscheren, weiß jeder, der in den vergangenen Jahren einer Konferenz oder einem Kongress mit vielen gebeamerten Präsentationen beigewohnt oder auch nur ferngesehen hat. Die längste Zeit war die nahtlose Überführbarkeit durch das standardmäßige 4:3-Format gewährleistet, das noch auf Thomas Alva Edison zurückgeht und etwas kompakter ist als das „Silberne Rechteck". Seit Laptop-Screens, Flachbildschirme und das ausgestrahlte Fernsehprogramm sich in Richtung 16:9 oder hin zu noch schlankeren Querformaten entwickeln, regiert das Chaos. Überall sieht man „Trauerbalken", die früher nur das Kinoformat auf die Mattscheibe brachte – inzwischen findet man sie sogar an den Seitenrändern, wenn etwa eine PowerPoint-Präsentation im 4:3-Format auf einem 16:9-Beamer läuft. Köpfe, Abbildungen und Schriften werden verzerrt oder gestaucht, dass es im Kopf nur so knirscht – ein schlagender Beweis dafür, dass Seitenverhältnisse viel mit Harmonie zu tun haben.

Auch für die Pythagoräer, die ja im eigentlichen Sinne weniger rechneten als zählten und zeichneten, waren Seitenverhältnisse der Schlüssel zur Harmonie im Zahlenreich. Sie wähnten darin eine Ver-

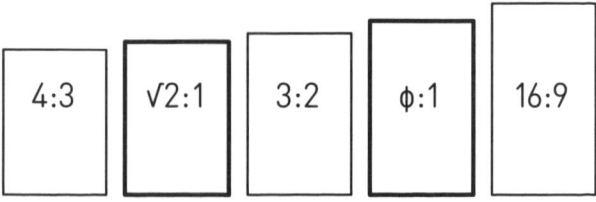

bindung zum Lauf der Planeten, von denen sie glaubten, dass ihre Bewegung Töne verursache: die „Sphärenharmonien", die wir nur aufgrund unserer schlechten Ohren nicht zu hören imstande wären. Die Pythagoräer brachten sie auf der Erde mittels eines simplen Bretts zu Gehör, auf das eine Saite gespannt war: das Monochord, damals „Kanon" genannt. Die Klänge und Obertöne wurden erzeugt, indem die Saite mit einem verstellbaren Steg geteilt wurde. Die wesentlichen Teilungsverhältnisse der Saite ergaben sich schon aus der Tetraktys: Ein Verhältnis von 2:1, bei dem sich die Schwingungen genau verdoppeln, war eine Oktave, 3:2 eine Quinte, 4:3 eine Quarte und so weiter.

Johannes Kepler knüpfte Anfang des 17. Jahrhunderts mit seiner *Harmonice Mundi*, der *Weltharmonik*, an diese Gedanken an. Darin beschrieb er nicht nur die Planetenbahnen, sondern versuchte, den Nachweis zu führen, dass das Universum eine einzige göttliche Harmonie bilde, die sich aus den Zahlenverhältnissen und geometrischen Körpern der Antike ergebe. „Die Geometrie ist einzig und ewig, ein Widerschein aus dem Geiste Gottes", glaubte Kepler. „Und dass die Menschen an ihr teilhaben, ist mit eine Ursache dafür, dass der Mensch ein Ebenbild Gottes ist."

Durch Kepler erlebte auch die Sphärenmusik ein Revival, die fixe Idee dass die Planeten abhängig von ihrer Größe und Geschwindigkeit unterschiedliche Töne erzeugten. Zuvor hatte bereits der spätantike Gelehrte Boethius die Idee wieder populär gemacht, dass es neben der „musica humana", die in Harmonie mit dem menschlichen Körper und der Seele steht, auch eine „musica mundana" geben müsse, die nach den kosmischen Maßverhältnissen swingt. Seither gab es, angefangen bei Shakespeare über Goethe bis hin zu Mike Oldfield, Anhänger des tönenden Kosmos. Und bis heute reißen die Versuche nicht ab, unter dem Label „musica mundana" Tonleitern mit den Planetenbahnen zu synchronisieren und daraus Funken für verstiegene E-Musik-Experimente zu schlagen. Selbst die Stringtheorie der avancierten Astrophysik wurde mit der Sphärenharmonie in Verbindung gebracht – schließlich geht es dabei auch im weitesten Sinne um schwingende Saiten, die den Kosmos durchziehen.

Ob die Planeten nun Töne von sich geben oder nicht – unbestreitbar ist, dass Harmonien die ästhetische Wahrnehmung prägen und darüber den kleinsten gemeinsamen Nenner von Musik, Gestaltung und Architektur bilden. Und dass dabei Zahlen und Zahlen-

verhältnisse im Spiel sind. Auch wenn wir bei Harmonie vielleicht als Erstes an zwischenmenschliche Beziehungen denken, handelt das Konzept doch ursprünglich vom Kosmos, von Schwingungen und dem Verhältnis der Dinge untereinander. Ursprünglich bedeutet das griechische „harmonia" Einklang oder auch die Zusammenfügung von Gegensätzlichem. Im Kern geht es also darum, wie Dinge unterschiedlicher Größe oder Anzahl zusammenwirken – und ob wir diese Wirkung als stimmig, angenehm, ebenmäßig oder schlicht: schön empfinden.

Auch Takt und Rhythmus in der Musik, Reimschema und Versmaß in der Poetik sind im Wesentlichen nichts anderes als arrangierte Zahlenverhältnisse. Hebt man auf die gegliederte Form im Raum ab, kann man auch von Proportionen sprechen. Der Architekt und Architekturtheoretiker Roger Popp bezeichnet in seiner Arbeit *Die Mittelmaße in der Architektur* Proportionen als „Ästhetik der Quantitäten" und erläutert: „Eine Proportion besteht aus mindestens zwei Größen, etwa Länge und Breite eines Raumes. Mehrere Proportionen können ein System bilden, es entsteht die Proportionalität als eine Proportion der Proportionen."

Wann etwas – ein Gebäude, ein Designobjekt, eine Website – wohl proportioniert erscheint, liegt nicht allein im Auge des Betrachters und hat nicht nur mit seinem subjektiven Empfinden zu tun: Dafür gibt es Regeln. Andererseits sind diese Regeln oft kaum etwas anderes als das formalisierte allgemeine Bauchgefühl, kurz: die Konvention. Sie zu brechen kann ein Holzweg sein, aber ebenso gut die Tür zu fruchtbarem ästhetischen Neuland aufstoßen. Zumindest sollte man die Regeln kennen, bevor man sich über sie hinwegsetzt.

Mit dem Wissen um Regeln ist wiederum die Gefahr verbunden, sie überzubewerten. Man kann darauf hängen bleiben wie auf schlechtem Crack. Der Bildwissenschaftler Erwin Panofsky schickt in seinem Aufsatz zur Proportionslehre die Warnung voraus, dass die Proportionsforschung allzu häufig der Versuchung unterliegt, „aus den Dingen etwas herauszulesen, was sie selbst hineingelegt hat". Im Klartext: Wer einen Hammer hat, sieht überall Nägel. Wer nach Proportionen sucht, der findet sie – wie Verschwörungstheoretiker die 23 – überall. Dennoch kommt auch Panofsky zum Schluss, dass „die Proportionslehre das häufig nicht ganz leicht in Begriffe zu fassende ‚Kunstwollen' in klarerer oder zumindest bestimmbarerer Form zum

Ausdruck bringt als die Kunstwerke selbst". Etwas muss also dran sein an den Proportionen.

Goldener Schnitt und Göttliche Teilung

Der Evergreen und Blockbuster unter den harmonischen Proportionen ist der Goldene Schnitt. Damit beginnen aber auch schon die Probleme, indem nämlich jedes halbwegs wohlgeratene Seitenverhältnis für den Goldenen Schnitt gehalten wird. Auch die DIN-Papierformate entsprechen ihm wie gesagt nicht: Ein Blatt von 21 Zentimetern Breite wie beim Format DIN-A4 müsste, um die Proportionen des Goldenen Schnitts aufzuweisen, 34 statt 29 Zentimeter lang sein. Faltete man es mittig, würde sich nicht wieder dieselbe Proportion ergeben, sondern eine, die näher am Quadrat liegt.

Der Goldene Schnitt oder auch die Goldene Teilung liegen dann vor, wenn – bitte nachsprechen und merken! – zwei Strecken zueinander im selben Verhältnis stehen wie die größere der beiden zur Summe beider Strecken. Mathematisch ausgedrückt: a, die kürzere Strecke, verhält sich zu b, der längeren, wie b zur Gesamtstrecke a + b. Leider gibt es keine ganzzahligen Beispiele, die dieses Teilungsverhältnis illustrieren könnten, aber 5:3 ist keine ganz schlechte Näherung. Präziser entspricht das Seitenverhältnis – beim Silbernen Rechteck war das die $\sqrt{2}$ oder 1,41 – beim Goldenen Schnitt der Goldenen Zahl Phi (Φ). Erstmals dokumentiert wurde deren Berechnung als „ungefähr 1,6180340" in einem Brief, den der Tübinger Professor Michael Maestlin 1597 an Johannes Kepler schrieb. Diese Zahl hat es mathematisch durchaus in sich, denn sie gilt als irrationalste unter den irrationalen Zahlen, also solchen, die durch ganzzahlige Brüche nur angenähert werden können. Für die praktische Handhabung bringt das leider einen Haufen Probleme mit sich.

Die dem Goldenen Schnitt zugrunde liegende Proportion ist aber durchaus älteren Datums und länger in Gebrauch als seine quantitative Erfassung, denn der Goldene Schnitt lässt sich auch ganz ohne Zahlen, nur mit Zirkel und Geodreieck konstruieren, etwa aus dem Pentagramm. Das konnte schon Euklid um 300 vor Christus, wobei die Bezeichnung „Goldener Schnitt" sich erst ab 1830 etablierte.

Zuvor sprach man von „Göttlicher Teilung", die der italienische Renaissance-Mathematiker Luca Pacioli in seinem von Leonardo da Vinci illustrierten Buch *De divina proportione* im Jahr 1509 als Erster mathematisch beschrieben hat.

Mit der Umbenennung fiel auch die Idee zusammen, man müsse den Goldenen Schnitt gar nicht berechnen oder konstruieren, sondern er entspringe einer Art Naturgesetz der Ästhetik: Jegliche harmonische Gliederung – egal, ob in der Natur oder von Menschenhand geformt – würde sich quasi automatisch nach dem Goldenen Schnitt ausrichten. Verbunden ist dieser Glaube mit dem Namen Adolf Zeising, einem freischaffenden Autor und Gelehrten, der mit seinen Proportions-studien Mitte des 19. Jahrhunderts bewiesen haben wollte, dass der Goldene Schnitt „dasjenige Verhältnis ist, welches der ganzen Gliede-rung der Menschengestalt, dem Bau der edlen Thiere, der Construction von Pflanzen, namentlich in Betreff der Blattstellung, den Formen verschiedener Kristalle, der Anordnung des Planetensystems, den Proportionen der anerkannt schönsten architektonischen und plasti-schen Kunstwerke, den befriedigendsten Accorden der musikalischen Harmonie und so noch anderen Erscheinungen in Natur und Kunst" zugrunde liegt. Tatsächlich fand der Begründer der experimentellen Psychologie, Gustav Theodor Fechner, inspiriert von Zeising, her-aus, dass Versuchspersonen, denen man Rechtecke unterschiedlicher Proportionen vorlegte, den Goldenen Schnitt bevorzugten. Spätere Versuche wollen diesen Befund bestätigt haben, allerdings oft nur mit schwacher Signifikanz oder fragwürdiger Methodologie.

Zweifellos haben wir es bei Zeising und mit Abstrichen auch bei Fechner mit prototypischen Vertretern jener selektiven Wahrnehmung, gepaart mit *wishful thinking*, zu tun, die aus der Proportionslehre eine Welterklärungsformel machten. Trotzdem – oder gerade deshalb – lös-ten ihre Schriften und Beobachtungen zur Mitte des 19. Jahrhunderts eine wahre Goldene-Schnitt-Euphorie aus. Die Architekturgeschichte wurde daraufhin durchforstet; in der Kunstgeschichte, insbesondere in der Malerei der Renaissance, wurde der Goldene Schnitt gesucht – und gefunden: Albrecht Dürers *Selbstbildnis mit Pelzrock* – nur deshalb so wirkungsvoll, weil die Haare zu einem gleichseitigen Dreieck fallen, dessen Grundseite die Bildtafel im Goldenen Schnitt teilt. Leonardos *Abendmahl* – strotzt vor Goldenen Schnitten. Die ägyptische Cheops-pyramide – logisch, im Goldenen Schnitt gebaut.

Erik Spiekermann ist heute dagegen eher skeptisch, was den Goldenen Schnitt als universelles Prinzip angeht. Der Nachweis seines Vorkommens überall in der Natur sei oft nur durch heftiges Auf- und Abrunden hergestellt worden: „Er steckt sicherlich in vielen Sachen drin, ist aber kein Naturgesetz, sondern hat allenfalls anekdotischen Erklärwert." Auch der Heraldik-Forscher Bernhard Peter, der auf seiner Website selbst zahlreiche anschaulich illustrierte Beispiele für den Goldenen Schnitt in der Kunstgeschichte versammelt hat (dr-bernhard-peter.de), mahnt unter dem Motto „Immer schön kritisch bleiben!" zur Besonnenheit: „Viele Autoren sind so begeistert vom Goldenen Schnitt, dass sie ihn überall sehen. In der Tat kann man den Goldenen Schnitt irgendwie in jedes Gebäude, jedes Gemälde etc. hineinmessen. Irgendeine Linie wird schon passen!" Von Dürer wissen wir, dass er darauf aus war, dem Wesen des Menschen über die Form auf die Spur zu kommen, und ihm tatsächlich mit Kreisen, Dreiecken und Linien zu Leibe rückte. Während bei ihm die strenge Komposition über Symmetrien und den Goldenen Schnitt förmlich ins Auge springt (in vielen anderen Bildern verwendet er allerdings das Silberne Rechteck), handelt es sich im Fall der Pyramiden wohl um hartnäckigen Unfug.

Komplizierter liegen die Dinge bei Leonardo da Vinci. Leonardo war ohne Zweifel mit dem Seitenverhältnis des Goldenen Schnitts vertraut, schließlich hat er Luca Paciolis Buch illustriert. Das heißt aber noch lange nicht zwangsläufig, dass er ihn auch verwendet hat. Der berühmte, einem Kreis und einem überlagerten Quadrat eingeschriebene Vitruv-Mensch von Leonardo, der fast reflexhaft zur Bebilderung des Goldenen Schnitts herangezogen wird, entstammt zwar dem Pacioli-Buch, allerdings einem Teil, in dem es um etwas ganz anderes geht, darum nämlich, wie menschliche Proportionen als Vorlage für die Architektur dienen können. Kreisradius und Seitenkante des Quadrats stehen beim vitruvschen Ideal-Menschen zwar ungefähr im Verhältnis des Goldenen Schnitts, allerdings beträgt die Abweichung immerhin 1,7 Prozent, was deutlich außerhalb der Toleranz für Flüchtigkeitsfehler liegt – leider können wir Leonardo nicht mehr dazu befragen.

Unschwer überprüfen lässt sich dagegen, dass die Formate der Leinwände, die ja nicht standardisiert waren, sondern von den Künstlern und Werkstätten selbst fabriziert wurden, sich über unterschiedliche

Epochen hinweg bei einem Mittel von 4:5 im Hochformat und 4:3 im Querformat einpegelten – also deutlich von der Proportion des Goldenen Schnitts (annähernd 5:3) abweichen.

Nur selten findet man eine so eindeutige Bezugnahme, wie beim Parthenontempel in Athen, bei dem vom Verhältnis der Säulen zur Gebäudehöhe bis zu einzelnen Ornamenten jedes Detail auf dem Goldenen Schnitt basiert. Ähnlich ist es beim alten Leipziger Rathaus von Hieronymus Lotter, bei dem der hervorspringende Turm die breite Gebäudefront exakt und mit Ansage im Goldenen Schnitt teilt. Der Bauhaus-Architekt Le Corbusier hat den Goldenen Schnitt seinem Modulor-Raster zugrunde gelegt, das selbst jedoch nicht viel zur Anwendung gelangte (siehe Kapitel XI).

Von den traditionellen Buchformaten entspricht einzig das Oktavformat ungefähr dem Goldenen Schnitt, wobei das nie auf den Millimeter genau festgelegt wurde. Klassische Bild-, Film- und Fotoformate hingegen hatten nie eine Affinität zum Goldenen Schnitt. Bei der Fotografie dominiert das Seitenverhältnis 3:2, das beim Kleinbild-Film 24 mal 36 Millimetern und bei Abzügen beispielsweise 10 mal 15 Zentimetern entspricht. Auch die Europalette, ein anderes erfolgreiches Standardformat, gehorcht mit 120 mal 80 Zentimetern dem Verhältnis 3:2. Den ästhetischen Vorzug dieser Proportion, der in etwa auch das US-Letter-Format entspricht, sieht Erik Spiekermann insbesondere für Heft- und Buchformate darin, dass es – anders als bei den DIN-Formaten – Proportionssprünge bei der Verdopplung gibt: Klappt man ein Heft im 2:3-Format auf, landet man bei 4:3, „das ist anders, interessant, rhythmisch, ähnlich wie in der Musik bei Quarten und Quinten".

Dass der lupenreine Goldene Schnitt in der gestalterischen Praxis eher selten zur Anwendung kommt, mag daran liegen, dass er sich nicht als glatter Bruch, als Wurzel oder ganzzahliges Seitenverhältnis darstellen lässt. Deshalb war er für den Alltagsgebrauch immer zu unpraktisch, sodass Roger Popp seine Tauglichkeit für die Architektur rundheraus anzweifelt: „Wer sich eine Schablone herstellt, ein Dreieck im Goldenen Schnitt, hat auf dem Zeichenbrett keine Schwierigkeiten mit dieser Proportion. Auf dem Bauplatz erscheint die Anwendung des Goldenen Schnitts schwer vorstellbar."

In der Musik hat sich der Goldene Schnitt als gänzlich untauglich erwiesen, auch wenn Komponisten wie Béla Bartók damit herumexperimentiert haben. Lediglich in Teilen der bildenden Kunst ist seine Gefolgschaft bis ins 20. Jahrhundert ungebrochen. Der Konstruktivist Piet Mondrian war ebenso bekennender Verwender wie der Comiczeichner Hergé, bekannt durch *Tim und Struppi*. Die Pariser Splitterfraktion des Kubismus *La Section d'Or* hat sich gar nach ihm benannt – was jedoch nicht heißt, dass die angeschlossenen Künstler ihn wirklich benutzt hätten.

Generell scheint der Goldene Schnitt besser als Metapher und Denkfigur denn als Praxiswerkzeug zu funktionieren. Zuletzt konnte man ihn sogar auf gänzlich artfremdem Terrain antreffen: in der Diskussion um das rechte Maß bei den Managergehältern. Die waren in der letzten Dekade vor der Finanzkrise vom Zwanzigfachen eines Facharbeitergehaltes teilweise auf das Zweihundertfache geklettert – was einige für deutlich übertrieben hielten. Der *brand eins*-Autor Manfred Langen verwies in diesem Zusammenhang im September 2007 auf Ergebnisse der Spieltheorie, genauer gesagt: auf das Ultimatum-Spiel. Bei dem geht es darum, dass ein Spieler einen zur Verfügung gestellten Geldbetrag aufteilen und der andere Spieler dieses Angebot entweder akzeptieren oder ablehnen kann, wobei durch Letzteres beide Spieler leer ausgehen würden (siehe Kapitel VIII). Langen bezieht sich dabei auf Werner Güth, einen der führenden Spieltheoretiker in Deutschland und Miterfinder des Ultimatum-Spiels: „Er hat mit weiteren Autoren in zahlreichen Studien die Ergebnisse erfasst und statistisch ausgewertet. Die experimentellen Ergebnisse liegen im Mittel nahe am Teilungsverhältnis 62:38, was etwa einem Faktor 1,62 entspricht" – und damit ziemlich exakt dem Verhältnis des Goldenen Schnitts, wodurch dieser zum scheinbar naturwüchsigen Gardemaß für Fairness wird.

Multipliziert man diese Abstufung über sechs Hierarchiestufen, was mehr ist, als bei den meisten Konzernen zwischen Facharbeitern und Topmanagern liegt, landet man bei einem Faktor von 18 – womit gezeigt wäre, dass das zwanzigfache Gehalt bereits als ungerecht anzusehen ist. Warum der Manager überhaupt mehr verdienen muss als der Facharbeiter, lässt sich allerdings mit dem Goldenen Schnitt allein auch nicht begründen.

Fibonacci und die Folgen

Die eigentliche Erklärung für die große Bedeutung und anhaltende Popularität des Goldenen Schnittes liegt außerhalb der Kunstgeschichte, nämlich darin, dass er ein paar einflussreiche Freunde und Verbündete in der Natur hat: die Fibonacci-Zahlen.

Ihr Entdecker hieß eigentlich Leonardo Bonacci, wurde Ende des 12. Jahrhunderts in Pisa geboren und reiste, bevor er zum bedeutendsten Mathematiker des Mittelalters werden sollte, als Kaufmann durch Nordafrika und kreuz und quer über das Mittelmeer. Dabei kam er mit den neuen arabischen Ziffern in Kontakt und begann, damit herumzuspielen. Was, wenn man diese Ziffern nicht wie herkömmlich in dichter Abfolge hintereinander anordnet, sondern so arrangiert, dass die nächste Zahl sich stets als Summe aus den beiden vorherigen ergibt, wobei die 0 und die 1 als Anfangspunkte gesetzt sind? Damit landete er bei einer rasant anwachsenden Zahlenfolge. Die ersten zwölf Fibonacci-Zahlen lauten: 0, 1, 1, 2, 3, 5, 8, 13, 21, 34, 55, 89.

Man erkennt auf einen Blick, dass der Kurvenverlauf der Zahlenreihe schnell an Dynamik gewinnt. Zur Veranschaulichung wählte Fibonacci eine scheinbar triviale Fragestellung: Wie viele Kaninchen können in einem abgegrenzten Gelände unter Idealbedingungen entstehen, wenn neue Paare nach zwei Monaten erneut Junge zeugen können und keines der Kaninchen jemals stirbt? Die Antwort liefert die Fibonacci-Folge. Sie selbst ist gewissermaßen der Natur abgelauscht. Deshalb ist es auch kein metaphysischer Zufall, dass sich die Fibonacci-Zahlen an vielen Stellen finden, wo natürliche Wachstumsprozesse im Spiel sind: bei Verästelungen von Bäumen, in Tannenzapfen oder bei den Kernen von Sonnenblumen.

Der Chemiker Friedrich Cramer und der Schriftsteller Wolfgang Kaempfer, die sich in ihrem Buch *Die Natur der Schönheit* auf die Suche nach der Geburt der Schönheit aus der Dynamik der Natur machen, beschreiben, wie dieser Prozess stufenweise zur Form gerinnt: „Die Zellen des Organismus (oder Elemente davon) gelangen in einen stofflich-energetisch hochaufgeladenen (in heutiger Sprache *aufgetankten*) Zustand, der ‚Druck' entlädt sich in einem morphogenetischen ‚burst', die nächste Stufe der neuen Form entsteht." Die Fibonacci-Folge fängt also exponentielles Wachstum in seiner Frühphase ein, wo es noch nicht durch Systemgrenzen oder den Tod abgebremst wird.

Veranschaulichen lässt sich das über die Spirale der „wirbelnden Quadrate": Im oder gegen den Uhrzeigersinn werden Quadrate mit der Kantenlänge der nächsten Fibonacci-Zahl an die bisherigen angedockt, sodass jeweils ein neues Rechteck entsteht. Das Interessante hierbei: Je größer die Zahlen werden, desto mehr nähert sich die äußere Form dem „Goldenen Rechteck" an und die Teilung der Kantenlänge zwischen größtem und zweitgrößtem Quadrat dem Verhältnis des Goldenen Schnitts. Dieser Zusammenhang lässt sich natürlich auch an den benachbarten Fibonacci-Zahlen selbst belegen: 8 geteilt durch 5 ergibt 1,6; 34 durch 21 ungefähr 1,619. Je größer die Zahlen werden, desto akkurater nähert sich ihr Teilungsverhältnis der irrationalen Goldenen Zahl Phi an.

Schon Johannes Kepler hatte diese Verbindung erkannt und zudem gespürt, dass der Goldene Schnitt weniger eine statische Sache ist, als dass ihm eine organische Dynamik innewohnt. In der *Weltharmonik* schreibt er: „In diesem schönen Verhältnis liegt nun aber die Idee der Zeugung verborgen. Denn wie der Vater den Sohn erzeugt, der Sohn einen anderen, jeder einen ihm ähnlichen, so wird auch bei jener Teilung die Proportion fortgesetzt, wenn man den größeren Abschnitt zum Ganzen hinzufügt. Die Summe erhält dann die Stelle des Ganzen, und was vorher das Ganze war, ist jetzt größter Abschnitt." Kepler treibt den Gedanken der Zahlenzeugung sogar noch weiter: Weil die

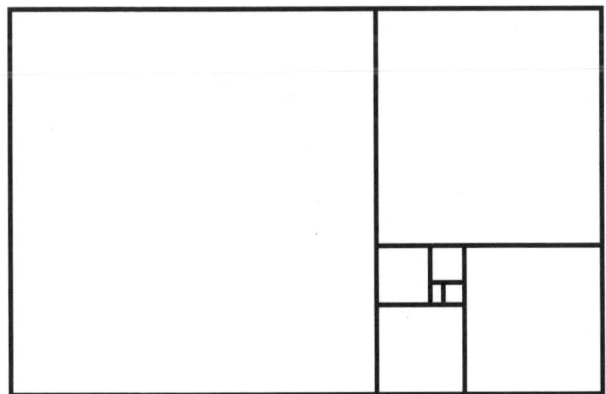

Teilungsverhältnisse mal ober- und mal unterhalb des wahren Wertes der irrationalen Zahl Phi liegen, erkennt er darin „in höchst merkwürdiger Weise Männchen und Weibchen, wie sie sich durch ihre Geschlechtsglieder unterscheiden". An anderer Stelle, im schmalen Bändchen *Vom sechseckigen Schnee*, erwähnt Kepler Fibonacci-Folge und Göttliche Teilung – den Goldenen Schnitt – in einem Atemzug mit Blumen, die aus eigenem Antrieb und eigener Kraft wachsen.

Wie der vor allem im Pazifik beheimatete Kopffüßler Nautilus bilden viele Schnecken und Muscheln in ihren Kalkschalen ganz unmittelbar die den wirbelnden Quadraten eingeschriebene Spirale nach – natürlich nur bis zu einem gewissen Punkt, sonst würden die Gehäuse schnell über alle Grenzen wachsen. Im 17. Jahrhundert hat der Mathematiker Jakob Bernoulli die sich aus der Fibonacci-Folge ergebende Spiralform untersucht und „Spira mirabilis" getauft. Das Wundersame dieser Spirale ist nämlich, dass auch sie dem Prinzip der Selbstähnlichkeit gehorcht. Das heißt, man kann beliebig heran- und herauszoomen, ohne dass sich ihre Form dadurch ändert – ein Effekt, der in psychedelischen Video-Animationen gerne genutzt wird. Wunschgemäß wurde auf Bernoullis Grabstein eine Abbildung der Spirale verewigt, versehen mit dem Motto „Eadem mutato resurgo", auf Deutsch etwa: „Verwandelt kehre ich als dieselbe wieder". Auch in Wettersystemen, Wasserstrudeln und kosmischen Spiralnebeln findet sich die Grundform der logarithmischen Spirale wieder, von der die „Goldene Spirale", die sich aus den wirbelnden Quadraten ergibt, allerdings bloß einen Sonderfall bildet.

Für die grafische Gestaltung sind wirbelnde Quadrate, Goldene Spirale und insbesondere die Fibonacci-Zahlen weitaus besser handhabbar als der Goldene Schnitt. Typografische Spaltenraster werden oft nach Fibonacci aufgebaut, auch das Größenverhältnis von Überschriften zu Fließtext orientiert sich häufig daran – was in der Praxis aber lediglich bedeutet, dass sie im Verhältnis von 5:3, 8:5 oder 13:8 stehen. Beim Relaunch der Website des Microblogging-Dienstes Twitter im September 2010 griff man ebenfalls auf die Goldene Spirale zurück, wie Twitters Creative Director Douglas Bowman freimütig verkündete. Allerdings verzerrt sich die Proportion, wenn man das Browserfenster weiter aufzieht.

Erik Spiekermann sieht im Rückgriff auf Fibonacci-Zahlen, insbesondere im Webdesign, eine gewisse Modeerscheinung, vor allem aber eine praktische Vereinfachung gegenüber dem Goldenen Schnitt: „Man muss nicht groß rechnen, man nimmt 1 plus 1 plus 2 plus 3 plus 5 plus 8 und hat eine wunderbare Reihe. Dann baut man seine Seiten, die Sprünge markiert man fett – und fertig ist das Raster, fertig ist die Reinzeichnung. Man weiß, es sieht immer ganz nett aus." Der überragende Vorteil sei aber gar nicht die einfache Handhabung, sondern der Kommunikationswert gegenüber Kunden, „nach dem italienischen Motto ‚Se non è vero, è ben trovato' – ‚Wenn es nicht wahr ist, ist es doch gut erfunden'": Auftraggeber ließen sich von Fibonacci leicht um den Finger wickeln, weil das Prinzip einen hohen Erzählwert hat.

So behauptet zum Beispiel Siemens, seine gesamte Corporate Identity nach der Fibonacci-Folge aufgebaut zu haben. „An den Haaren herbeigezogen", findet Spiekermann, weil mit bloßem Auge gar nicht wahrnehmbar. Fibonacci sei nur eines von vielen möglichen Gestaltungsrastern, und „es ist vollkommen egal, ob angeblich die Spiralmuschel so aufgebaut ist oder das Blatt von einem bestimmten Baum". Wenn man ansonsten aber keine Idee hat, woran man sich orientieren soll, um Dinge rhythmisch, dynamisch und gleichzeitig vertraut erscheinen zu lassen, ist es sicher nicht die schlechteste Wahl, denn, so Spiekermann, „irgendwas muss man ja machen".

Wie der Goldene Schnitt, so haben die Fibonacci-Zahlen ausgewiesene Fans auch außerhalb der grafischen Gestaltung, die damit – je

nach Standpunkt – die Welt erklären oder Kaffeesatzleserei betreiben. In Dan Browns Thriller-Bestseller *Sakrileg* taucht die Fibonacci-Folge mehrfach auf, unter anderem in umgekehrter Reihenfolge als Code zum Öffnen eines Tresors. Der italienische Arte-Povera-Künstler Mario Merz hatte sie quasi zu seinem Markenzeichen gemacht: In fast jeder seiner Installationen war die Fibonacci-Reihe in Neon-Leuchtschrift vertreten. Besonders Chartanalysten, denen jedes Mittel willkommen ist, um aus dem chaotischen Rauschen an der Börse Muster herauszulesen, suchen und finden in den Zacken und Sprüngen von Aktienkurven Fibonacci-Zahlen und -Verhältnisse. Vermutlich fahren sie damit gar nicht einmal so schlecht, denn mehr noch als beim Goldenen Schnitt in der bildenden Kunst gilt bei der technischen Chartanalyse an der Börse: Je mehr Menschen davon überzeugt sind und daran glauben, desto eher wird etwas zur Realität, zur *self-fulfilling prophecy*.

Jemand, der diese Stimmungsabhängigkeit zur eigentlichen Triebfeder der Weltläufte erhebt, ist der Komplexitätsforscher John Casti. In seinem jüngsten Buch *Mood Matters* macht er die These stark, dass nicht reale Ereignisse die Trends in der Gesellschaft bestimmen, sondern erratische Stimmungsschwankungen in der Bevölkerung. Diese wiederum folgten – wie etwa die Entwicklung des Goldpreises – fraktalen Mustern, die sich über die Fibonacci-Folge entschlüsseln lassen. Casti greift dabei auf die Elliott-Wellen zurück, benannt nach Ralph Nelson Elliott, der in den 1930er Jahren als Erster solche Muster sich überlagernder Wellen an der Börse ausgemacht haben will, deren Frequenzen sich nach Fibonacci richten. Wie alle Formen sozialer Mustererkennung unterliegen auch Castis These und die Elliott-Wellen dem Konstruktivismus-Verdacht von in das Chaos hineingeheimnisten Regelmäßigkeiten und sind massiver Kritik ausgesetzt – was ihre Anhängerschaft nur noch im Glauben bestärkt, den Stein der Weisen gefunden zu haben.

Erwähnt sei noch, dass die Fibonacci-Zahlen nicht nur Spiralen und dynamische Systeme strukturieren, sondern auch hinter vielen komplexen Symmetrien in der Natur stecken. Radialsymmetrien sind nicht an einer Achse gespiegelt, sondern kreisförmig um einen Punkt herum angeordnet. Bei Blumen folgt die Zahl der Blütenblätter oft der Fibonacci-Folge. Lilien haben drei Blätter, Butterblumen und Apfelblüten fünf, die Dahlie in der Regel acht, Ringelblumen 13, Astern 21, Gänseblümchen 34, 55 oder 89, manche Sonnenblumen bringen es sogar auf 144. Allerdings durchkreuzen Narzissen und Tulpen mit ihrer Sechsersymmetrie das Muster, denn die 6 ist keine Fibonacci-Zahl.

Deshalb lässt sich vermuten, dass wir Radialsymmetrien generell schön finden, unabhängig von der Anzahl – und Blumen generell schön, unabhängig von der Zahl ihrer Blütenblätter. Wie Albrecht Beutelspacher, ein poetisch veranlagter Mathematiker in der *Berliner Zeitung* über „Die Schönheit der Struktur" in der Natur schreibt: „Wir nehmen es als etwas Schönes wahr, weil es so klar, so deutlich, so strukturiert ist. Wir können es überhaupt nur wahrnehmen, weil es Struktur hat, weil es ein Muster bildet. Wir sehen die auffällige Symmetrie der Osterglocken und der Tulpen, den Blütenstand der Forsythien und die aparte Symmetrie der Apfelblüten. Chaos, Unordnung, Zufälligkeiten finden wir nicht nur langweilig und hässlich, sondern wir können das Fehlen von Struktur kaum wahrnehmen. Aber gestaltete Struktur kommt uns entgegen. Wir können sie nicht übersehen." Dem ist nichts hinzuzufügen.

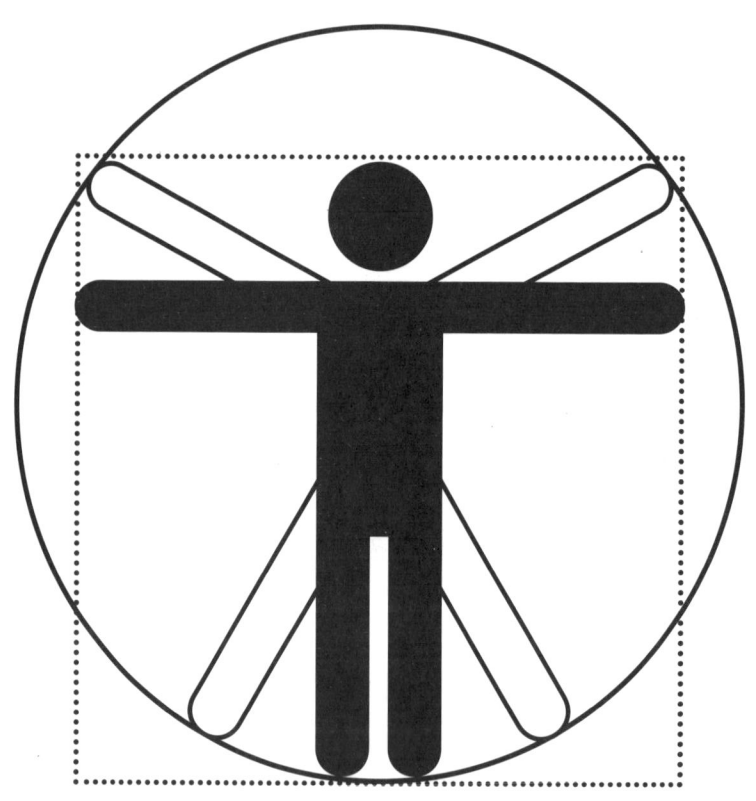

XI.
Menschliches Maß

Arithmetik und Geometrie können schwerlich als Humanwissenschaften gelten. Dennoch haben Zahlen nicht nur über das Zählen mit den Fingern einen unmittelbaren Bezug zum menschlichen Körper. Wie in Sonntagsreden und Unternehmensbroschüren immer „der Mensch im Mittelpunkt" steht, so ist er historisch buchstäblich das Maß aller Dinge. Viele traditionelle Längenmaße basieren auf idealisierten Körperteilen. Fuß und Elle waren in Deutschland lange gebräuchlich, im Angelsächsischen kamen noch „Finger", „Palm" und „Hand" hinzu.

Auch in umgekehrter Richtung funktionierte der Transfer: Die Aficionados des Goldenen Schnitts fanden ihn nicht nur in der Natur und Kunstgeschichte, sondern auch am menschlichen Körper: Im Verhältnis von Körpergröße zur Höhe des Bauchnabels, am Unterarm zwischen Ellenbogen, Handgelenk und Fingerspitze, im Verhältnis der Breite des ersten zum zweiten Schneidezahn und so weiter. Dass es sich dabei um Idealisierungen handelt, die in der Realität eher die Ausnahme als die Regel darstellen, kann jeder am eigenen Körper und Gebiss unschwer überprüfen.

Zuletzt will ein Forscherteam um Pamela Pallett von der University of California in San Diego die „Geometrie der Schönheit" entschlüsselt haben. Probanden wurden Fotos von weiblichen Gesichtern vorgelegt, bei denen mittels Bildbearbeitung der Abstand der Augen untereinander und zum Mund variiert worden war. Heraus kam, dass ein Augenabstand von 46 Prozent der Breite des Gesichtes und ein Augen-Mund-Abstand von 36 Prozent der Höhe als am attraktivsten bewertet wurde – was auch den Mittelwerten entspricht, wenn man hinreichend viele zufällig ausgesuchte Gesichter überlagert. Pallett resümierte, diese Zahlen markierten ein „goldenes Verhältnis", wie schon Goldener Schnitt und Göttliche Proportion bei den alten Griechen. In der Berichterstattung der *Welt* heißt es deshalb: „Ist dieser neue Goldene Schnitt verwirklicht, dann entspricht ein Gesicht dem

Schönheitsideal." Allerdings haben Palletts Zahlen weder untereinander noch im Verhältnis zu Gesichtshöhe und -breite irgendeine Verbindung zum Goldenen Schnitt und der Zahl Phi. Wenn sich eine Erkenntnis aus den Ergebnissen destillieren lässt, dann die, dass wir absoluten Durchschnitt als schön empfinden.

Schon im 13. Jahrhundert hat der Baumeister Villard de Honnecourt versucht, die Schönheit des Gesichts mathematisch zu fundieren. In seinem Skizzenbuch finden sich Ansätze, die Proportionen des menschlichen Gesichtes aus dem Quadrat und aus dem Pentagramm herzuleiten, das seinerseits ein Verhältnis zum Goldenen Schnitt aufweist. Allerdings sehen seine Gesichter, eingepasst in die geometrischen Formen, derart unförmig aus, dass nach heutigen Maßstäben von Schönheit keine Rede sein kann. Überhaupt scheint – abgesehen davon, dass Schädelvermessungen im 19. Jahrhundert eine unheilige rassistische Tradition begründeten – das jeweils aktuelle Schönheitsideal zu sehr der Mode und dem Zeitgeist unterworfen, um ihm mathematisch auf die Schliche zu kommen. In der Renaissance galt beispielsweise ein Doppelkinn durchaus als sexuell attraktiv. Und barocke Rubens-Schönheiten würde die Mehrheit der Männer heute eher von der Bettkante schubsen.

Evolutionsbiologen und Attraktivitätsforscher halten dagegen, dass es einen überkulturellen „harten Kern" der Schönheit gebe, der über unterschiedliche Epochen und Kulturkreise Bestand habe, weil er Gesundheit und – bei Frauen – Gebärfähigkeit signalisiere. So sei ein weibliches Taille-Hüfte-Verhältnis von 0,7 immer schon als attraktiv wahrgenommen worden. Zwar seien schöne Frauen von der ausladenden steinzeitlichen Venus von Willendorf und der üppigen Venus von Milo bis hin zu Kate Moss über die Jahrhunderte im Großen und Ganzen immer schlanker geworden – das Taille-Hüfte-Verhältnis habe dabei jedoch stets zwischen 0,68 und 0,72 gelegen, wie der US-Psychologe Devendra Singh nachgemessen hat. Bei den magischen 90-60-90-Maßen wird diese Sanduhr-Proportion mit einem Wert von 0,66 sogar noch übertrieben.

Für männliche Attraktivität hingegen wird ein Taille-Hüfte-Verhältnis kleiner als 1 angegeben, was im Wesentlichen heißt, dass Männer keine Rettungsringe um die Hüfte aufweisen sollten. Spätestens hier zeigt sich dann aber doch wieder die kulturelle Codierung von Schönheitsidealen jenseits des Body-Mass-Index. Denn lange Zeit galt der stattliche Bauch beim Manne als Indiz von Stärke und Macht-fülle, als evolutorischer Marker finanzieller Gesundheit. Und noch heute soll es Frauen geben, die vielleicht nicht auf einen klassischen Wohlstandsbauch, wohl aber auf *love handles* stehen, wie umgekehrt genügend Männer einen hübschen Bauch der Wespentaille vorziehen. *Size does matter*, es kommt auf die Größe an.

Homo Quadratus und Homo Circularis

Ganz unabhängig von saison- oder epochenabhängigen Gewichts-fragen sind es die unmittelbar aus der Architektur des menschlichen Skeletts abgeleiteten Proportionen, die die Menschen weitaus stärker beschäftigt haben – und die sie auf ihre Artefakte angewandt sehen wollten. Schon der um die Zeitenwende herum in Rom praktizierende Architekt Marcus Vitruvius Pollio (oder kurz: Vitruv) sah im mensch-lichen Körper eine vollkommene Harmonie, die er für die Architek-tur von Tempeln nutzbar machen wollte. Vitruv hatte erkannt, dass die Spannbreite der Arme der Körpergröße entspricht und dass sich der idealtypische menschliche Körper sowohl einem Kreis als auch einem Quadrat einschreiben lässt. Im dritten seiner *Zehn Bücher über Architektur* schreibt er: „Ferner ist natürlicherweise der Mittelpunkt des Körpers der Nabel. Liegt nämlich ein Mensch mit gespreizten Armen und Beinen auf dem Rücken, und setzt man die Zirkelspitze an der Stelle des Nabels ein und schlägt einen Kreis, dann werden von dem Kreis die Fingerspitzen beider Hände und die Zehenspitzen berührt. Ebenso wie sich am Körper ein Kreis ergibt, wird sich auch die Figur eines Quadrats an ihm finden. Wenn man nämlich von den Fußsohlen bis zum Scheitel Maß nimmt und wendet dieses Maß auf die ausgestreckten Hände an, so wird sich die gleiche Breite und Höhe ergeben wie bei Flächen, die nach dem Winkelmaß quadratisch ange-legt sind." Während der Kreismittelpunkt also im Bauchnabel liegt, ist der Schritt, zumindest in der berühmtesten Darstellung des Vitruv-Menschen durch Leonardo da Vinci, der Mittelpunkt des Quadrates. Erst durch diese Federzeichnung von 1492, deren Original in Venedig unter Verschluss liegt und die – von der italienischen Ein-Euro-Münze bis zum Krankenkassen-Logo – das meistzitierte Werk

der Kunstgeschichte sein dürfte, wurden *homo quadratus* und *homo circularis* in der Renaissance populär. Weil Leonardos Darstellung zuerst im Buch von Pacioli erschien, wurde sie mit der göttlichen Proportion in Verbindung gebracht, was aber bei Vitruv gar nicht angelegt ist: Ihm ging es vorrangig um den Kreis und das Quadrat. Und ihn interessierten glatte Brüche und handfeste Faustregeln. An anderer Stelle schreibt er: „Den Körper des Menschen hat nämlich die Natur so geformt, dass das Gesicht vom Kinn bis zum oberen Ende der Stirn und dem untersten Rande des Haarschopfes 1/10 beträgt, die Handfläche von der Handwurzel bis zur Spitze des Mittelfingers ebenso viel, der Kopf vom Kinn bis zum höchsten Punkt des Scheitels 1/8.“

Bei dem Versuch, menschliche Schönheit aus mathematisch glatten Bruchzahlen abzuleiten, scheint es Vitruv mit den realen Menschen nicht besonders genau genommen zu haben. Albrecht Dürer, der in seinen Anfängen unter dem Bann von Vitruvs Brüchen und Paciolis Goldener Teilung gemalt haben muss, war anscheinend irgendwann so unzufrieden mit den Resultaten, dass er, wie Karl Menninger in *Mathematik und Kunst* berichtet, die vermeintlich gottgegebenen Maße einem entlarvenden Realitätscheck unterzog: „Dann gibt Dürer diese Versuche auf, vermisst wirkliche Menschen aufs Genaueste und legt seine Entwürfe in den *Vier Büchern über menschliche Proportionen* nieder. Seine Erkenntnis: Es gibt nicht den *einen* schönen Menschen. Vielmehr findet man, wenn man die wirklichen Menschen misst, mehrere Gattungen. In unserer Sprache: Dürer macht statistische Messungen und findet aus ihnen Mittelwerte. Damit hat die wissenschaftliche Erkenntnis den philosophischen Glauben vom Schönen Menschen abgelöst.“

Dennoch lernt heute noch jeder Kunststudent die vitruvianischen Proportionen im Aktzeichenkurs, und insbesondere die Feststellung, dass der Kopf ein Achtel der Körperlänge ausmacht, gehört zum eisernen Inventar anatomischer Darstellungskonventionen. Dabei misst der normale Mensch auf der Straße durchschnittlich allenfalls 7 bis 7,5 Kopflängen. Die Achtel-Teilung wirkt aufgrund des kleinen Kopfes bereits „heldenhaft“ idealisiert, weshalb auch Leonardos Vitruv-Mensch leicht übernatürlich erscheint. Sehr anschaulich illustriert Christopher Hart das Prinzip in seiner Anleitung *Comiczeichnen leicht gemacht. Helden und Schurken*: „Die Proportionen von Comic-

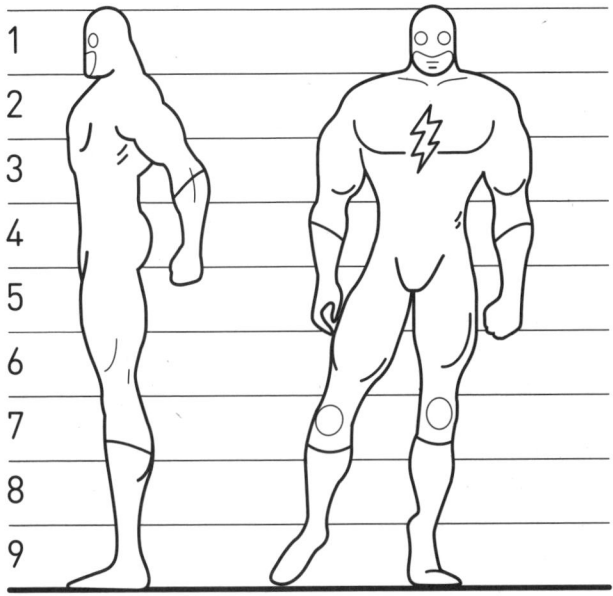

Helden sollten extrem übertrieben werden. Üblicherweise werden sie ‚acht Kopf hoch' gezeichnet, denn je kleiner der Kopf ist, desto kraftstrotzender wirkt der Körper." Zu einer Superhelden-Figur, bei der der Kopf nur ein Neuntel der Körperhöhe ausmacht, heißt es: „Dank dieser Proportionen sieht die Figur massig und unrealistisch aus. Solche Eigenschaften sind für Comic-Helden allerdings durchaus wünschenswert. Manche Monster werden nicht weniger als 15 oder sogar 20 Kopf hoch gezeichnet – das sind dann jedoch schon Proportionen, die äußerst hochstilisiert wirken."

Wie die angeblichen weiblichen Idealmaße der Sexbombe (90-60-90), so sind auch die männlichen Proportionen des Superhelden (Kopf = ⅛ Körper) in der Realität die seltene Ausnahme. Das heißt nicht, dass sie in der Natur gar nicht vorkämen.

Generell verändert sich der menschliche Körper gerade in einem naturgeschichtlich ungekannten Ausmaß. Medizin, Ernährung und Epigenetik lassen die These, die menschliche Evolution sei zumindest in Hinblick auf die physische Grundausstattung abgeschlossen, erneut fragwürdig erscheinen. Die Auswirkungen betreffen nicht nur

Körperumfänge, sondern auch durchschnittliche Körpergrößen und deren Verteilung.

Während US-Amerikaner seit den 1950er Jahren in ihrem Größenwachstum stagnieren, werden Europäer in den letzten Jahrzehnten immer größer. Das fand der Wirtschaftshistoriker John Komlos heraus, indem er Daten von mehr als 250.000 Personen aus den letzten 200 Jahren verglichen hat. Spitzenreiter sind die Niederländer, die in diesem Zeitraum um 15 Zentimeter zugelegt haben. Der durchschnittliche männliche Niederländer überragt heute den stabil um die 1,76 Meter großen Durchnittsamerikaner um ganze sechs Zentimeter. Sicherlich spielen dabei Ernährung und Lebensgewohnheiten die Hauptrolle – Komlos hat den in Europa besser ausgebauten Sozialstaat im Verdacht. Trotzdem sind die Ursachen dieses Auseinanderdriftens nicht restlos geklärt. Beim Breiten- und Gewichtswachstum sind die Amerikaner dagegen ungeschlagen, wobei sich auch hier die Schere spreizt und das Spektrum sich verbreitert. Ebenso wie die Bilder fettleibiger Provinz-Amerikaner erreichen uns aus Kalifornien die Hochglanzfotos abgemagerter Models und Schauspielerinnen, für die die Fashion-Industrie eigens die „Size Zero" erfunden hat, weil sie aus den gängigen Rastern amerikanischer Kleidergrößen nach unten herausfallen.

Die Size 0 – mittlerweile gibt es sogar Size 00 – wurde aber auch erforderlich, weil mit dem Breitenwachstum der Bevölkerung eine schleichende Drift der Kleidergrößen einherging. Hersteller wollten sich die Gunst ihrer Stammklientel sichern, indem sie ihnen mit schmeichelhaften Größen von der Stange entgegenkamen, weshalb diese Praxis im Amerikanischen auch „vanity sizing" genannt wird. Insgesamt führte das lediglich zu einer Verschiebung der Maßstäbe im international ohnehin fragmentierten Gefüge der diversen Kleidergrößen-Nomenklaturen. Im Verbund mit den sich wandelnden Körperproprotionen hat diese Inflation zu einem derartigen Kleidergrößenchaos geführt, dass die Zahlen und Buchstaben nur mehr vage Anhaltspunkte für die Passform liefern und die Hersteller selbst die Übersicht verloren haben, was sie in welcher Größe und mit welchen Maßen in welcher Stückzahl produzieren sollen.

Um diesem Missstand zu begegnen, basteln die für Standards zuständigen Kommissare in Brüssel seit Jahren an der EU-Norm 13402 zur europaweiten Vereinheitlichung, die bislang allerdings nur ein Sammelsurium komplizierter Sonderregelungen ist. In Deutschland orientierten sich die Hersteller lange Zeit an den Körpermaßtabellen des deutschen Modeverbandes, die noch aus der Nachkriegszeit stammten und mit den Maßen der Realbevölkerung nicht mehr viel zu tun hatten. Deshalb schlossen sich 2007 80 Unternehmen zur groß angelegten Reihenmessung SizeGERMANY zusammen. Unter den Initiatoren waren nicht nur Firmen aus der Bekleidungsindustrie, sondern auch Discounter, Internethändler und Automobilhersteller, die die Daten etwa für das Design ihrer Sitze und Innenräume dringend benötigten. Erfasst wurden neben Größe, Taillen-, Brust- und Hüftumfang mithilfe von Bodyscannern auch die exakten Konturen von mehr als 13.000 Männern, Frauen und Kindern, denn – so ist auf der Website sizegermany.de zu lesen – „eine 80 Jahre alte Frau und eine 25-Jährige mit Größe 38 haben zwar die gleiche Größe, aber unterschiedliche Figuren".

2009 lagen die Ergebnisse vor, die allerdings nur für die partizipierenden Firmen zugänglich sind. So viel immerhin sickerte durch: Der deutsche Mann zwischen 26 und 40 Jahren misst im Schnitt 181,8 Zentimeter, die Frau 168,5 Zentimeter. Der Längenzuwachs der jüngeren Generation scheint zum Erliegen gekommen, dafür gehen auch die Deutschen in die Breite. Der Hüftumfang der deutschen Durchschnittsfrau ist gegenüber 1994, als die letzte Reihenmessung stattfand, um satte 4,1 Zentimeter gewachsen. Ihre upgedateten und realitätsgecheckten Durchschnittsmaße lauten: 98,7-84,9-102,9. Wie schon Immanuel Kant wusste, ist der Mensch „aus krummem Holze" geschnitzt – und aus krummen Zahlen zusammengepuzzelt.

Menschliche Module

Mitte des 20. Jahrhunderts war es der Architekt Le Corbusier, der in der humanistischen Tradition des Bauhauses und in den Fußstapfen von Vitruv, Pacioli und Villard de Honnecourt die Idee von einer dem Menschen auf den Leib geschneiderten Architektur auf Wiedervorlage nahm. Ab 1942 entwickelte er den 1949 erstmals in Buchform erschienenen *Modulor*, ein – wie der Name schon sagt – modulares Baukastensystem basierend auf den Proportionen des menschlichen Körpers

und dem Goldenen Schnitt. Es ging ihm dabei um nichts Geringeres als „das menschliche Problem der Harmonie durch die Verhältnisse der Maße" zu lösen. Ein Problem, das allzu lange „vom Schachbrett der Fachleute verschwunden" gewesen sei oder „sich in Mystik und Esoterik gehüllt" habe. Mit dem Modulor sollte nun endlich der an menschlichen Bedürfnissen ausgerichtete Rationalismus der industriellen Massenproduktion in der Architektur Einzug halten, weshalb Corbusier seine Großsiedlungskomplexe auch als „Wohnmaschinen" bezeichnete. Gemäß der Bauhaus-Idee der Standardisierung von allem und jedem sollte der Modulor dabei als nahtloses Raster vom Kleinsten bis ins Größte skalieren und – „universell anwendbar für Architektur und mechanische Dinge" – zur Richtschnur für Stadtplanung, Inneneinrichtung, Möbel- und Grafikdesign werden.

Dafür ging Corbusier zunächst von einer menschlichen Standardgröße von 1,75 Metern aus – später passte er sie auf 1,83 Meter, also sechs englische Fuß, an. Diese zerlegte er gemäß dem Goldenen Schnitt in eine Folge geometrischer Teilabschnitte. So ergaben sich eine „blaue Reihe" von 1,83 Meter, 1,13 Meter (was nach Vitruv genau der Bauchnabelhöhe entspricht), 70 Zentimeter, 43 Zentimeter und so weiter. Durch Verdopplung dieser Werte gelangte er zur „roten Reihe" mit dem signifikanten Wert 2,26 Meter, der als doppelte Bauchnabelhöhe genau den Abmessungen des Mustermenschen mit ausgestrecktem Arm entsprechen sollte. Diesen Wert legte Corbusier als Standard-Deckenhöhe fest. Sie sollte sich wie alle anderen

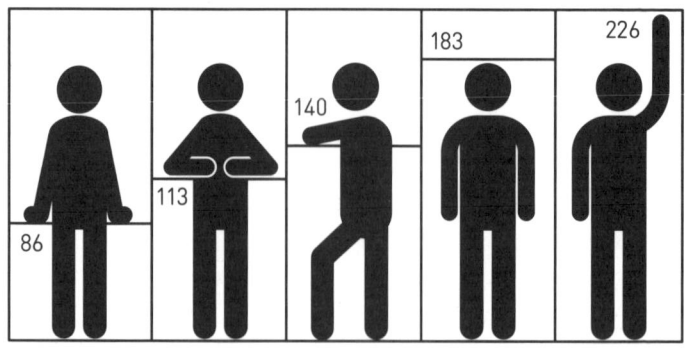

Abschnitte und Proportionen am Bau quasi automatisch am menschlichen Maßstab ausrichten.

Obwohl scheinbar naheliegend, war der kompromisslos funktionale Gedanke, den Menschen selbst zum Maßstab zu machen, in der Architektur ein gewisses Novum. Die Fassaden- und Grundrissgestaltung dieser Zeit orientierte sich eher an tradierten Mustern und Proportionen wie den Teilungsverhältnissen der Tetraktys und an den verschiedenen Mittelmaßen (man unterscheidet arithmetisches, geometrisches und harmonisches Mittel). Allerdings ließ die Kritik nicht lange auf sich warten: Der vermeintliche Humanismus, so der Vorwurf, schlage bei Corbusier um in einen Dogmatismus mit menschlichem Antlitz. Das Konzept sei willkürlich, nicht wissenschaftlich und gehe im Übrigen – typisch Bauhaus-Macho! – nicht vom menschlichen, sondern nur vom männlichen Maßstab aus. Vor allem aber liege eine heimtückische Verwechslung vor, wenn man glaubte, menschenfreundlich zu bauen, nur weil man die Abmessungen des menschlichen Körpers zum Maßstab dafür erhebe.

In der Praxis wurde insbesondere die aus dem Modulor abgeleitete Deckenhöhe von 2,26 Metern zum Problem. Eine Zimmerdecke, die ein durchschnittlich groß gewachsener Mann mit der Hand erreichen kann, wirkt beklemmend und deprimierend, wie sich an der ersten konsequent nach Modulor-Maßstab gebauten „Wohnmaschine" zeigte, der *Unité d'Habitation* in Marseille von 1947. Für das Hochhaus, das Corbusier 1957 im Rahmen der internationalen Bauausstellung in Berlin baute, rückte er deshalb selbst vom Modulor-Raster ab und passte die Deckenhöhe auf auch nicht besonders lichte 2,50 Meter an.

Zwar gilt der *Modulor* bis heute als eine der bedeutendsten Schriften der Architekturgeschichte, mit der sich jeder Architekturstudent zwangsläufig einmal auseinandersetzen muss. In der Architektur selbst spielt das Modulor-Raster aber fast keine Rolle mehr. „Es ist ein System, das so in sich selbst ruht, dass man keine äußeren Faktoren haben dürfte, die auf den Entwurf einwirken", erläutert der Zürcher Architekt und Architekturtheoretiker Lukas Imhof, der als Begründer des Midcomfort-Konzeptes eine zugängliche, moderate und zugleich anspruchsvolle „Architektur für alle" vertritt. „Äußere Faktoren hat man aber immer: Das Grundstück ist begrenzt, es gibt Fluchtlinien, Baugesetze, feuerpolizeiliche Vorschriften und so weiter. Deshalb kann man den Modulor in der Praxis praktisch nicht gebrauchen. Es sei denn, man entwirft völlig autistisch eine Villa im Nichts – wie Corbusier das natürlich ab und zu machen konnte."

Dennoch ist die zentrale Idee von einer am menschlichen Körper orientierten Architektur in angepasster Form auch heute noch wirksam. Sie liegt etwa der *Bauentwurfslehre* von Ernst Neufert zugrunde, die mittlerweile in der 39. Auflage als Standardwerk in so ziemlich jedem Architekturbüro steht. Festgelegt sind darin die Idealmaße für Wohnhäuser, Einrichtungen, Flughäfen, sogar für Stallungen und Grabstätten. Schon die erste Ausgabe von 1936 enthielt über 3.000 Zeichnungen. Auch Neufert, selbst Bauhaus-Architekt und Gropius-Schüler, ging davon aus, dass die Architektur des Menschen – und damit die menschliche Architektur – auf dem Goldenen Schnitt basieren sollte. Das übergeordnete Motto lautete jedoch pragmatisch: „Gut ist, was zusammenpasst." Deshalb erfand er als eine Art Meta-Norm das Oktameter-Raster mit einer Basis von 1,25 Metern, einem Maß, das er auf mirakulöse Weise aus den Körperproportionen herausdestilliert hatte.

Zur Anwendung kam es, als Neufert von den Nazis, namentlich Alber Speer, zum Beauftragten für die Standardisierung des Berliner Wohnungsbaus ernannt wurde. In dieser Funktion erklärte er das „Industriebaumaß" von 2,50 Metern zum Standard, das 1942 als DIN-Norm für Unterkunfts-, Industrie- und Militärbauten festgeschrieben wurde. Hätte Hitler den Krieg gewonnen, würde Europa wohl heute von diesem Raster dominiert, denn zum Schluss träumte Neufert von einer vollständig nach dem Oktameter standardisierten Industriefertigung und riesigen Hausbaumaschinen, die vierstöckige Häuser ausspucken und eine Spur gleichförmiger Wohnblocks hinter sich herziehen sollten. Dagegen nahmen sich Albert Speers Umbaupläne für die Hauptstadt Germania fast bescheiden aus.

In der Nachkriegszeit wurde Neuferts Gesamtkunstwerk der Gleichmacherei unter anderem von seinem Sohn Peter, der die Bauentwurfslehre weiterführte, nicht nur ideologisch bereinigt, sondern immer wieder pragmatisch mittels Erfahrungswerten an die Erfordernisse der Zeit angepasst: Ein Reihengrab für Erwachsene hat demnach die Maße 210 mal 75 Zentimeter, die Ausschachtiefe beträgt 2 bis 2,5 Meter. Ein Toilettensitz hat mindestens 40 Zentimeter hoch zu sein, ein Esstisch wenigstens 78 Zentimeter.

Aufschlussreich sind auch die Neufertschen Angaben für die Komfortzone, die es braucht, damit ein Mensch sich an einem Tisch wohlfühlt und genügend Platz zum Essen hat: Er muss 60 Zentimeter der Tischbreite beanspruchen können (ursprünglich waren es bei Ernst Neufert aus dem Oktameter-Raster hergeleitete 62,5 Zentimeter). Vielleicht nicht rein zufällig ist dieses 60-Zentimeter-Maß in heutigen Küchen allgegenwärtig: Kühlschränke, Waschmaschinen, Wäschetrockner und Spülmaschinen haben standardmäßig eine Grundfläche von 60 mal 60 Zentimetern, von der nur bei schmalen Sonderformen abgewichen wird. Auch bei Edelstahlmöbeln für Gastronomieküchen gilt dieses Raster, ebenso haben Spülen und Arbeitstische eine Standard-Tiefe von 60 Zentimetern, nur bei Groß- und Industrieküchen findet man 70 oder 80 Zentimeter.

Es ist zwar nicht ganz klar, welche Ursprünge das 60-Zentimeter-Standardmaß tatsächlich hat, aber zumindest im Schweizer Maßsystem SINK, das eine schmalere Breite von 55 Zentimetern vorsieht, wurde es von der mittleren Armlänge abgeleitet. In der Proxemik, der Wissenschaft von den sozial als situativ angemessen empfundenen Abständen, markieren 60 Zentimeter den Punkt, an dem eine nahe persönliche Distanz zu einer intimen wird. Zudem machen sich bei der 60 wieder einmal die Teilereigenschaften positiv bemerkbar: Sie fügt sich als Dreh- und Angelpunkt sowohl in die typischen Abmessungen der 10er-Reihe (200, 300, 400, 500, 600, 1000 Millimeter), als auch der 15er-Reihe ein (300, 450, 600, 900, 1200 Millimeter), die beide in der europäischen Norm für Küchenmöbel und Küchengeräte EN 1116 festgelegt sind. Und wenn es einen Ort gibt, der maßgeblich für das menschliche Maß ist, dann ist es die Küche.

Aus der Proxemik ergeben sich noch weitere Zonen und Schwellenwerte, und zwar für zwischenmenschliche Distanzen: 1 bis 1,5 Meter entsprechen einer persönlichen Distanz, die eine gewisse Vertrautheit voraussetzt. 1,5 bis 2 Meter markieren eine nahe gesellschaftliche Distanz, etwa bei Geschäftsgesprächen. Bei über 2 Metern beginnt der Abstand, mit dem Fremde sich im öffentlichen Raum unverbindlich begegnen können, wobei Männer grundsätzlich mehr Distanz wahren und Raum für sich beanspruchen als Frauen. Auch ist die *personal space bubble* stark von kulturspezifischen Konventionen abhängig. In Lateinamerika und dem Mittleren Osten wird der persönlichen Intimsphäre weniger Raum zugemessen als in Skandinavien und Asien.

Ansonsten gilt, was Gerd-Lothar Reschke im *Ideenjournal für Architektur* als Begriffsklärung vorschlägt: „Das menschliche Maß ist zweierlei: eine numerisch messbare Größe und ein subjektives Empfinden." Harmonische Proportionen und als menschenfreundlich empfundene Dimensionen lassen sich eben nicht büro- und technokratisch aus Rastertabellen ableiten, sondern sind zumeist das Ergebnis von Intuition, Augenmaß und gesundem Menschenverstand. Selbst Protagoras, ein griechischer Philosoph, der kurz nach Pythagoras gelebt hat und als Erster den Gedanken vom menschlichen Maßstab klar formulierte, präzisiert in seinem von Platon kolportierten „Homo-Mensura-Satz": „Der Mensch ist das Maß aller Dinge, der Seienden, wie sie sind, und der Nichtseienden, wie sie nicht sind." Womit klar wird, dass das Postulat seine Stärken eher im Allegorischen und Erkenntnistheoretischen hat als in einer numerischen Quantifizierung – denn nichtexistente Dinge können schlecht an Körpermaße angepasst werden.

Small is beautiful

Seit den Anfängen abendländischen Denkens gibt es das Plädoyer, die Kirche im Dorf zu lassen, Maß zu halten und die Dinge überschaubar, einfach und menschlich zu gestalten. Die Ökonomie, die uns heute als monströses, stahlhartes Gehäuse der Moderne erscheint, hieß im antiken Griechenland ursprünglich *oikonomika*: die Lehre des Haushalts, sprich: der Hauswirtschaft, die nicht auf Profitmaximierung aus war. Schon bei Aristoteles ist daraus hergeleitet das sittliche, gute Leben der Maßstab jeder Ökonomie.

Später erhob Jean-Jacques Rousseau, Vordenker der Französischen Revolution wie der Romantik, das menschliche Mittelmaß zur Analogie für die optimale Größe des Gemeinwesens. „Wie die Natur dem Wuchs eines normalen Menschen Grenzen gesetzt hat, über die hinaus sie nur Riesen und Zwerge hervorbringt", schreibt er in seinem *Contrat Social*, „so steht es auch mit dem Optimum der Grenzen und Ausdehnung des Staates, damit er nicht zu groß wird, um noch gut regiert zu werden, und nicht zu klein, um sich selbst erhalten zu können." Bis ins 20. Jahrhundert hinein war die Anthropomorphisierung des Staates eine weit verbreitete Denkfigur.

Ebenso gehört der Verweis aufs menschliche Maß zum rhetorischen Standardrepertoire einer Politik der Entschleunigung und des Maßhaltens. Stellvertretend für alle Sonntagsredner forderte etwa Johannes Rau in seiner Funktion als Bundespräsident 2001 im Interview mit der *Welt am Sonntag:* „Fortschritt braucht ein menschliches Maß" – nur: Wo hört das auf? Wann kippt der Maßstab ins Über- oder Unmenschliche? Lässt sich das menschliche Maß in Zahlen ausdrücken und gibt es Regeln dafür?

Nicht nur die subjektiven Qualitäten menschlicher Architektur zu formalisieren, sondern eine ganze Philosophie lebendiger Gestaltung zu entwerfen – das ist das Lebensprojekt des 1936 in Wien geborenen Architekten, Mathematikers und Philosophen Christopher Alexander. In seinen opulenten Büchern *A Pattern Language, The Timeless Way of Building* und *The Nature of Order* entwickelt er eine universelle Mustersprache des Lebendigen, die sich aus der Natur ableitet, aber auch für Artefakte und technische Systeme gelten soll. Aus der Analyse biologischen Lebens, sozialer Systeme und traditioneller Architekturen, die nicht durch Reißbrett-Planung entstanden sind, identifizierte er 15 Gesetze, die ganz allgemein lebendige Strukturen kennzeichneten. Sie zu befolgen, so Alexander, würde die Grundlage für eine „robuste und freundliche Welt" schaffen. Für die Planung leitete er zudem insgesamt 253 *patterns* ab, strukturelle Muster, die im Werkzeugkoffer zur Lösung architektonischer Probleme unter Berücksichtigung menschlicher Grundbedürfnisse zur Verfügung stehen.

Der erste Punkt, dem sich Alexander in seinen Grundgesetzen widmet, sind Größenverhältnisse. Dabei unterscheidet er große, mittelgroße und kleine Teilstrukturen, wie bei einem Baum Stamm, Äste und Zweige. Größenverhältnisse von 1:2 bis 1:4 bewähren sich gemäß Alexander recht gut, seltener findet man Verhältnisse von 1:10, noch seltener 1:20. Exakt zahlen- und formelmäßig erfassen lassen sich diese Verhältnisse jedoch ebenso wenig wie viele seiner weiteren Punkte: Ob „Starke Zentren", „Rhythmische Wiederholungen", „Lokale Symmetrie" und „Einfachheit und innere Ruhe" – vieles entspringt dem Bauchgefühl und der Intuition. So schreibt etwa Helmut Leitner in seinem Kompendium *Mustertheorie. Einführung und Perspektiven auf den Spuren Christopher Alexanders* zum Punkt „Rauigkeit – Individualität": „Alle wirklich lebendigen Dinge sind laut Alexander individuell. Er spricht von einer gewissen Unbekümmertheit, Lockerheit, Ent-

spanntheit oder morphologischen Rauigkeit, die nicht einer Idealform entspricht. Dies hat oft tiefe strukturelle Gründe. Die Irregularität kann eine Antwort auf Irregularitäten der Umgebung, der Entstehung oder Lebensgeschichte sein." Nicht von ungefähr fühlt man sich hier an das fernöstliche Ästhetik-Konzept des Wabi-Sabi erinnert, wonach wahre Schönheit erst durch eine Patina, Einsprengsel des Hässlichen und Unperfekten, zur Geltung kommt.

Obwohl Alexander mit derartigen Ansichten oft hart an der Grenze zur esoterischen Mystik entlangschrammt, liegt dem Ganzen doch eine psychomorphologische Empirie zugrunde. Die bestand zum Beispiel darin, dass Alexander seinen Studenten ein Foto von einem Pfahlbau im Slum von Bangkok und eines von einer postmodernen Architekten-Villa vorlegte und sie bewerten ließ, welches der beiden Gebäude lebendiger sei. Die überwiegende Mehrheit der Studenten gab dem Slum-Haus den Vorzug.

Kein Wunder, dass sich Alexander mit solchen Methoden innerhalb seiner Zunft keine Freunde machte und auch mit seinen raunend philosophischen Thesen und Themen bei den von Haus aus eher handwerklich-zupackend und rationalistisch veranlagten Architekten nicht landen konnte. Die wenigen Gebäude, die er nach eigenen Regeln entworfen und gebaut hat, sind umstritten und gelten Architekturkritikern als reaktionär oder ironischerweise selbst als postmodern. Allerdings hat er als Stichwortgeber die Architekturbewegung des New Urbanism in den USA maßgeblich mitgeprägt, auf deren Konto einerseits Dörfer wie aus der *Truman Show* und *gated communities* gehen, die aber andererseits zumindest wieder den Gedanken in die amerikanische Stadtplanung eingeschleust hat, dass man Städte und Stadtviertel auch zu Fuß erschließen können muss.

Zuletzt wurde Alexander von den Programmierern im Silicon Valley und anderswo neu entdeckt, die in seiner Mustersprache wichtige Anhaltspunkte für neuartige Software-Architekturen fanden. Auch zu Luhmanns Systemtheorie und zur Formlehre eines George Spencer-Brown lassen sich Bezüge herstellen. Helmut Leitner, Interpret Christopher Alexanders, sieht mit dem Zwang zum ökologischen Umbau der Industriegesellschaft die große Zeit der Mustertheorie erst noch bevorstehen: „Die Entwicklung von Systemen zu höherer Qualität erfolgt in kleinen, überschaubaren Schritten. Die Ergebnisse müssen dann kontrolliert werden. In diesem Sinne ist die Mustertheorie eine zutiefst demokratische und soziale Theorie, die für die Emächtigung der Bürger und eine Dezentralisierung der Prozesse eintritt."

Damit gibt es auch eine gedankliche Verbindung von Christopher Alexander zur Ökonomie Ernst Friedrich Schumachers, der mit einem schmalen Bändchen im Jahre 1973 den Zeitgeist wie einen Nagel auf den Kopf traf. Der Titel wurde zum geflügelten Slogan: *Small is beautiful.* Ursprünglich stammen die griffigen Worte vom Schumacher-Freund Leopold Kohr, einem österreichischen Philosophen, der schon in den 1950ern alle Probleme der modernen Welt als Größenprobleme umdefiniert hatte. Im Deutschen trägt das Buch, das in jüngster Zeit, spätestens seit der Finanzkrise, wiederentdeckt wurde und wieder gelesen wird, den Untertitel *Die Rückkehr zum menschlichen Maß.* Darin propagiert Schumacher, der als ökonomischer Berater in Burma tätig war und dort mit dem Buddhismus in Kontakt kam, eine „buddhistische Wirtschaftslehre" und eine alternative Ökonomie, die nicht mehr auf Wachstum angewiesen ist. Indem er die ökonomische Philosophie zu den *Grenzen des Wachstums* lieferte, die der Club of Rome ein Jahr zuvor ausgerufen hatte, wurde er zu einem Vordenker der Ökologie-Bewegung.

Wie schon Mahatma Gandhi sah Schumacher den Schlüssel zu einer Ökonomie mit menschlichem Maß in einer mittleren oder vermittelnden Technologie. Diese *intermediate technology* sollte weniger Kapital binden und wieder stärker dem Menschen dienen, statt allein der Ausbeutung von Mensch und Natur: „Ich zweifele nicht daran, dass es möglich ist, der technologischen Entwicklung eine neue Richtung zu geben, eine Richtung, die sie zurück zu den wirklichen Bedürfnissen der Menschen führen soll. Das bedeutet aber auch: *zum eigentlichen Menschenmaß.* Der Mensch ist klein, und daher ist klein schön." Auch die Großsysteme und -strukturen von Politik und Wirtschaft sollten laut E.F. Schumacher kleinen, überschaubaren Einheiten weichen, in denen der einzelne Mensch wieder stärker zur Entfaltung kommt – das alles sind Gedanken, die heute wieder sehr aktuell sind, nicht zuletzt im Kontext der neuen Ökologie-Debatte mit ihrem Fokus auf geschlossene regionale Kreisläufe und der Neo-Craft-Bewegung mit ihrer Absage an die industrielle Massenproduktion und ihrem Bekenntnis zur „Marke Eigenbau".

Ideologisch gar nicht einmal ganz weit entfernt, dennoch mit gänzlich anderem Ansatzpunkt arbeitete der Philosoph und Ökonom Otto

Neurath zunächst im „Roten Wien" der 1920er und frühen 1930er Jahre, später in Oxford an einem menschlichen Maßstab für Wirtschaft und Gesellschaft. Am Anfang seiner Karriere wirkte er aktiv an den Wiener Wohnbaureformen und Planungen für Arbeitersiedlungen mit, wobei er mit Margarete Schütte-Lihotzky zusammenarbeitete, die durch ihre 1926 realisierte „Frankfurter Küche" berühmt wurde, den Vorläufer aller späteren Einbauküchen.

Dann erkannte Neurath, dass die Grundvoraussetzung aller sozialistischen Reformen in der Bewusstseinsbildung liegt: in der Sensibilisierung auch der Arbeiterschicht für politisch-ökonomische Zusammenhänge. Seine um die Ecke gedachte politisch-pädagogische Agenda war es, mit der anschaulichen Vermittlung von statistischem Datenmaterial die Spielräume alternativer wirtschaftlicher Organisation aufzuzeigen, durch die sich das Glück der Massen verbessern ließe.

Inspiriert von den flächigen Hieroglyphen der alten Ägypter entwickelte er zusammen mit dem Grafiker Gerd Arnz den ISOTYPE, einen Fundus von einfachen Symbolen und Darstellungsmöglichkeiten, der komplexe soziopolitische Materie auf einen Blick erfassbar und begreifbar macht. Der Name steht für „International System of Typographic Picture Education", und tatsächlich verbreitete sich die Piktogrammsprache des ISOTYPE bald international und wurde für Zeitungen und Lehrbücher adaptiert. Ikonografisch geworden sind seine Reihen von Männchen, die – in unterschiedlichen Farben und mit Symbolen angereichert – Ausschnitte der Bevölkerung verkörperten. Jedes Männchen stand je nach zu bebilderndem Sachverhalt für 1.000, 10.000 oder 250.000 Menschen, wodurch sich vor allem soziale Ungleichgewichte anschaulicher und eindrücklicher vermitteln ließen als durch nackte Zahlen allein.

Otto Neurath kann deshalb als Erfinder der modernen Infografik gelten, die heute zur Standardgarnitur des Magazin- und Tageszeitungsjournalismus gehört. Auch wenn Neurath selbst nie der breiten Masse bekannt wurde, ist der Einfluss seiner Piktogramme auf Grafikdesigner und Typografen doch enorm. Manchmal wird sogar noch unmittelbar auf das Zeichenvokabular des ISOTYPE zurückgegriffen. So nutzte der Künstler Andreas Siekmann das Repertoire 2005 für seinen Zyklus *Faustpfand. The Treuhand and the invisible Hand*. Das politische Sujet der Ungereimtheiten und Mauscheleien bei der Abwicklung der Ex-DDR-Betriebe bot sich an für eine Darstellung ganz im Geiste und im Vokabular Otto Neuraths.

Vielleicht ist Neuraths Ansatz als Ausweg aus den Aporien der Moderne sogar fruchtbarer zu machen als die Programme von Christopher Alexander und E.F. Schumacher, denen bei Licht besehen doch etwas arg Fortschritts- und Kulturpessimistisches anhaftet. Auch wenn wir es uns manchmal wünschen würden, gibt es aus der Gegenwart keinen Weg zurück in die vormoderne und vorindustrielle Zeit, als das Leben noch hübsch überschaubar im dörflichen Rahmen stattfand. Dafür leben mit knapp sieben Milliarden einfach zu viele Menschen auf dem Planeten, von denen zudem die wenigsten freiwillig auf die Segnungen des Fortschritts verzichten würden und die Mehrheit sie anstrebt. Dennoch gibt es eine ganze Reihe von Großbaustellen, diesen Fortschritt gerechter zu verteilen, besser bewohnbar und benutzbar zu machen.

Der Kognitionswissenschaftler und Designtheoretiker Donald A. Norman bricht in seinem jüngsten Buch *Living with Complexity* eine Lanze dafür, Komplexität nicht zu reduzieren, was ohnehin nicht möglich sei, sondern besser zu designen. Und er trifft dabei eine verdienstvolle Unterscheidung zwischen „komplex" und „kompliziert": „Wenn Komplexität unvermeidbar ist, weil sie die Komplexität der Welt oder der zu lösenden Probleme widerspiegelt, dann ist sie entschuldbar, verständlich und erlernbar. Wenn aber die Dinge kompliziert sind, wenn die Komplexität das Resultat armseligen Designs in unnachvollziehbaren Schritten und ohne ersichtlichen Grund ist, dann ist das Ergebnis verstörend, verwirrend und frustrierend." Das heißt aber auch: Es kommt nicht nur auf die Größe an, und Komplexität ist nicht per se schlecht. Man kann damit leben.

Der Verweis auf das menschliche Maß, auf den Menschen als Addressaten und Endnutzer, wird dadurch nicht entkräftet. Und die Aufgabe, die Komplexität der Welt in Zahlen wieder für ganz normale Menschen zugänglich und nachvollziehbar zu machen, gehört heute mehr denn je zu den vorrangigsten. Sie darf nicht den Designern allein überlassen werden, daran müssen Soziologen, Informatiker, Naturwissenschaftler und Ökonomen mitwirken und zusammenwirken. Der schwedische Bevölkerungsforscher Hans Rosling demonstriert mit seiner fantastischen Software Gapminder (gapminder.org), wie so etwas aussehen kann und wie viel Spaß und Erkenntnisgewinn in

Statistiken stecken kann, wenn man sie intuitiv und interaktiv aufbereitet.

Was gut gestaltete und intelligente Infografik vermag, kann man in dem grundlegenden Buch *The Visual Display of Quantitative Information* von Edward Tufte erfahren. Dass der Visualisierung von Information eine eigene Schönheit innewohnen kann – nicht umsonst gibt es im Englischen den Neologismus „Infoporn" –, lässt sich als *state of the art* in *Information is Beautiful* von David McCandless und täglich neu im zugehörigen Blog informationisbeautiful.net besichtigen. Auch wenn sich die Welt dadurch vielleicht nicht auf menschliches Maß zurückstutzen lässt, besteht doch die Chance, dass wir uns auf diese Weise besser darin zurechtfinden und zu Hause fühlen.

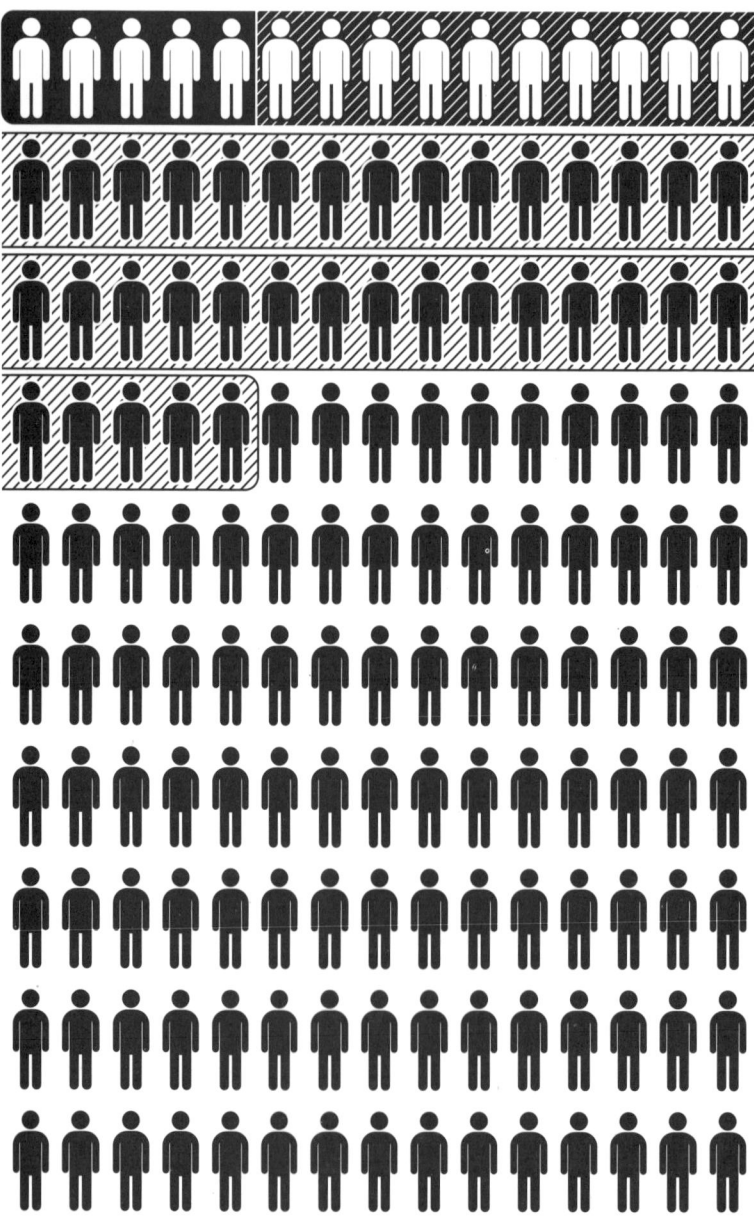

XII. Soziales Plastik

Kevin Bacon ist eigentlich ein ganz normaler Hollywood-Schauspieler, der viele Rollen gespielt hat, die längst wieder in Vergessenheit geraten sind. Vielleicht prädestinierte ihn ausgerechnet seine Mittelmäßigkeit dazu, eine der bekanntesten Veranschaulichungen eines Phänomens zu werden, das wenig mit Filmen zu tun hat, aber dafür umso mehr mit Netzwerken und sozialen Beziehungen.

1994 erfanden drei amerikanische Studenten ein Partyspiel, bei dem es darum geht, die kürzeste Verbindung zwischen einem beliebigen Schauspieler und Kevin Bacon herzustellen, und zwar über die Filme, in denen sie gemeinsam gespielt haben. So hat etwa James Dean 1956 in *Giganten* gespielt, in dem auch die Schauspielerin Barbara Barrie eine Rolle hatte. Die wiederum trat gemeinsam mit Kevin Bacon 1987 in *End of the Line* auf. Demzufolge hat James Dean eine Kevin-Bacon-Zahl (KBZ) von 2 (Kevin Bacon selbst hat die KBZ 0, die Schauspieler, die mit ihm zusammen in einem Film gespielt haben die KBZ 1 und so weiter). Das Überraschende: Die durchschnittliche Kevin-Bacon-Zahl liegt bei knapp unter 3. Von knapp 1,6 Millionen in der Internet Movie Database gelisteten Schauspielern haben nur 877 eine KBZ von 6, 134 eine von 7 und 15 eine von 8. Wer selbst einmal den Verbindungen zwischen unterschiedlichen Schauspielern nachgehen möchte, probiere die Website *The Oracle of Bacon* (oracleofbacon.org) aus.

Eine andere Variante dieses Spiels kursiert unter Mathematikern schon seit Ende der 1960er Jahre. Ihr Kevin Bacon ist der schon zu Lebzeiten legendär gewordene Ungar Paul Erdős, der sein Leben lang von Konferenz zu Konferenz und von Universität zu Universität tingelte. Erdős war in den unterschiedlichsten mathematischen Gefilden unterwegs und publizistisch hochproduktiv, er veröffentlichte mit über 1.500 Artikeln mehr als jeder andere Mathematiker und arbeitete dabei mit über 500 Kollegen zusammen. Die Erdős-Zahl wird auf gleiche Weise errechnet wie die Bacon-Zahl, nur dass es hier um Ko-Autorschaft geht. Der Durchschnitt liegt bei 4,65, wobei diejenigen,

die sich überhaupt nicht verbinden lassen (etwa, weil sie nur als Einzelautoren veröffentlicht haben), nicht berücksichtigt werden und eine Erdös-Zahl von unendlich zugewiesen bekommen.

Kleine-Welt-Phänomen heißt dieser erstaunliche Befund. Als „Small World Problem" wurde es zuerst 1967 von dem amerikanischen Psychologen Stanley Milgram beschrieben – dem Milgram, den wir heute vorrangig wegen seines makaberen Folterexperimentes kennen. In seiner populären Fassung besagt es, dass jeder Mensch auf der Erde über maximal sechs Ecken mit einem beliebigen anderen Menschen „bekannt" ist. Im Englischen spricht man deshalb auch von „six degrees of separation".

Wie im Großen, so im Kleinen: Überall wo Menschen zusammenkommen, interagieren oder kommunizieren – sei es als Paar oder Familie, Clique oder Team, Party oder soziales Netzwerk – wirkt die Anzahl der Beteiligten strukturbildend. Zahlen sind in Bezug auf Menschen „soziales Plastik", um Joseph Beuys zu modifizieren. Sie sind der Rohstoff und die Knetmasse, mit der sich gesellschaftliche Prozesse beschreiben und gestalten lassen. Soziales Verhalten, die Beziehungen der Gruppenmitglieder untereinander, ihre Bindungskraft und soziale Dynamik wie auch die Qualitäten und die Außenwirkung einer Gruppe als Ganzes müssen anders beschrieben werden als in der Psychologie. Dieser Erkenntnis verdankt sich letztlich die Herausbildung der Soziologie. Sie untersucht nach einem Wort Georg Simmels „die unübersehbar mannigfaltigen Formen des sozialen Lebens, all das Miteinander, Füreinander, Ineinander, Gegeneinander, Durcheinander in Staat und Gemeinde, in Kirche und Wirtschaftsgenossenschaft, in Familie und Verein".

Und so war es auch Simmel, einer der Gründungsväter dieser Wissenschaft, der als einer der ersten die Bedeutung der Gruppengröße einer umfassenden Analyse unterzog. In seiner *Soziologie* von 1908 widmet er sich nach einem einleitenden Kapitel über die Problemlage des damals jungen Fachs gleich im nächsten Kapitel ausführlich der „quantitativen Bestimmtheit der Gruppe". Zunächst unterscheidet er ganz allgemein kleine von großen Gruppen ohne ihre jeweilige Anzahl genauer anzugeben. Manche sozialen Zusammenschlüsse funktionieren nur, wenn sie eine gewisse Größe nicht überschreiten: sozialistische Kollektive etwa (die Oktoberrevolution war noch ein Jahrzehnt entfernt), religiöse Sekten wie die Herrnhuter oder Waldenser, die ein intensives Gemeinschaftsleben pflegen, das keine unbegrenzte Ausdehnung verträgt, oder die Aristokratie, die sich schon aufgrund ihres Selbstverständnisses als Herrschaftselite klein halten muss und ihr Wachstum durch verschiedene Regelungen wie die Erbfolge (ausschließlich durch den Erstgeborenen) und standesinterne Heiraten zu begrenzen sucht. Die Elite war für Simmel gerade dadurch bestimmt, dass ihre Zahl klein ist und bleibt.

Das Gegenbild zum kleinen, überschaubaren exklusiven Kreis ist die Masse, die Simmel zufolge jegliche Individualität aufsauge, zu Impulsivität und Radikalismus neige und die Ende des 19. Jahrhunderts mit der Veröffentlichung von Gustave Le Bons *Psychologie der Massen* in den Fokus der Aufmerksamkeit rückte.

Le Bon ist nur der exponierteste Vertreter jener Vordenker, die sich unter dem Eindruck von Industrialisierung, explodierenden Großstädten und Phänomenen wie Massenaufläufen und Revolutionen Ende des 19. und Anfang des 20. Jahrhunderts mit dem gefühlten Phänomen der „Vermassung" beschäftigten. Auch Ortega y Gasset, Siegfried Kracauer, Sigmund Freud sowie später Elias Canetti widmeten der Masse und der Massenpsychologie einschlägige Schriften. Wie tickt die Masse anders als das Individuum? Ab welcher Größe und Dichte wird aus einer Ansammlung von Menschen ein irrationaler und unberechenbarer Mob? Heute wirkt diese Traditionslinie in der Panikforschung fort, die uns verstehen hilft, wie etwa die Situation bei der Love Parade in Duisburg 2010 so eskalieren konnte.

Allerdings sind derartige Massenphänomene seltene Ausnahmeerscheinungen und der Erklärungswert der Massenpsychologie ist entsprechend limitiert. Der Alltag sozialer Gruppen sieht anders aus. Wichtiger sind deshalb die numerisch bedingten Änderungen in der Feinstruktur kleiner Gruppen, deren Gefüge sich mit jeder hinzustoßenden Person verändert. Wann schlägt eine quantitative Veränderung in eine qualitative um? Georg Simmel selbst muss einräumen, dass die Frage nach dem „numerischen Erfordernis" einer Gruppe einen „sophistischen Ton" habe, man sich also aufs Glatteis spitzfindiger Unterscheidungen begibt. Dennoch zeigt er sich von der Wirksamkeit des Faktors Gruppengröße überzeugt: „Jeder bestimmten Zahl von Elementen entspricht je nach Zweck und Sinn ihrer Vereinigung eine soziologische Form, eine Organisierung, Festigkeit, Verhältnis des Ganzen zu den Teilen usw. – die mit jedem dazukommenden oder

abtretenden Element irgendeine, wenn auch nur unermesslich kleine und nicht feststellbare Modifikation erfährt." Das Problem ist eher, dass wir nicht genügend Begriffe haben, um diese feinen Unterschiede jeweils genau zu bezeichnen.

Einsam, zweisam, dreisam

Bis zu einer Größe von 3 gelingt das aber ohne Weiteres, haben wir es hier doch mit den wichtigsten sozialen Grundformen zu tun. Am Anfang steht der Einzelne. Wer alleine ist und keiner Gruppe zugehörig, fällt eigentlich aus der Betrachtung des Sozialen heraus. So wie die 1 bei den Pythagoräern nicht als Zahl, sondern als Ursprung und Anfang aller Zahlen angesehen wurde, ist das Individuum die kleinste gesellschaftliche Einheit, die selbst aber noch keine Gesellschaft bildet. Doch, so Simmel, auch der einzelne, isolierte Mensch ist eine soziologische Tatsache, denn die Einsamkeit ist nur denkbar vor dem Hintergrund der Existenz anderer Menschen, sie setzt die Gesellschaft voraus, von der sich der Eremit oder Einsiedler bewusst abwendet oder – wie der Schiffbrüchige Robinson Crusoe – durch ein Unglück abgeschnitten wird. Einsamkeit findet man aber nicht nur auf der sprichwörtlichen Insel. Seit der Moderne ist die typische Gestalt der Einsamkeit gerade nicht die physische Abgeschiedenheit, sondern die Verlorenheit und Fremdheitserfahrung des Einzelnen in der anonymen Menge der Großstadt.

Wer – ob gewollt oder ungewollt – die Erfahrung der Einsamkeit macht, muss sich in ein Verhältnis zu sich selber setzen. Der Kulturwissenschaftler Thomas Macho, der sich intensiv mit solchen Praktiken auseinandergesetzt hat, spricht von „Kulturtechniken der Einsamkeit" und charakterisiert sie „als ‚Verdoppelungstechniken', als Strategien der Selbstwahrnehmung". Man entwickelt ein mentales Gegenüber, einen inneren Gesprächspartner, oder nutzt Medien wie das Tagebuch, sodass sich selbst in der Monade des Einsamen eine Zweiheit bildet. Eine Vielfalt innerer Stimmen wird dagegen gefährlich, sie weist den Weg in den Wahnsinn.

Sehen wir von diesem Sonderfall ab, ist das kleinste und am einfachsten gestrickte soziale Gebilde die Dyade. Als Erstes kommt einem das Paar in den Sinn: Mann und Frau, Adam und Eva, Romeo und Julia. Das dyadische Verhältnis beschränkt sich aber nicht auf Liebesbeziehungen oder die Institution der Ehe, es kann ebenso die Form der Freundschaft annehmen. Unter Heterosexuellen gibt es – stets gleichgeschlechtlich, wie uns Bierwerbung und Frauenzeitschriften einbläuen – den einen männlichen „besten Freund" oder die aus der Schar der Freundinnen hervorragende „beste Freundin". Das antike Zwillingspaar der Dioskuren Castor und Pollux galt nicht nur den Griechen als Idealbild der unzertrennlichen Freundschaft, sondern wurde auch im literarischen Freundschaftskult der Weimarer Klassik und der Romantik gerne bemüht. So wurden Goethe und Schiller die beiden Dioskuren genannt.

Heute heißt das „Buddy-Movie" und ist ein Film-Genre, als deren Archetyp sich die Klamotten mit Bud Spencer und Terence Hill eingeprägt haben. Superhelden und Kommissare haben meist einen Sidekick als Begleiter und Stichwortgeber an ihrer Seite: Batman und Robin, Sherlock Holmes und Dr. Watson, Derrick und Hol-schon-mal-den-Wagen-Harry, nicht zu vergessen die britische Krimiserie *Die Zwei* mit Tony Curtis und Roger Moore sowie deren deutschen Namensvetter *Ein Fall für Zwei*.

Zu zweit kann man auch Gegensätze besser ausspielen. Deshalb treten Komiker gerne als Duo auf, wie Stan Laurel und Oliver Hardy oder Jack Lemmon und Walter Matthau in *Ein seltsames Paar*. Als jüngere Generation sind wir mit dem nicht weniger seltsamen Paar Ernie und Bert aus der Sesamstraße aufgewachsen. Aus der Politik kennen wir die Machtverteilung auf zwei Personen, von den beiden Konsuln in der Römischen Republik bis zur quotierten Doppelspitze bei den Grünen.

Als Beziehungstypus beschränkt sich die Dyade nicht auf zwei Einzelpersonen, sondern tritt ebenso als Relation zwischen zwei Gruppen oder Staaten auf, wo sie zur „Achse" wird, wie im Bündnis zwischen dem Dritten Reich und dem faschistischen Italien. Bereits in der unübersichtlichen geopolitischen Situation des ausgehenden 19. Jahrhunderts schloss Bismarck den „Zweibund" zwischen dem Deutschen Reich und Österreich-Ungarn (der später durch den Beitritt Italiens zum Dreibund erweitert wurde), was Frankreich und das zaristische Russland zum Abschluss eines „Zweiverband" genannten Bündnisvertrages veranlasste.

Das Duo leidet jedoch unter einem Mangel. Ihm fehlt eine eigene – wie Simmel sagen würde: objektive – Gestalt. Die beiden Glieder bleiben auf ihre Individualität zurückgeworfen. Das Fehlen eines Dritten sorgt für die Unmittelbarkeit und Intimität der Beziehung, weswegen Geheimnisse in der Regel nur unter zwei Menschen Geheimnisse bleiben. Nach außen wirkt das Paar zwar als Einheit, nicht jedoch für die beiden Beteiligten. „Das Sozialgebilde ruht unmittelbar auf dem einen und auf dem anderen" – deshalb ist der Zweierbund immer von Auflösung bedroht: Schert einer aus, zerfällt er.

Mit der Dreiheit, dem Dritten im Bunde, ist die kleinste soziale Gruppierung erreicht, die sich selbst trägt und eine dynamische, mehrgliedrige Binnenstruktur besitzt. Deshalb fängt die Gruppensoziologie traditionell erst bei der Triade an. Der Übergang von trauter Zweisamkeit oder Zwist zur ménage à trois markiert einen signifikanten Sprung. Mit dem Hinzutritt eines Dritten verändert sich alles, und nicht nur in Liebesdingen wird es mit der Dreiecksbeziehung kompliziert. „Während zwei wirklich *eine* Partei sein können bzw. ganz jenseits der Parteifrage stehen, pflegen in feinsten stimmungsmäßigen Zusammenhängen drei sogleich drei Parteien – zu je Zweien – zu bilden und damit das einheitliche Verhältnis des einen zu dem je anderen aufzuheben", schreibt Simmel und identifiziert drei typische Grundsituationen der Dreier-Konstellation. Einer ist entweder der Streitschlichter oder er profitiert als lachender Dritter von den Rivalitäten der beiden anderen, falls er – gemäß dem Prinzip „Teile und herrsche!" – nicht gleich den Konflikt zwischen den beiden anderen zum eigenen Vorteil bewusst schürt und damit die Triade zerschlägt. Das gilt im Politischen wie im Privaten: In der alten Bundesrepublik mit ihrem Dreiparteiensystem nahm die FDP als Zünglein an der Waage die Position des lachenden Dritten zwischen den Volksparteien SPD und CDU ein. Erweitert sich das Paar zur Familie, wirkt das Kind als Vermittler einheitsstiftend und verstrickt die Familie gleichzeitig in ein spannungsgeladenes ödipales Dreieck. Auch die Dreiergruppe ist ein fragiles Konstrukt, das jederzeit kollabieren kann.

In Literatur, Film und Populärkultur finden sich häufig Trios mit klaren Rollenverteilungen. Man denke etwa an den klassischen Spaghetti-Western *The Good, the Bad, and the Ugly* von Sergio Leone, der in Deutschland merkwürdigerweise unter dem Titel *Zwei glorreiche Halunken* in die Kinos kam. Bei den jungen Detektiven *Die drei ???*

ist der pummelige Justus Jonas Anführer und analytisches Mastermind der Truppe, während der athletische Peter Shaw fürs Grobe zuständig ist und der nerdige Bob Andrews sich um Recherche und Archiv zu kümmern hat.

Die Dreizahl wird somit zum Synonym für die Gruppe schlechthin. Von den Heiligen drei Königen über die Grimmschen Märchen, in denen oftmals drei Brüder oder drei schöne Töchter vorkommen, bis hin zu Tick, Trick und Track, den drei Neffen von Donald Duck, symbolisiert die 3 die Auflösung des Einzelnen in der Gruppe. Das interne Beziehungsgeflecht der Dreiergruppe rückt dagegen oft in den Hintergrund. Drei sind ein Verein oder „Tres faciunt collegium", wie es schon in den römischen Digesten hieß, einer unter Kaiser Justinian zusammengetragenen Sammlung von Rechtsvorschriften. Zwar verlangt heutzutage das BGB sieben Personen, um einen Verein zu gründen. Das Existenzrecht wird diesem jedoch erst abgesprochen, wenn die Mitgliederzahl unter drei sinkt. Auch darin zeigt sich wieder, dass die 3 ursprünglich für ‚viele' steht (siehe Kapitel II).

Soziale Schwellenwerte

Die prototypische Rockband hat vier Mitglieder: Sänger, Gitarrist, Bassist und Schlagzeuger. Oder: John, Paul, George und Ringo. Auch die Rolling Stones haben sich nach anfänglicher Überbesetzung bei vier eingegrooved; bei der stilbildenden britischen Post-Punk-Band Gang of Four leitete sich aus der Vierer-Besetzung sogar der Bandname ab. Die klassische Kleinfamilie besteht aus Vater, Mutter und zwei Kindern. Doch wie lässt sich die Vierergruppe jenseits solcher Gegebenheiten charakterisieren? Mit der 4 kommt Ordnung ins Gruppenleben. Das zerbrechliche Dreier-Gebilde gewinnt durch eine vierte Person an Stabilität. Vier Personen tarieren sich besser aus, nicht zuletzt weil sie sich häufig aus zwei Zweiergruppen zusammensetzen, etwa beim gesellschaftlichen Format des Pärchenabends – auch wenn der seine ganz eigenen psychodynamischen Fallstricke mit sich bringt, wie man spätestens seit Edward Albees Drama *Wer hat Angst vor Virginia Woolf?* und dessen Verfilmung mit Liz Taylor und Richard Burton weiß.

Wie bei der Rockband, so ist auch in der klassischen Kammermusik das Quartett die Standardbesetzung. Als besonders geeignet erweist sich die 4 ferner, wenn es darum geht, Experten zu orchestrieren und unterschiedliche Meinungen gegeneinander in Stellung zu bringen: bei Panels auf Konferenzen, Podiumsdiskussionen und Talkshows. So begrüßt beispielsweise Volker Panzer in der Regel vier Gäste zu den Gesprächsrunden seiner Sendung *nachtstudio*. Und früher stritten sich im *Literarischen Quartett* Marcel Reich-Ranicki, Hellmuth Karasek und Sigrid Löffler (später an ihrer Stelle Iris Radisch) mit einem von Sendung zu Sendung wechselnden vierten Gast über Literatur. Die Vierzahl ermöglicht ein breiteres Spektrum von Meinungen und Frontstellungen, als wenn ein Thema nur von drei Personen beleuchtet wird. Bei mehr als vier beginnt es dagegen, für den Zuschauer unübersichtlich zu werden. Tatsächlich handelt es sich bei solchen Talkshows zwar oft um eine 4+1-Konstellation, doch der Moderator hält sich in der Regel aus der Dynamik des Schlagabtauschs heraus. Buchstäblich ins Off verschwindet er in dem von Friedrich Küppersbusch für den Sender n-tv entwickelten Talkformat mit dem sprechenden Titel *4 gewinnt – Die Meinungsshow*, bei dem nur noch eine ominöse Stimme aus dem Studiohintergrund die vier Gäste mit Themen und Fragen konfrontiert.

Die 4 ist im Sozialen eine Übergangszahl. Sie steht zwischen der 3, der Zahl für die kleinste mögliche Gruppe überhaupt, und größeren Formationen, die nicht so sehr durch eine genau bestimmte Anzahl von Personen als vielmehr durch ihre ungefähre Größe definiert sind. Auch beim gemeinsamen Essen scheint die 4 einen besonderen Attraktor zu bilden. In Restaurants dominieren Vierertische, und in den meisten Kochbüchern sind die Mengenangaben der Rezepte für vier Personen ausgelegt.

Die Gastronomin und Sommelière Claudia Stern, die das Kölner Promi-Restaurant Vintage betreibt, kann auf jahrelange Erfahrung bei der Planung und Organisation von kulinarischen Veranstaltungen und Society-Events zurückgreifen, vom exklusiven Dinner im kleinen Kreis bis zur großen Hochzeitsgesellschaft. Als Destillat daraus schildert sie ihre sehr konkreten Vorstellungen darüber, was die geeignete Zahl der Gäste an einem Tisch angeht: „Bei einer Tischgesellschaft ist für mich die optimale Größe, wenn jeder gleich weit von jedem entfernt sitzen kann und man sich gegenseitig beim Gespräch in die Augen sehen kann. Also ist ein Vierertisch mit vier Seiten als Quadrat ideal. Oder, für maximal sechs Gäste, ein runder Tisch mit kleinem Durchmesser, 100 bis 130 Zentimeter." Die 4 ist für sie die „größte intuitive Zahl" für einen Tisch. So ist noch ein Gespräch möglich, an dem sich alle beteiligen. Das wird ab fünf oder sechs Personen um einen Tisch schon schwieriger. Dennoch, so ihr Fazit: „Ich finde 4 oder 6 die optimale Zahl für gute Gespräche!"

Der Philosoph Immanuel Kant, der häufig Gäste zum Essen einlud, war da etwas großzügiger und nannte als Rahmen für die ideale Tischgesellschaft und gute Gespräche eine Größe „nicht unter der Zahl der Grazien, auch nicht über die der Musen" – also drei bis neun, wobei der Gastgeber noch hinzugezählt werden müsse. Welche Gästezahl am Tisch als angenehm empfunden wird, hängt sicherlich von individuellen Präferenzen – und nicht zuletzt von den Gästen – ab. Das betont auch Claudia Stern, die folgende Erklärung parat hat: „Ich glaube, dass die Grundlage allen Wohlbefindens in der Familiengröße begründet liegt. Wer es gewohnt war, immer nur mit den Eltern zusammenzusitzen, empfindet eine Dreiergruppe als total normal. Wer in einer Familie mit sechs oder sieben Mitgliedern aufgewachsen ist, empfindet auch zehn an einem Tisch als vollkommen normal."

Aber auch jenseits der Dreier- und Vierergruppen haben sich im Laufe der (sozialen) Evolution bestimmte Gruppengrößen als besonders tauglich für bestimmte Zwecke erwiesen und tauchen deshalb immer wieder auf. So teilt der britische Anthropologe Robin Dunbar das Geflecht unserer sozialen Beziehungen in ein Set konzentrischer Kreise mit ungefähren numerischen Sprungstellen ein, die sich auch in typischen gesellschaftlichen Gruppierungen wiederfinden.

Die Basiseinheit, das Team oder die Clique, umfasst ungefähr fünf bis sieben Personen. Dies sind die sprichwörtlich gewordenen *Fünf Freunde* der britischen Kinderbuchautorin Enid Blyton, die eine verschworene Gemeinschaft bilden, aber auch das effektiv handelnde Entscheidergremium oder das kreative Entwickler- oder Designteam. Eine Gruppengröße von fünf bis sieben federt einerseits die Konflikträchtigkeit von Dreier- oder Vierer-Konstellationen ab und ist andererseits klein und intim genug, um Verantwortlichkeit und Handlungsfähigkeit des Einzelnen zu gewährleisten. Damit ist sie gruppendynamisch gut geeignet für produktive und insbesondere kreative Arbeitsprozesse.

Erik Spiekermann, der als Designer und Gründer der Agentur MetaDesign ein Leben lang in Teams gearbeitet hat, kann das bestätigen: „Meine Teams hatten immer so zwischen fünf und acht Leuten. Die 7 hat sich empirisch als Idealzahl – mit einem Unschärfebereich – für gut funktionierende Teams erwiesen." Größere Abweichungen nach oben oder unten seien dagegen kontraproduktiv. Bei einem größeren Projekt habe er einmal mit einem auf zwölf Personen aufgestockten Team experimentiert, berichtet Spiekermann. Doch statt des von ihm erwarteten rechnerischen Effektivitätszuwachses von 50 Prozent leistete das Großteam nur 10 bis 15 Prozent mehr – einfach weil die größere Gruppe exponentiell mehr interne Kommunikation und Meetings benötigte. Zu wenig Mitglieder in einem Team haben jedoch ebenfalls eine negative Wirkung: „Drei Leute sind sich manchmal auch zu schnell einig, da wird dann nicht tief genug gearbeitet. Man braucht auch den anderen Blick, die kritische Meinung, andere Fähigkeiten, deshalb sollten nicht weniger als fünf in einem Projektteam sein."

Claudia Stern sieht in Bezug auf Tischgrößen einen deutlichen Unterschied zwischen der 6 und der 7: „Sechs ist eine ordnende Zahl, deshalb sind viele Kantinentische oder auch Jugendherbergszimmer so aufgeteilt. Ab Sieben ist alles offen – der Zufall regiert die Gespräche, es ist unübersichtlicher." Die Grenze wird im einzelnen Fall unterschiedlich gezogen. Öfter findet man in der Gruppenpsychologie die 7 als generische Zahl für den Gruppentypus der Clique, was ihrer magischen Anziehungskraft und symbolischen Stärke geschuldet sein mag. Schließlich ist schon im Märchen von Schneewittchen von sieben Zwergen die Rede, und sowohl in Akira Kurosawas *Die sieben Samurai* wie auch im Remake *Die glorreichen Sieben* von John Sturges besteht die schlagkräftige Truppe aus sieben Helden, genau wie die *Sieben gegen Theben* in der griechischen Tragödie des Aischylos.

Bei der Festsetzung der Mindestgröße von sieben Personen für die Vereinsgründung beriefen sich die Verfasser des Bürgerlichen Gesetzbuchs auf englische und französische Vorbilder. Zwingend ist die magische 7 dabei nicht, wie auch Rechtshistoriker Bernhard Großfeld zugibt: „Die Sieben überzeugt schon deshalb nicht als rational, weil z.B. die Aktiengesellschaft (als wirtschaftlicher Verein – vgl. § 22 BGB) von fünf Personen gegründet werden kann."

Da wir gerade von Aktiengesellschaften sprechen: Die DAX-Unternehmen haben im Durchschnitt 6,2 Vorstandsmitglieder, vermeldet der Spencer Stuart Board Index Deutschland 2010. Und die Schweiz wird von sieben Bundesräten regiert, die eine Art kollektives Staatsoberhaupt bilden. Generell scheint ungefähr sieben für Führungsgremien eine gute Größe zu sein. Historische Belege dafür liefert bereits Simmel, der berichtet, dass die mittelalterlichen Zünfte von Ausschüssen in dieser Größenordnung geleitet wurden, die zudem ihre Anzahl im Namen führten: „So benannte man vielfach die Zunftvorsteher nach ihrer Zahl: in Frankfurt hießen sie bei den Wollwebern die Sechse, bei den Bäckern die Achte."

Heute werden in typischen Darstellungen von Teams, etwa bei den auf Verdacht produzierten Stockfotos oder bei der Bewerbung von Gruppenarbeitsräumen auf den Websites von Tagungshotels, zumeist sieben Personen ins Bild gerückt. Damit ist der ideale Größenbereich des Teams aber nur ungefähr abgesteckt. So setzt der Bremer Organisationspsychologe Peter Kruse je nach zu bewältigender Aufgabe und Intensität der Zusammenarbeit die Obergrenze höher an. Aus seiner Erfahrung als Berater weiß er: „Wenn ich konkret mit Leuten arbeite, ist das bei mir im Kopf eine 10 geworden. Das ist eine Größe, die ich noch überblicke, bei der die Interaktionen mit und zwischen den Leuten für mich noch überschaubar sind und ich den Eindruck habe, die überschauen das auch. Wenn die Zahl der Beteiligten größer wird, hört die interne, gruppendynamische Vernetzung auf, sinnvoll zu sein, und es bilden sich Teilgruppen."

Der Organisationsökonom Mancur Olson hat bereits in den 1960er Jahren in seinem Klassiker *Die Logik des kollektiven Handelns* empirische Untersuchungen zu Gruppengrößen angeführt. Bei Gruppen, die Entscheidungen fällen sollen, also zum Beispiel Ausschüssen oder Auswahlkomitees, betrug die Durchschnittsgröße 6,5 Teilnehmer, während Gruppen, die nicht auf Entscheidungen ausgerichtet waren, aus durchschnittlich 14 Personen bestanden. Ein gutes Beispiel für Letztere sind Aufsichtsräte, die nicht operativ tätig sind, sondern strategische Leitlinien abnicken und den Vorstand beraten. Ihre durchschnittliche Größe schwankt laut Spencer Stuart Board Index im internationalen Vergleich zwischen 10 in Großbritannien und 15 in Deutschland.

Damit sind wir bei der nächstgrößeren Einheit jenseits der Intimität der Clique angelangt. Anthropologen wie Robin Dunbar nennen sie „sympathy group", sie umfasst etwa 12 bis 15 Personen. Aus der

Perspektive des Einzelnen wird dieses Layer des persönlichen sozialen Netzes von den ebenso vielen engen Freunden und Bezugspersonen gebildet, mit denen man im regelmäßigen Austausch steht. Und auch diese Größe findet ihre Entsprechung in anderen sozialen Gruppierungen. Eine Gruppe dieser Größe kann sehr heterogen sein, ihre Mitglieder teilen aber in der Regel Grundüberzeugungen und müssen eine gewisse Fähigkeit zur Empathie für die anderen als Individuen aufbringen, um konstruktiv miteinander diskutieren und zusammenarbeiten zu können.

Dieser Gruppentyp begegnet uns in religiösen Zirkeln, angefangen bei der Jüngerschar der zwölf Apostel um Jesus, in wissenschaftlichen Forschergruppen, in der Politik – Regierungskabinette bestehen häufig aus zwölf bis zwanzig Ministern – oder auch im Gerichtswesen mit seinen zwölf Geschworenen. Wie schwer es sein kann, sich in solchen „Abnickgremien" gegen den Gruppenzwang zu stemmen, zeigt Sidney Lumets Film *12 Angry Men* (Die 12 Geschworenen).

Auch Mannschaftssportarten wie Fußball oder American Football mit ihren elf Spielern scheinen prototypisch für diese Gruppengröße. Allerdings sollte man hier zwischen der Mannschaft auf dem Feld und dem Kader unterscheiden. Die dominante soziale Formation ist der Kader, der bei einer Fußballmannschaft in der Regel aus 18 bis 25 Personen besteht und aus dem der Trainer ein funktionierendes Team von elf Stammspielern schmieden muss. Deshalb sind Kader

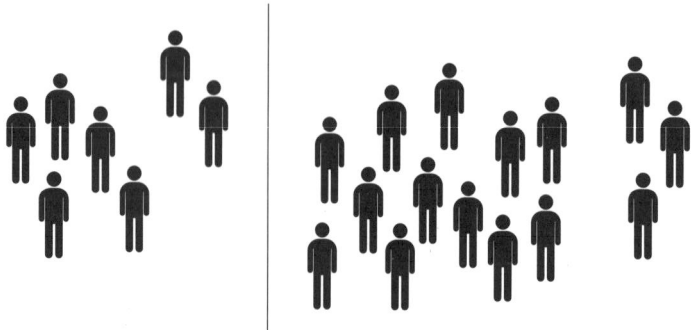

auch immer konfliktträchtig, die Sportteile sind voll von „Streit im Kader", bei dem jeder – wie bei der Reise nach Jerusalem – versucht, einen Stammplatz zu ergattern.

Laut Robin Dunbar folgen die Schwellenwerte der sozialen Kreise einer Dreierregel: Jede Stufe ist dreimal so groß wie die vorherige. 3 mal 5 ist 15, und mit der nächsten Verdreifachung kommt man auf ungefähr 50. Das war in steinzeitlichen Jäger- und Sammlergesellschaften die typische Größe eines gemeinschaftlichen Nachtlagers, wie es sich bis in heutige Zeiten bei traditionell lebenden Aborigines in Australien findet.

Auch Erik Spiekermanns Idealfirma hätte zwischen 40 und 50 Mitarbeiter: „Im Grunde 7 mal 7. Drei Teams à sieben Leute, da nie mehr als ein Drittel der Ressourcen für einen Auftraggeber gebunden werden soll. Dann ein Springerteam für die Sachen, die so reinkommen. Ein fünftes Teams, das sich um Neugeschäft und Weiterentwicklung kümmert. Dann brauche ich das sechste Team – das Backoffice. Wenn ich dann richtig viel und gut arbeiten will, dann brauche ich noch ein siebtes Team."

Nimmt man 50 mal 3, landet man bei 150 und damit bei der letzten wichtigen Sprungstelle für soziale Systeme: Dunbars Zahl, die durch Malcolm Gladwells Bestseller *Tipping Point* populär wurde. Bis zu dieser Zahl von Kontakten können wir jeden kennen, wissen, in welchen Verhältnissen die einzelnen Personen zueinander stehen, und können stabile soziale Beziehungen zu jedem Einzelnen unterhalten. Woher kommt diese Grenze? Dunbar hat das Sozialverhalten und die Gruppengrößen von Primaten betrachtet und diese in Korrelation zur relativen Größe des Neocortex der jeweiligen Primatenart gesetzt. Der Neocortex des Menschen, dieses hypersozialen Wesens, ist deutlich größer als der anderer Primaten. Aus seinen Daten schloss Dunbar, dass die Verarbeitungskapazität des menschlichen Gehirns bei knapp 150 Sozialkontakten eine neuronale Obergrenze finden müsste. Beispielhafte Belege für seine Hypothese fand er nicht nur in der Clan- und Siedlungsgröße von Jäger- und Sammlergesellschaften, sondern ebenso in der militärischen Organisationseinheit der Kompanie, beim Gore-Tex-Hersteller Gore Associates, dessen Standorte nie mehr als ungefähr 150 nicht hierarchisch organisierte Mitarbeiter haben, aber auch bei den in Amerika lebenden Glaubensgemeinschaften der Hutterer und der Amish, deren Gemeinden etwa 120 bis 150 Personen

umfassen. Wächst eine Gemeinde über diese Größe hinaus, muss sie sich teilen.

Doch gilt die Obergrenze von 150 persönlichen Kontakten auch für soziale Netzwerke wie Facebook, die nicht mehr auf physischer Nähe beruhen? Davon ist zumindest Robin Dunbar überzeugt, wie er der *Sunday Times* Anfang 2010 berichtete: „Interessanterweise kann jemand zwar 1.500 Freunde haben, aber wenn man sich den tatsächlichen Austausch auf solchen Plattformen anschaut, stellt man fest, dass die Leute den gleichen inneren Zirkel von circa 150 Personen pflegen, den wir auch in der realen Welt beobachten."

Jenseits der Dunbarschen 150 wird es komplex. Zwar nennt er als weitere Stufen noch 500 und 1.500, die typische Größe einer steinzeitlichen Stammesgesellschaft, deren Mitglieder die gleiche Sprache oder den gleichen Dialekt teilten. Platon ging sogar noch eine Stufe weiter und berechnete in den *Nomoi*, dass die ideale Demokratie exakt 5.040 freie Bürger haben sollte – wobei diese Zahl eher dem pythagoräischen Harmoniegedanken und der Praktikabilität bei der Einteilung der Gesellschaft entspringt, denn 5.040 ist sowohl das Ergebnis von 1 x 2 x 3 x 4 x 5 x 6 x 7 als auch von 7 x 8 x 9 x 10. Platon schreibt: „Die angenommene Summe von 5.040 ist für den Krieg, so wie für alle Geschäfte des Friedens, Verträge und Gesellschaftsunternehmungen, Abgaben und Länderverteilungen richtig, weil sie durch nicht mehr als sechzig Zahlen weniger eine geteilt werden kann und dabei durch alle ununterbrochen von eins bis zehn." Für die griechischen Stadtstaaten mochte eine solche Größe noch hinreichend sein, doch seitdem und darüber hinaus hat diese Zahl keine soziale Bedeutung mehr.

Immerhin nahm sich E.F. Schumacher die Frage nach der idealen Stadtgröße sehr viel später noch einmal vor und beantwortete sie ganz im zivilisationspessimistischen Zeitkolorit der frühen 1970er Jahre: „Wenn man diese Dinge auch nicht genau beurteilen kann, so denke ich doch, dass man mit ziemlicher Sicherheit die Obergrenze dessen, was als Größe einer Stadt wünschenswert ist, in der Nähe von einer halben Million Einwohner ansetzen darf. Es ist völlig klar, dass oberhalb einer solchen Größe die Vorteile der Stadt sich nicht vermehren. In Städten wie London, Tokio oder New York fügen die Millionen Menschen dem wirklichen Wert einer Stadt nichts hinzu, sondern schaffen lediglich *ungeheure* Schwierigkeiten und führen zur Erniedrigung des Menschen."

Heute wissen wir, dass allein die Verdichtung der Menschheit in Städten und Ballungsräumen die Klimaproblematik lindern kann, weil dadurch Flächen- und Energieverbrauch sinken. Es gibt Städte mit 30 Millionen Einwohnern wie Tokio, die reibungslos funktionieren, wenn sie nicht gerade von einem Erdbeben heimgesucht werden, während es gleichzeitig deutlich kleinere Städte wie Detroit gibt, die aufgrund ihrer Strukturschwäche als *failed cities* enden. Mit absoluten Zahlen kommt man hier also nicht weiter. Jenseits der Dunbarschen 150 betreten wir das Reich von Systemtheorie, Massenpsychologie und sozialen Netzwerken, in dem andere Regeln gelten und eigene zahlenmäßige Gesetzmäßigkeiten herrschen.

Schwärme, Trends und Netzwerke

Nimmt man große Menschenmengen, Netzwerke oder gleich ganze Gesellschaften in den Blick, zählt weniger die absolute Größe als vielmehr die Art und Verteilung der Verbindungen zwischen den einzelnen Mitgliedern. Die Summe der möglichen Verknüpfungen in einem Netzwerk steigt exponentiell. Während fünf Personen untereinander maximal zehn Verbindungen haben können, sind es bei zehn Personen 45, und bei 15 sind es schon bis zu 105. Diesen Verbindungen ging Stanley Milgram nach, als er sein Kleine-Welt-Experiment entwickelte. Er fragte sich, wie viele Stationen im Durchschnitt nötig sind, um zwei beliebige Personen miteinander zu verbinden, und lieferte so die Blaupause für die beschriebenen Spiele um Kevin Bacon und Paul Erdős. Da Milgram zu seiner Zeit weder auf das Internet noch auf Datenbanken zurückgreifen konnte, bat er eine Reihe zufällig ausgewählter Personen in Kansas und Nebraska, einen Brief an eine bestimmte Zielperson in Boston zu schicken – jedoch nicht direkt (es sei denn, sie kannten diesen Menschen persönlich), sondern als besondere Form des Kettenbriefes: Sie sollten den Brief an jemanden in ihrem Bekanntenkreis weiterleiten, von dem sie glaubten, dass er oder sie die Person in Boston kennen könnte. Die Briefe, die schließlich ihr Ziel erreichten, waren durch etwa sechs Hände gegangen.

Eine jüngere Studie hat Milgrams Ergebnisse konkretisiert und einen gewichtigen Mangel seiner Versuchsanordnung behoben. Er

verfügte nämlich nur über eine sehr schmale Datenbasis: Wenige hundert Personen beteiligten sich an dem Kettenbrief, und bloß ein paar Dutzend Briefe erreichten tatsächlich ihr Ziel. 2008 dagegen werteten Jure Leskovec und Eric Horvitz die Daten des beliebten Chat-Programms MSN Messenger von Microsoft aus und analysierten mehr als 30 Milliarden Nachrichten zwischen 240 Millionen Teilnehmern. So war eine Überprüfung von Milgrams Hypothese im globalen Maßstab möglich. Die durchschnittliche Pfadlänge, wie die Netzwerktheoretiker die Zahl der Verbindungsglieder zwischen zwei Personen nennen, betrug 6,6. An den sprichwörtlichen sechs Ecken ist also tatsächlich etwas dran.

Wie erklärt sich dieser niedrige Wert angesichts von Hunderten Millionen auf der ganzen Welt verstreuten Internetnutzern, die in der Regel nur mit ihrem begrenzten Kreis von Freunden und Bekannten chatten? Die Antwort: In sozialen Netzwerken ist die Vernetzung nicht gleichmäßig verteilt. Während der Großteil der Beteiligten nur wenige Bekanntschaften pflegt, gibt es eine kleine Kommunikationselite mit besonders vielen Kontakten. Jeder kennt solche Vielvernetzten, die in jeder Stadt und auf jeder Party immer ein paar Leute kennen, Menschen, die überall mitmischen, so wie Paul Erdős in der Mathematikerwelt. Sie sind die dicken Knoten – Netzwerkforscher sprechen von „Hubs" –, die dafür sorgen, dass die Wege von einem Punkt des Netzes zu einem beliebigen anderen schön kurz bleiben.

Eine solche Netzwerkstruktur, die wenige Hubs mit vielen Verknüpfungen hat, erweist sich als sehr robust gegen Ausfälle einzelner Elemente – es sei denn, man eliminiert gezielt die Hubs – und als beliebig erweiterbar. Neuankömmlinge docken zumeist an existierende Hubs an, teilweise bilden sich im Laufe der Zeit aber auch neue dicke Knoten, sodass die Grundstruktur erhalten bleibt. Das Kleine-Welt-Phänomen ist dabei nicht auf soziale Netzwerke wie Messenger oder Facebook beschränkt: Auch das Internet selbst funktioniert nach diesen Regeln – wobei Websites die Rolle von Personen einnehmen und Links die Bekanntschaft zwischen ihnen repräsentieren. Ähnliches gilt für die technische Ebene der Vernetzung von Servern und Routern, auch hier gibt es nur sehr wenige Hubs, über die enorm viel Traffic läuft.

Was Milgram mit seinem Briefexperiment lostrat, hat sich in den letzten Jahren unter dem Stichwort „Netzwerktheorie" zu einem heißen Forschungsgebiet für Soziologen und Politologen, Informatiker und Statistiker, aber auch Biologen, Mediziner und Physiker entwickelt. „Netzwerk" ist der schillernde Leitbegriff unserer Epoche, der Konzepte wie „Klassengesellschaft", „Kommunikation" oder „System", die in früheren Dekaden die intellektuellen Debatten beherrschten, entthront hat. Die Netzwerkanalyse wird zur Erklärung der Verbreitung von Epidemien ebenso herangezogen wie für den Wandel von hierarchischer Arbeitsteilung zu lose gekoppelten, selbstorganisierten Kollaborationsformen. Don Tapscott hat dafür den Begriff „Wikinomics" geprägt, und Clay Shirky hat sie in seinem Buch *Here Comes Everybody* als *The Power of Organizing without Organizations* beschrieben. Der Wandel kommt inzwischen auch in den Unternehmen an: Peter Kruse stellte in semantischen Analysen fest, dass es in den Beschreibungen von Managern einen deutlichen Shift vom Begriff „Team" zu „Netzwerk" gibt.

Der Mediziner und Soziologe Nicholas Christakis und der Politologe James Fowler untersuchen in ihrem Buch *Connected! Die Macht sozialer Netzwerke und warum Glück ansteckend ist*, wie soziale Netzwerke unser Verhalten steuern, von Wahlentscheidungen bis hin zu unserem persönlichen Glücksempfinden. Das hängt nicht zuletzt vom

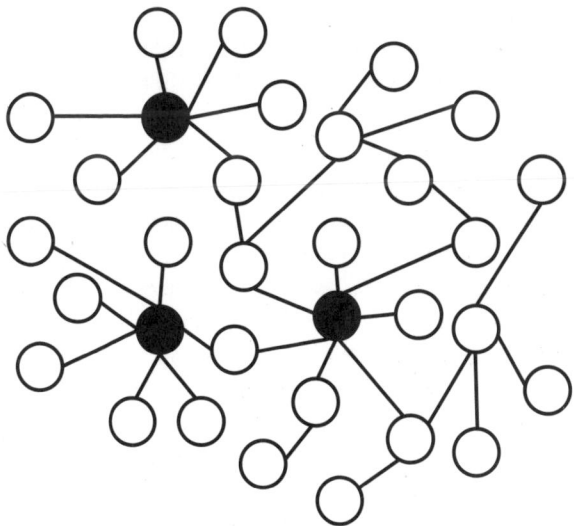

sogenannten „dritten Netzwerk" ab, also nicht von den unmittelbaren Freunden oder Freunden von Freunden, sondern von Freunden von Freunden von Freunden. Deren Zahl geht schnell in die Millionen, wie man auf der Startseite des Business-Netzwerks XING sehen kann, wo sie dem Nutzer als „Kontakte 3. Grades" angezeigt werden. Aber trotzdem ist die Nähe noch groß genug, dass dieses Netzwerk relevante Informationen individuellen Zuschnitts liefert und uns indirekt beeinflussen kann.

Das solchen Netzwerken zugrunde liegende Prinzip – „Wenige machen viel, und viele machen wenig" – hat sich im Web 2.0 als sogenannte 1-Prozent-Regel etabliert, eine Art verschärfter 80:20-Regel. Im Deutschen wird sie manchmal auch als 100-10-1-Regel bezeichnet (nicht zu verwechseln mit der Faustformel für die Pasta-Zubereitung: 100 Gramm Nudeln, 10 Gramm Salz, 1 Liter Wasser): Eine Person schreibt etwas – zum Beispiel einen Blogbeitrag – oder lädt ein Video bei YouTube hoch, zehn kommentieren und hundert lesen oder schauen passiv zu. Das Mitmach-Internet ist zwar für alle da, doch aktiv beteiligen sich letztlich weit weniger Leute, als man denkt, nämlich Pi mal Daumen jeder Hundertste.

Die Vielvernetzten – Gladwell spricht von „Connectors" – sind entscheidend, wenn es darum geht, Veränderungen auszulösen. In der Epidemiologie nennt man solche Personen, die einen Großteil zur raschen Verbreitung von Viren beitragen, „Superspreader". Nach dem gleichen Prinzip entwickeln sich Trends, die man, so Gladwell, als „soziale Epidemien" betrachten kann. Manchmal genügt ein kleiner Schubs an der richtigen Stelle, sprich: eine Handvoll gut vernetzter Multiplikatoren, und alles ändert sich: Eine Außenseitermeinung wird gesellschaftlich akzeptabel, ein Phänomen verlässt die Nische und wird Mainstream. Gladwells Paradebeispiel dafür sind die Hush Puppies, klassische amerikanische Freizeitschuhe, die in den 1960ern ihre Blütezeit hatten und Anfang der 1990er vollkommen aus der Mode gekommen waren. 1994 tauchten sie jedoch in einigen New Yorker Szene-Bars und Clubs wieder auf und galten dort aus unerfindlichen Gründen als hip. Designer griffen den Trend auf, der von einer extremen Minderheit, vielleicht einigen Dutzend oder hundert Kids, gepflegt wurde, und aus 30.000 verkauften Schuhen im Jahr 1994 wurden 1995 430.000 und im folgenden Jahr mehr als anderthalb Millionen. Aus der jüngeren Vergangenheit kennen wir mit Crocs eine ähnliche Geschichte: Die klobigen Plastikschuhe, die vor wenigen Jahren kein normaler Mensch freiwillig angezogen hätte, wurden mit einem Mal vom Spezialschuh für Bootsbesitzer zum großen Modetrend und Multimillionengeschäft.

In den Diagrammen, mit denen das Sinus-Institut die Lebenswelten unserer Gesellschaft kartiert, wabern inzwischen zehn unterschiedliche, aus soziodemografischen Merkmalen und Einstellungsmustern geclusterte Wolken herum, genannt Sinus-Milieus, von denen die „Bürgerliche Mitte" gerade noch 14 Prozent ausmacht. Die Milieublasen schrumpfen, und es ist abzusehen, dass der gesellschaftliche Schaum in Zukunft noch feinporiger werden wird. Der Journalist und Soziologe Jürgen Kaube charakterisiert in seinem Essayband *Otto Normalabweicher* diese Entwicklung weg von tradierten Zuschreibungen wie „Arbeiter" oder „Katholik" hin zu individualisierten Lebensstilen als „Aufstieg der Minderheiten" und konstatiert, „es ist normal geworden, dem Durchschnitt nicht zu entsprechen".

In solch einer zunehmend fragmentierten Gesellschaft müssen Trends nicht unbedingt ein Millionenpublikum erreichen, um wirksam zu werden und gesellschaftlichen Wandel zu initiieren. Marc J. Penn, Umfrageguru und CEO des PR-Giganten Burson-Marsteller, identifiziert sie als Mikrotrends: „kleine Strömungen, die unterhalb des Radars wirken, vielleicht nur ein Prozent der Bevölkerung betreffen, die aber dennoch unsere Gesellschaft kraftvoll formen". Bekannt wurde Penn dadurch, dass er als Clinton-Berater 1996 die „Soccer Moms" erfand – berufstätige Mütter, die sich dennoch für ihre Kinder aufreiben – und sie als kritische Wechselwählerschaft identifizierte. In seinem Buch *Microtrends* stellt er 57 weitere im Verborgenen wachsende Fraktionen der US-Gesellschaft vor. Dazu zählen Schwerhörige, deren Zahl im Gegensatz zu Kurz- oder Weitsichtigen deutlich wächst, ebenso wie Transsexuelle – nach neuesten Schätzungen eine(r) von 4.500 Amerikaner(inne)n –, die sich gerade nach dem Vorbild der Homosexuellenbewegung als *pressure group* formieren.

Aber wann kippen die Dinge? Wann wird aus einem Phänomen, von dem sich anfangs nur eine verschwindende Minderheit angesprochen fühlte und das schon längere Zeit unterhalb der öffentlichen Wahrnehmungsschwelle dümpelt, ein veritabler Trend? Wo liegen die *tipping points*? Gesetzmäßigkeiten und eindeutige Schwellen lassen sich in den seltensten Fällen aufstellen. Bei Heuschrecken wurden eindeutige Schwellenwerte entdeckt, bei denen sich das Verhalten der Tiere ändert. Die Stellgröße ist hier die räumliche Dichte der Tiere. Ein Forscherteam um Jerome Buhl von der Oxford University setzte die Tiere in eine ringförmige Arena und beobachtete ihr Verhalten mit Kameras. Buhl fand heraus, dass bei einer geringen bis mittleren Dichte an Heuschrecken pro Quadratmeter die Insekten frei umherkrabbeln, ohne sich untereinander abzustimmen. Stieg die Zahl auf mehr als 50 Exemplare pro Quadratmeter, wechselten die Heuschrecken in einen Marschmodus und bildeten kleine koordinierte Gruppen, die jedoch häufig die Richtung wechselten. Bei mehr als 75 Heuschrecken je Quadratmeter fand erneut ein Phasenwechsel des Verhaltens statt, es wurde ruhiger und die Marschbewegungen synchronisierten sich zu einem großen Schwarm.

Doch menschliche Gesellschaften sind komplexer als Heuschreckenschwärme, sodass sich hier meist keine eindeutigen *tipping points* ausmachen lassen. Matthias Horx, der bekannteste unter Deutschlands Trendforschern, bietet in seinem jüngsten Buch *Das Megatrend-Prinzip* immerhin eine Faustregel an, die für alle großen, langfristigen gesellschaftlichen Wandlungsprozesse zu gelten scheint – auch hier ist es wieder eine 1-Prozent-Regel: „Die Schlüsselvariable bei Megatrends steigt um 1 Prozent pro 1 Jahr" – sei es der Anteil erneuerbarer Energien, die Anzahl von Frauen in Management-Positionen oder die Zahl höherer Bildungsabschlüsse. Auch für den Megatrend Urbanisierung gilt das: Lebten 2008 50 Prozent aller Menschen in Städten, werden es 2030 rund 75 Prozent sein.

Zukunftsforscher Karlheinz Steinmüller ist da etwas skeptischer: „Wir sehen natürlich, dass es Regelmäßigkeiten gibt, dass es Schwingungen in der Gesellschaft gibt, nur meistens haben wir keine Variable, die wir beobachten können, oft haben wir keine guten Indikatoren. Insofern können wir fast nie damit arbeiten." Dennoch erkennt er die Bedeutung solcher Schwellenwerte an: „Es gibt Umschlagpunkte im Verhalten vernetzter Systeme, egal, ob das eine Gesellschaft oder eine Population von Bakterien ist. Die sind allerdings nicht fixiert. Die öffentliche Meinung kippt nicht bei drei Prozent, allerdings können Epidemien mit einer längeren Inkubationszeit bei einer Infektionsrate von drei Prozent ausgelöst werden."

Einer, der genauer wissen wollte, bei welchen Schwellen die Dinge ins Rutschen geraten und Meinungen oder Stimmungen in der Gesellschaft umschlagen, ist Thomas Brudermann, Wirtschaftspsychologe an der Wirtschaftsuniversität Wien. Er knüpft mit dem Begriff der Massenpsychologie an die ältere Tradition an und revidiert sie zugleich, gingen die klassischen Autoren doch häufig von einem eher diffusen Begriff der Masse aus. Dagegen hat Brudermann komplexe Computersimulationen entwickelt, um die Dynamik der Massenpsychologie genauer zu erforschen.

In seinen Simulationen verwendet er das aus der Epidemiologie stammende Modell von Ansteckung und Übertragung, um gesellschaftliche Prozesse zu verstehen. Die Viren sind hier die Ideen und Überzeugungen, die in den Köpfen und den Medien herumschwirren und weitere Menschen „infizieren" können. Doch nicht jeder lässt sich von jeder beliebigen Idee anstecken. Besondere Aufmerksamkeit legte Brudermann deshalb auf die Reizschwelle, also die psychologische Empfänglichkeit für eine bestimmte Idee. Wer ist unter welchen Umstände offen für eine spezifische Meinung? Fundamentale Christen sind schwieriger davon zu überzeugen, dass Homosexuellen ein Recht auf Ehe zustehen sollte, und Kettenraucher werden sich kaum für ein Rauchverbot in Gaststätten erwärmen. Sie sind sozusagen immun und stecken weniger Nachbarn mit dieser Idee an. Brudermann variierte den Wert dieser Reizschwelle und beobachtete im Verhalten seiner Simulationen erstaunliche Ergebnisse. Sank die durchschnittliche Reizschwelle auf Werte um 40 Prozent, waren also 60 Prozent empfänglich für eine Idee, dann stieg der Verbreitungsgrad mit einem Mal rapide an und das Ideen-Virus konnte sich nahezu im gesamten System ausbreiten.

Trotzdem müssen die Ideen irgendwo und irgendwann ihren Ausgang nehmen, es braucht eine Initialzündung oder einen Urknall. Kleine Ursachen können sich schnell auswachsen und große Wirkungen entfalten. Auch wenn Brudermanns 40 Prozent ein interessanter Richtwert sind, bringt die Dynamik in komplexen Systemen unerwartete Sprungstellen hervor, sogenannte Bifurkationen, von denen an das System in einen völlig anderen Zustand gerät. Die Verbreitungsmöglichkeiten via Internet haben die kritische Reizschwelle gesenkt. Oft kommen Trends heute aus unerwarteten Richtungen und haben mitunter überraschende Auslöser – so wie das Ehec-Virus, das Deutschland Mitte 2011 in Atem hielt, von biologisch angebauten Sprossen stammte.

Das sogenannte virale Marketing versucht, sich die Mechanismen kaskadenartiger Verbreitung und memetischer Ansteckung zunutze zu machen und sie gezielt anzustoßen. Gelingt es, die Reizschwelle zu überwinden, kann die Kampagne zum Erfolg führen. So begann etwa der Siegeszug der Bionade, 1995 nach langjähriger Entwicklung von einer kleinen Brauerei an der Rhön am Markt lanciert, in Hamburger Szenekneipen. Angesichts eines sehr begrenzten Marketingbudgets hatte man die Journalisten der in Hamburg erscheinenden Wochenzeitungen und -magazine als wichtige Multiplikatoren identifiziert. Und als außerberufliche Szenekneipengänger frequentierten sie genau diese Orte. Die Rechnung ging auf, und das Bionade-Virus hat sich flächendeckend ausgebreitet – mittlerweile bis zu McDonald's.

Natürlich spekulieren auch wir auf diesen Effekt, um das Wissen um Zahlenpsychologie und -symbolik über den Kreis der *early adopters* hinaus zu verbreiten, zu dem Sie als ausdauernder Leser dieses Buches nun zweifellos gehören. Deshalb haben wir unter facebook.com/6wissen eine Facebook-Seite zum Buch eingerichtet. Dort wollen wir unser Wissen und unsere Empirie zum Thema um Aspekte anreichern, die ohnehin nicht mehr in dieses Buch gepasst hätten. Leser, Nicht-Leser, Zahlenfreunde und -feinde sind aufgerufen, uns Feedback zu geben, ihre individuellen Idiosynkrasien, Observationen und Begegnungen mit bemerkenswerten Zahlen zu schildern und über ihre Lieblingsziffer abzustimmen. Auch wenn Dunbars Zahl von 150 Facebook-Freunden mittlerweile längst überschritten sein dürfte, hoffen wir als Moderatoren dennoch, die Übersicht zu behalten, und vertrauen ansonsten auf die spontan-emergente Selbstorganisation eines intelligenten Netzwerkes. Bei Redaktionsschluss war die Lieblingsziffer unserer Online-Umfrage übrigens mit großem Abstand die 7 – *some things never change*. Überraschender Zweitplatzierter war nicht, wie wir getippt hätten, die 3, sondern die 8, dicht gefolgt von der 4 und der 2. Die 6, Lieblingsziffer beider Autoren nach Abschluss des Buches, ist weit abgeschlagen – aber sie holt auf. Das vollständige Bild der Lieblingsziffern von 0 bis 9, das unser Schlussbild sein soll, sieht (als Schnappschuss, Stand: 15. Juni 2011 mit 100 abgegebenen Stimmen) so aus:

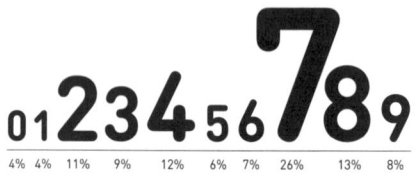

0	1	2	3	4	5	6	7	8	9
4%	4%	11%	9%	12%	6%	7%	26%	13%	8%

Literatur

Adams, Douglas: *Per Anhalter durch die Galaxis*. Frankfurt a. M. 1984.

Amon, Karoline: „Was machen Mathelehrer eigentlich falsch?", in: *SZ-Magazin*, 3. 6. 2011.

Anderson, Chris: *Te Long Tail – Der lange Schwanz. Nischenprodukte statt Massenmarkt – Das Geschäft der Zukunft*. München 2007.

Augustinus: *22 Bücher über den Gottesstaat*. URL: http://www.unifr.ch/bkv/kapitel1919.htm.

Ariely, Dan, George Loewenstein und Drazen Prelec: „‚Coherent Arbitrariness'. Stable Demand Curves Without Stable Preferences", in: *Quarterly Journal of Economics* 118 (2003), S. 73–105.

Balla, Bálint: *Die Zahl Drei und die Soziologie*. Hamburg 2008.

Berton, Justin: „Biblical Scholar's Date for Rapture: May 21, 2011", in: *San Francisco Chronicle*, 1. 1. 2010.

Beutelspacher, Albrecht: „Die Schönheit der Struktur", in: *Berliner Zeitung*, 23. 4. 2011.

Bidder, Julia: „Regenerationswunder Mensch. So alt ist der Körper wirklich", in: *FOCUS Online* (29. 3. 2007). URL: http://www.focus.de/gesundheit/gesundleben/antiaging/forschung/regenerationswunder-mensch_aid_51 928.html.

Bilger, Burkhardt: „Te Height Gap. Why Europeans are getting taller and taller – and Americans aren't", in: *The New Yorker*, 5. 4. 2004.

Brudermann, Tomas: *Massenpsychologie. Psychologische Ansteckung, Kollektive Dynamiken, Simulationsmodelle.* Wien/New York 2010.

Buhl, Jerome et al.: „From Disorder to Order in Marching Locusts", in: *Science* 312 (2006), S. 1402–1406.

Campen, Cretien van: *Te Hidden Sense. Synesthesia in Art and Science.* Cambridge/London 2008.

Cassierer, Ernst: *Philosophie der symbolischen Formen. Zweiter Teil: Das mystische Denken.* Hamburg 2010.

Casti, John: *Mood Matters. From Rising Skirt Length to the Collapse of World Powers.* New York 2010.

Christakis, Nicholas A. und James H. Fowler: *Connected! Die Macht sozialer Netzwerke und warum Glück ansteckend ist.* Frankfurt a. M. 2010.

Clegg, Brian: *Infight Science. A Guide to the World from Your Airplane Window.* London 2011.

Cohen, I. Bernard: *Te Triumph of Numbers. How Counting Shaped Modern Life.* New York 2005.

Cowan, Nelson: „Te magical number 4 in short-term memory. A reconsideration of mental storage capacity", in: *Behavioral and Brain Sciences* 24 (2001), S. 97–185.

Cramer, Friedrich und Wolfgang Kaempfer: *Die Natur der Schönheit. Zur Dynamik der schönen Formen.* Frankfurt a. M./Leipzig 1992.

Creeley, Robert: *Selected Poems. 1945–2005.* Hrsg. v. Benjamin Friedlander. Berkeley/Los Angeles 2008.

Dambeck, Holger: „Lieblingszahlen: Die Magie der 23", in: *Spiegel Online* (9. 1. 2009). URL: http://www.spiegel.de/wissenschaft/mensch/0,1518,600 000,00.html.

Dante: *La Divina Commedia.* URL: http://www.divina-commedia.de/la_divina_commedia.

Dante: *La Vita Nuova.* URL: http://www.divina-commedia.de/la_vita_nuova.

Dedekind, Richard: *Was sind und was sollen die Zahlen?* Braunschweig 1893.

Dehaene, Stanislas: *Der Zahlensinn oder Warum wir rechnen können.* Basel 1999.

DeLillo, Don: *Weißes Rauschen.* Reinbek bei Hamburg 1997.

Deutschmann, Karl-Heinz und Horst Hempel: *Florales Gestalten. Vom Umgang mit Blumen, Zweigen, Früchten und Gefäßen im Wechsel der Jahreszeiten.* Leipzig/Radebeul 1986.

Dickens, Charles: „Speech to the Administrative Reform Association, June 27, 1855", in: *Speeches of Charles Dickens.* Hrsg. v. K. F. Fielding. Oxford 1960, S. 206.

Diller, Hermann: *Preispolitik.* Stuttgart 1985.

Dolan, Andy: „ ,Te obsessive disorder that haunts my life' " in: *Daily Mail,* 3. 4. 2006.

Dornseif, Franz: *Das Alphabet in Mystik und Magie.* Reprint der Originalausgabe von 1925. Leipzig 1994.

Dunbar, Robin: *How Many Friends Does One Person Need? Dunbar's Number and Other Evolutionary Quirks.* London 2010.

Dundes, Alan: „Te Number Tree in American Culture", in: *Every Man His Way. Readings in Cultural Anthropology.* Hrsg. v. Alan Dundes. Englewood Clifs 1968, S. 401–424.

Endres, Franz C. und Annemarie Schimmel: *Das Mysterium der Zahl. Zahlensymbolik im Kulturvergleich.* München 2005.

Fechner, Gustav Teodor: *Zur experimentalen Ästhetik.* Leipzig 1871.

Fellmann, Max: „1 Mio.", in: *SZ-Magazin,* 28. 5. 2010.

Field, Syd: *Das Handbuch zum Drehbuch. Übungen und Anleitungen zu einem guten Drehbuch.* Frankfurt a. M. 1991.

Fischli, Peter und David Weiss: *Findet mich das Glück?* Köln 2003.

Förster, Jochen: „Carpe anum. 2011 blüht Ihnen Ihr ganz persönlicher Glücksfrühling, wenn man Numerologen glaubt", in: *Hamburger Abendblatt,* 4. 5. 2011.

Frank, Kim: *27.* Reinbek bei Hamburg 2011.

Freud, Sigmund: *Die Traumdeutung.* Studienausgabe, Bd. II. Frankfurt a. M. 1989.

Freytag, Gustav: *Die Technik des Dramas.* Darmstadt 1969.

Galton, Francis: „Visualised Numerals", in: *Nature* 21 (1880), S. 252–256.

Gardner, Dan: *Future Babble. Why*

Expert Predictions Fail and Why We Believe Tem Anyway. London 2010.

Gigerenzer, Gerd: *Das Einmaleins der Skepsis. Über den richtigen Umgang mit Zahlen und Risiken.* Berlin 2002.

Gill, Peter: *42. Douglas Adams' Amazingly Accurate Answer to Life, the Universe and Everything.* London 2011.

Gladwell, Malcolm: *Der Tipping Point. Wie kleine Dinge Großes bewirken können.* Berlin 2000.

Goethe, Johann Wolfgang: *Die Wahlverwandtschaften. Ein Roman.* Stuttgart 1999.

Gourlay, Chris: „OMG: brains can't handle all our Facebook friends", in: *Te Sunday Times*, 24. 1. 2010.

Gratzer, Wolfgang: *Zur „wunderlichen" Mystik Alban Bergs. Eine Studie.* Wien 1993.

Großfeld, Bernhard: *Zahlen und Zeichen im Recht.* Tübingen 1993.

Großfeld, Bernhard: *Zauber des Rechts.* Tübingen 1999.

Haarmann, Harald: *Weltgeschichte der Zahlen.* München 2008.

Hanstein, Ulrike und Philipp Schulte: „Fly me to the moon! Raketen-Filme", in: *Prüfstand 7. Das Buch zum Film.* Hrsg. v. Robert Bramkamp und Olga Fedianina. Berlin 2002, S. 16–19.

Hart, Christopher: *Comiczeichnen leicht gemacht. Helden und Schurken.* Köln 1998.

Henrich, Joseph, Steven J. Heine und Ara Norenzayan: „Most people are not WEIRD", in: *Nature* 466 (2010), S. 29.

Higgins, Peter M.: *Numbers. A Very Short Introduction.* Oxford 2011.

Holtermann, Felix: „Wenn Auswahl überfordert – oder auch nicht", in: *Handelsblatt*, 5. 2. 2010.

Hopper, Vincent F.: *Medieval Number Symbolism.* New York 1938.

Horx, Matthias: *Das Megatrend-Prinzip.* München 2011.

Ifrah, Georges: *Universalgeschichte der Zahlen.* Frankfurt a. M. 1993.

Iyengar, Sheena S. und Marc Lepper: „When Choice is Demotivating. Can One Desire Too Much of a Good Ting?", in: *Journal of Personality and Social Psychology* 79 (2000), S. 995–1006.

Jeferson, Gail: „List-Construction as a Task and Ressource", in: *Interaction Competence.* Hrsg. v. George Psathas. Washington 1990, S. 63–92.

Jung, Carl G.: *Der Mensch und seine Symbole.* Olten/Freiburg i. Breisgau 1987.

Kahneman, Daniel und Angus Deaton: „High income improves evaluation of life but not emotional well-being", in: *Proceedings of the National Acadamy of Sciences of the United States of America* 107 (2010), S. 16 489-16 493.

Kant, Immanuel: *Anthropologie in pragmatischer Hinsicht.* Hrsg. v. Wolfgang Becker. Stuttgart 1983.

Kaplan, Robert: *Die Geschichte der Null.* Frankfurt a. M./New York 1999.

Kaube, Jürgen: *Otto Normalabweicher. Der Aufstieg der Minderheiten.* Springe 2007.

Kepler, Johannes: *Weltharmonik.* München 2006.

Kepler, Johannes: *Vom sechseckigen Schnee.* Dresden 2005.

King, Dan und Chris Janiszewski: „Te Sources and Consequences of the Fluent Processing of Numbers", in: *Journal of Marketing Research* 48 (2011), S. 327–341.

Knuth, Donald E.: „Te Future of TeX and METAFONT", in: *Maps* 5 (1990), S. 145–146.

Kompatzki, Natascha: „Der Sechsen-Missionar mit Sechs-Tage-Bart", in: *Berliner Zeitung*, 26. 5. 1997.

Korf, Gottfried: „13 – Die erzählte Zahl", in: *10 + 5 = Gott: Die Macht der Zeichen*. Hrsg. v. Daniel Tyradellis und Michal S. Friedlander. Köln 2004, S. 94 f.

Krajewski, Markus: *Restlosigkeit. Weltprojekte um 1900*. Frankfurt a. M. 2006.

Kries, Mateo: *Total Design. Die Infation moderner Gestaltung*. Berlin 2010.

Krogerus, Mikael und Roman Tschäppler: *50 Erfolgsmodelle. Kleines Handbuch für strategische Entscheidungen*. Zürich 2008.

Lachenmeyer, Nathaniel: *13 – Te Story of the World's Most Popular Superstition*. New York 2004.

Langen, Manfred: „Was Unternehmen nützt: Der Goldene Schnitt" in: *brand eins* (2007), Nr. 7, S. 146 f.

Latussek, Rolf H.: „Die Geometrie der Schönheit", in: *Die Welt*, 22. 12. 2009.

Laughlin, Robert B.: *Abschied von der Weltformel. Die Neuerfndung der Physik*. München 2007.

Le Corbusier: *Der Modulor*. Stuttgart 1980.

Leitner, Helmut: *Mustertheorie. Einführung und Perspektiven auf den Spuren von Christopher Alexander*. Graz 2007.

Leskovec, Jure und Eric Horvitz: „Planetary-Scale Views on an Instant-Messaging Network", in: arXiv.org [physics.soc-ph] (6. 3. 2008). URL: http://arxiv.org/abs/0803.0939v1.

Lichtenberg, Georg Christoph: *Briefwechsel.* Bd. III: 1785–1792. München 1990.

Lischka, Konrad: „Warum die SMS 160 Zeichen kurz ist", *Spiegel Online* (6. 5. 2009). URL: http://www.spiegel.de/netzwelt/tech/0,1518,622831,00.html.

Loewy, Raymond: *Hässlichkeit verkauft sich schlecht*. Düsseldorf 1953.

Lossau, Norbert: „Und was ist Ihre Lieblingszahl?", in: *Die Welt*, 27. 12. 2008.

Macho, Tomas: „Mit sich allein. Einsamkeit als Kulturtechnik", in: *Einsamkeit. Archäologie der literarischen Kommunikation VI*. Hrsg. v. Aleida und Jan Assmann. München 2000, S. 27–44.

Maur, Karin von (Hrsg.): *Magie der Zahl in der Kunst des 20. Jahrhunderts*. Stuttgart, 1997.

McCandless, David: *Information is Beautiful. Te Information Atlas*. London 2010.

McCracken, Harry: „Te Amazing World of Version Numbers", in: *Technologizer* (14. 7. 2009). URL: http://technologizer.com/2009/07/14/version-numbers.

Menninger, Karl: *Mathematik und Kunst*. Göttingen 1959.

Miller, Arthur I.: *137. C. G. Jung, Wolfgang Pauli und die Suche nach der kosmischen Zahl*. München 2011.

Miller, George A.: „Te magical number

seven, plus or minus two. Some limits on our capacity for processing information", in: *Psychological Review* 63 (1956), S. 343–355.

Müller-Hagedorn, Lothar und Ralf Wierich: *Zur Wahrnehmung und Verarbeitung von Preisen durch Konsumenten*. Köln 2005.

Münkler, Herfried: *Mitte und Maß. Der Kampf um die richtige Ordnung*. Berlin 2010.

Neufert, Ernst: *Bau-Entwurfslehre. Grundlagen, Normen und Vorschriften über Anlage, Bau, Gestaltung für Gebäude mit dem Menschen als Maß und Ziel. Handbuch für den Baufachmann, Bauherrn, Lehrenden und Lernenden*. Berlin 1937.

Neurath, Otto: *From Hieroglyphics to Isotype. A Visual Autobiography*. London 2010.

Norman, Donald A.: *Aufmerksamkeit und Gedächtnis*. Weinheim/Basel 1973.

Norman, Donald A.: *Living with Complexity*. Cambridge/London 2011.

Olson, Mancur: *Die Logik des kollektiven Handelns. Kollektivgüter und die Macht der Gruppen*. Tübingen 2004.

Panofsky, Erwin: „Die Entwicklung der Proportionslehre als Abbild der Stilentwicklung", in: *Deutschsprachige Aufsätze II*. Hrsg. v. Karen Michels und Martin Warnke. Berlin 1998.

Pavia, Teresa M. und Janeen A. Costa: „The Winning Number. Consumer Perceptions of Alpha-Numeric Brand Names", in: *The Journal of Marketing* 57 (1993), Nr. 3, S. 85–98.

Penn, Marc J.: *Microtrends! The Small Forces behind Tomorrow's Big Changes*. New York 2007.

Pfaller, Robert: „Jeder kann nur einen Trick" (Interview), in: *Frankfurter Allgemeine Sonntagszeitung*, 20. 2. 2011.

Plant, Sadie: *Nullen + Einsen. Digitale Frauen und die Kultur der neuen Technologien*. Berlin 1999.

Platon: *Nomoi – Gesetze*. URL: http://www.opera-platonis.de/Nomoi.html.

Platon: *Teaitetos*. URL: http://www.opera-platonis.de/Teaitetos.html.

Plutarch: *Du bist! Über das E in Delphi*. URL: http://12koerbe.de/pan/plutarch.html.

Poe, Edgar Allan: *Der Teufel im Glockenturm und andere Erzählungen*. Frankfurt a. M. 2008.

Poggendorf, Armin: „Proxemik – Raumverhalten und Raumbedeutung", in: *Umwelt & Gesundheit* (2006), Nr. 4, S. 137–140.

Popp, Roger: *Die Mittelmaße in der Architektur. Wesen, Bedeutung und Anwendung von der Antike bis zur Renaissance*. Hamburg 2005.

Poundstone, William: *Priceless. The Myth of Fair Value (and How to Take Advantage of It)*. New York 2010.

Rau, Johannes: „Fortschritt braucht ein menschliches Maß" (Interview), in: *Welt am Sonntag*, 13. 5. 2001.

Reschke, Gerd-Lothar: „Was ist das ‚Menschliche Maß'? Vorschläge zur Klärung eines Begrifs", in: *Wahrnehmen – Gestalten – Bauen. Ideenjournal für Architektur* (15. 7. 1997). URL: http://architektur-ideenjournal. de/x_mass_def.htm.

Richter, Peter: „Die Monumentalisierung des Tumultuarischen", in: *Frankfurter Allgemeine Zeitung*, 28. 2. 2009.

Riedweg, Christoph: *Pythagoras. Leben – Lehre – Nachwirkung*. München 2002.

Riess, Anita (Hrsg.): *Psychologie der Zahl. Beiträge zur Bildung des Zahlbegrifs bei Erwachsenen, Kindern und Tieren*. München 1973.

Rifkin, Jeremy: *Die empathische Zivilisation. Wege zu einem globalen Bewusstsein*. Frankfurt a. M. 2010.

Rousseau, Jean-Jacques: *Politische Schriften*. Bd. 1, Paderborn u. a. 1977.

Russell, Bertrand: *Te Principles of Mathematics*. Cambridge 1903.

Sanktjohanser, Angelika und Christina Steinlein: „Bloß nicht die 19 ankreuzen", in: *FOCUS Online* (28. 1. 2009). URL: http://www.focus.de/wissen/bildung/mathematik/lotto-bloss-nicht-die-19-ankreuzen_aid_365 721.html.

Sautoy, Marcus du: *Eine mathematische Mystery Tour durch unser Leben*. München 2011.

Scheier, Christian, Dirk Bayas-Linke und Johannes Schneider: *Codes. Die geheime Sprache der Produkte*. Freiburg i. Breisgau 2010.

Schelling, Tomas: *Te Strategy of Confict*. Cambridge 1960.

Schiller, Friedrich: *Wallenstein II*. Ditzingen 1986.

Schlüter, Reinhard: *Sieben. Eine magische Zahl*. München 2011.

Schröder, Ulfert: *Die Johan-Cruyf-Story*. München 1974.

Schumacher, Ernst F.: *Small is Beautiful. Die Rückkehr zum menschlichen Maß*. Reinbek bei Hamburg 1985.

Segalstad, Eric und Josh Hunter: *Te 27s: Te Greatest Myth of Rock & Roll*. Berkeley 2009.

Shafy, Samiha: „Körperzellen sind sieben bis zehn Jahre alt", in: *Die Welt*, 24. 8. 2005.

Shirky, Clay: *Here Comes Everybody. The Power of Organizing without Organizations*. London 2008.

Sigurd, Bengt: „Round Numbers", in: *Language in Society* 17 (1988), S. 242–253.

Simmel, Georg: *Soziologie. Untersuchungen über die Formen der Vergesellschaftung*. Frankfurt a. M. 1992.

Simmel, Georg: *Individualismus in der Modernen Zeit*. Frankfurt a. M. 2008.

Singh, Devendra: „Adaptive signifcance of female physical attractiveness. Role of waist-to-hip ratio", in: *Journal of Personality and Social Psychology* 65 (1993), S. 293–307.

„Spencer Stuart Board Index Deutschland 2010" (2011, o. V.). URL: http://www.spencerstuart.co.uk/research/articles/1488.

Taleb, Nassim N.: *Der schwarze Schwan. Die Macht höchst unwahrscheinlicher Ereignisse*. München 2008.

Tammet, Daniel: *Elf ist freundlich und Fünf ist laut. Ein genialer Autist erklärt seine Welt*. Düsseldorf 2007.

Tapscott, Don und Anthony D. Williams: *Wikinomics. Die Revolution im Netz*. München 2007.

Teodor, Dieter: *Der junge Luther und Aristoteles. Eine historisch-systematische Untersuchung zum Verhältnis von Teologie und Philosophie*. Berlin/New York 2001.

Tufte, Edward R.: *Te Visual Display of Quantitative Information*. Cheshire 2001.

Tuma, Tomas und Martin U. Müller: „Weltreligion Shoppen", in: *Der Spiegel*, Nr. 50/2010.

Veblen, Torstein: *Die Teorie der feinen Leute. Eine ökonomische Untersuchung der Institutionen*. Frankfurt a. M. 2007.

Velthuis, Olav: *Talking Prices. Symbolic Meaning of Price on the Market*. Princeton 2005.

Vitruvius: *Vitruvii de Architectura Libri Decem – Zehn Bücher über Architektur*. Hrsg. v. Curt Fensterbusch. Darmstadt 1964.

„Wenn Geräusche farbig und Zahlen zickig sind" (o. V.), in: *Welt Online* (16. 1. 2011). URL: http://www.welt.de/wissenschaft/article12 153 787/Wenn-Geraeusche-farbig-und-Zahlen-zickig-sind.html.

Zeising, Adolf: *Das Normalverhältniss der chemischen und morphologischen Proportionen*. Leipzig 1856.

Zelitzer, Viviane A.: *Te Social Meaning of Money. Pin Money, Paychecks, Poor Relief, and Other Currencies*. New York 1994.

Dank

Wir bedanken uns bei unseren Interviewpartnern: Aurelie Barbier, Ulrich Bentele, Knut Bergmann, Thomas Druyen, Jochen Hörisch, Lukas Imhof, Günter Krauthausen, Peter Kruse, Sascha Lobo, Gerd Harry Lybke, Katrin Müller, Carl Naughton, Andreas Rosenfelder, Tex Rubinowitz, Erik Spiekermann, Karlheinz Steinmüller, Claudia Stern und Anna Wolke.

Besonderer Dank geht an: Martin Baaske für Cover und Illustrationen, Thomas Weyres für Coverentwürfe, Michael Brake und Inge Friebe fürs kritische Testlesen, Catrin Sieger für Fotos, Dirk Baecker, Wolfgang Herrndorf und Matthias Horx für hilfreiche Hinweise, Christian Koth und Stephan Ditschke für das verständige Lektorat, Thomas Hölzl für Rat und Beistand. Vielen Dank außerdem an Wikipedia und Google Docs.